装备电力系统原理与应用

主　编　王　勇
副主编　尹志勇　程兆刚

哈爾濱工程大学出版社
Harbin Engineering University Press

内容简介

本书以信息化武器装备发展对装备电力系统的需求为牵引，紧贴装备发供电技术保障实际，按照加强基础、拓展素质、更新观念、注重实用的原则，介绍内燃机电站、电源、电池及初级供电系统等典型装备电力系统的基本结构原理和操作维护技能应用，对从事武器系统装备技术保障工作人员拓展知识面、提高技术保障水平等方面具有重要的作用。

本书可作为高等院校电类专业本科选修课教材，也可供相关专业保障人员业务培训使用和参考。

图书在版编目(CIP)数据

装备电力系统原理与应用 / 王勇主编. —哈尔滨：哈尔滨工程大学出版社，2023.3
ISBN 978-7-5661-3869-9

Ⅰ. ①装… Ⅱ. ①王… Ⅲ. ①电力系统-电力设备-高等学校-教材 Ⅳ. ①TM7

中国国家版本馆 CIP 数据核字(2023)第 048266 号

装备电力系统原理与应用
ZHUANGBEI DIANLI XITONG YUANLI YU YINGYONG

选题策划 田 婧
责任编辑 丁 伟
封面设计 李海波

出版发行 哈尔滨工程大学出版社
社　　址 哈尔滨市南岗区南通大街 145 号
邮政编码 150001
发行电话 0451-82519328
传　　真 0451-82519699
经　　销 新华书店
印　　刷 黑龙江天宇印务有限公司
开　　本 787 mm×1 092 mm 1/16
印　　张 11.75
字　　数 305 千字
版　　次 2023 年 3 月第 1 版
印　　次 2023 年 3 月第 1 次印刷
定　　价 45.00 元
http://www.hrbeupress.com
E-mail:heupress@hrbeu.edu.cn

《装备电力系统原理与应用》编写组

主　编　王　勇

副主编　尹志勇　程兆刚

参　编　（按姓氏笔画排序）

王文婷　任晓琨　安　树

张翼飞　赵　芳　郭　鑫

前　言

电能是信息化武器系统最重要的能量形态，直接关系到武器系统能否正常工作和作战效能的发挥。关于军事能源，当前不争的事实是：机械化靠油料，信息化靠电能。据美军测算，陆军数字化师用电负荷达 7 MW，单兵用电负荷达数十瓦。未来信息化战场电气化系数大幅提高，用电量还会呈指数递增。电能保障成为装备发挥持续战斗力不可或缺的关键要素。

本书内容设计重点围绕内燃机电站的基本结构、工作原理及其基本使用维护等进行详细阐述，同时兼顾各类电源设备、化学电源、初级供电系统的原理和应用及其安全防护知识介绍，力求使内容全面系统、重点突出、简明扼要、准确实用。

本书主要由六章内容组成。第一章简要介绍电能在装备上的应用、供电制式、电能的产生方式及分类等；第二章主要介绍内燃机电站的基本结构、内燃机工作原理及其基本使用维护等；第三章主要介绍电能变换形式及电能变换设备结构原理等；第四章主要介绍铅酸蓄电池、锂离子电池等化学电源原理、结构及性能等；第五章主要介绍初级供电系统结构及工作过程等；第六章主要介绍装备电力系统的使用规定、操作规程和安全用电措施等。

全书由王勇统稿。其中，第一章由程兆刚编写，第二章由王勇、张翼飞编写，第三章由尹志勇、王勇编写，第四章由王文婷、赵芳编写，第五章由安树、任晓琨编写，第六章由郭鑫编写。本书在编写过程中，参考了有关训练教程、资料及相关成果，在此向文献的作者致以衷心的感谢。

由于编者学识有限，书中难免有疏漏之处，恳请读者批评指正。

编　者

2023 年 1 月于石家庄

目　　录

第一章　绪　　论

第一节　装备电力系统发展概况

早期的武器装备很少用到电能。随着人们对电的认识和研究的不断深入，以及电机、电气和电子器件的不断发展，电机、电气和电子器件在武器装备上的应用逐渐增多，它们最初以单个部件、单个系统或单个独立设备等出现，现在以机电一体化、信息化形式大量应用于武器系统之中。

一、电能在装备上的应用

概括起来，电能在武器系统中的应用可分为两类：

一类作为信号，传递某种信息或经过复杂运算获取某种信息。这样的系统或设备很多，如电台、电话、广播、电视、雷达、激光测距机、询问机、红外热成像仪、炮弹引信无线装定系统、车辆运行监视系统、车辆导航与定位系统、电站运行监视系统等。

另一类作为能量，转换为机械能以及不同制式的电能、热能、电磁波、化学能等。这样的部件或设备也很多，如各种执行电机、电磁弹射器、电磁铁、电力变压器、电能变换器、电加热器、制冷器、电点火器、充电机、激光武器、微波武器等。

当然，这种分类不是绝对的。例如电磁波，可以作为信号探测目标，也可以用作能量直接损伤敌武器装备和人员。

二、供电制式

电能由电压、电流、频率、功率因素等参数来描述。为了更好地传输和利用电能，综合各种约束条件，世界各国制定了相应的供电制式，总体上可分为直流和交流两大类。在长距离传输过程中，为减少能量损耗，尽可能提高电能电压，出现 3 kV、6 kV、10 kV、35 kV、60 kV、110 kV、220 kV、330 kV、500 kV、750 kV、1 000 kV、1 200 kV、1 500 kV 等交流输电系统，以及 25 kV、500 kV、1 000 kV 等直流输电系统。输电电压越高，传输距离越远，传输功率也越大。在日常用电过程中，为了达到军地通用、兼顾特殊的目的，军用装备有以下几种供电制式：

1. 正弦工频交流电

我国和世界大部分国家民用电都采用三相 380 V(220 V 相)/50 Hz(或 60 Hz)供电制式。也有一些国家采用 190 V(110 V 相)/50 Hz(或 60 Hz)供电制式。

2. 正弦中频交流电

为减小武器装备的体积和质量，采用中频正弦交流电供电，供电频率有 400 Hz、1 000 Hz(有些飞机采用)，三相供电的线电压有 400 V、230 V、208 V、200 V，单相供电电压有 230 V、120 V、115 V 等。

3. 直流电

目前武器装备直流供电还未形成统一的电压和功率等级。常用的电压等级有 220 V、28 V、24 V 等。

三、发供电技术的发展

18 世纪 60 年代末，英国人瓦特改良的蒸汽机，将人类带入“蒸汽时代”。随后的几十年间，德国人奥托制造出了世界上第一台以煤气为燃料的四冲程内燃机；戴姆勒制造出了以汽油为燃料的内燃机(汽油机)；狄塞尔发明了一种结构更简单、燃料更便宜的内燃机(柴油机)，这种内燃机具有功率大、效率高等特点。

几乎同时期，丹麦人奥斯特发现了电流的磁效应，英国人法拉第发现了电磁感应现象，这些为电机的发明奠定了基础。1866 年，德国人西门子制成了自激式直流发电机。又经过许多人的努力，到 19 世纪 70 年代，发电系统终于可以投入实际运行。之后英国人法拉第提出的旋转磁场原理，对交流电机的发展具有重要意义。19 世纪 80 年代末 90 年代初，人们制造出了三相交流发电机。

利用内燃机驱动发电机产生规定制式的电能，向用电设备供电，这就顺理成章地诞生了内燃机电站。在现代武器系统中，内燃机电站主要用于向电气化装备提供电能，是武器系统正常工作的基础。

1. 内燃机电站

内燃机、发电机和控制器件的有机结合形成了内燃机电站。人们总是希望电站操作简单、无人值守、功率大、质量小、体积小、油耗低、无噪声、无排放污染、免维护、长寿命、防侦测……内燃机、发电机和控制器件也正是在这些需求的牵引下不断向前发展的，今后仍将按照这些方向发展。

(1)内燃机

内燃机各部件的结构设计已经摆脱了粗犷型类比校核计算，可以进行比较精确、全面的强度、刚度和稳定性计算模拟；随着材料科学的发展，以及铸造和机械加工技术的进步，内燃机各部件在满足功能要求的前提下，已经能做得小巧、精致。

试验和控制技术的提高，使人们对内燃机的燃烧过程有了新的认识，柴油机共轨式喷油系统实现了高压、多次喷射控制燃烧过程，汽油机电子燃油喷射系统与进气系统相互配合实现了稀薄燃烧等，提高了燃烧的热效率，降低了燃烧噪声，减少了燃烧排放物。

零件表面处理和润滑油的进步，实现了较宽广的温度适用范围，大部分地区可常年使用一种多黏度润滑油，轿车内燃机使用寿命已达 3×10^{6} km，甚至更高。

(2)发电机

同步发电机已从有刷电机时代全面进入无刷电机时代。绕组的绝缘性能普遍提高，外壳大部分采用铝合金制造，与内燃机的对接传动方式多样化，轴承采用密封免维护型

(20 000 h),使得发电机体积减小、质量减小、可靠性提高,一般环境下使用几乎可以做到免维护;有的电机还布置了驱潮电路,在沿海潮湿的地区,可定期通入市电驱潮烘干电机。

(3)电气控制系统

大部分电站采用了电子调速系统和励磁调压系统,使得负载变化时频率、电压保持稳定,而且这些调速、调压控制系统可以满足多型号、多系列内燃机和发电机的控制要求。

内燃机和发电机监控系统普遍采用了单片机或微处理器,可现场编程,使监控保护项目更全面、设置更灵活、面板更简洁、操作更简单。同时,由于控制系统复杂程度增加,故障排除困难,因此增设了故障自诊断系统。

随着战场装备毁伤程度加大,为减少人员伤亡,电站装备逐步增加遥控、远控功能。

2. 其他电源

(1)新型电源

随着人类文明的进步,世界能源消耗量亦相应增加。石油危机和环境污染问题对于内燃机电站的发展产生了明显的不良影响,促使人们去探索、研制新型电源。例如以燃料电池为基础的电化学发电装置,因其良好的隐身性能(如无振动、噪声)、快速起动、适应不同功率要求以及高效、清洁、经济和安全等优点而引人注目,被认为可大大提高战斗系统和保障系统供电的稳定性,尤其受到战术单位的欢迎。又如移动式原子能电站,被认为是边远军事设施最有前途的电源,在既需要电能又需要热能的地方更是如此。然而,欲将这些新能源推广应用,并取代目前的电站,恐怕还不现实。在未来相当长一段时间内,内燃机电站还不会被淘汰,仍将是军队的主要电源装备。

(2)二次电源

自 1955 年世界上第一个大功率硅整流二极管在美国通用电气公司诞生以来,经过半个多世纪的发展,现代电力电子技术已在世界上形成了相当的规模。它是控制与被控制、弱电与强电之间的桥梁,为大幅度节约电能、降低原材料消耗提供了新的手段。二次电源是将电的五大参量(电压、电流、频率、相数及相位),根据用电设备的不同要求进行变换的技术,这就为军用电站的多制式化提供了强有力的保证,也为电站的三化(标准化、系列化、通用化)建立了基础。

(3)电源和武器装备一体化

现代武器装备的发展,侦查和反侦查、打击和反击速度的提高,对武器系统机动性和隐蔽性要求更高,因此传统的牵引武器逐步"上车"变成自行武器。向武器装备供电的电源也经历了由简单的"上车"到逐步融为武器系统的一部分。随着蓄电池技术、电能储存技术和电驱动技术的应用,自行武器的行进驱动和武器系统的工作都将采用统一的电源供电,形成特定的电源制式和规格,也许有一天激光武器和电磁武器会"上车"取代传统的火药武器。

第二节　装备电力系统分类

装备电力系统主要是指装备发供电系统。为了揭示发电与电能制式的本质，将装备电力系统按电能的产生和电能变换的形式进行分类。

一、按电能的产生方式进行分类

1. 发电机发电

发电机发电是一种传统的、占主导地位的发电形式，它是将机械能直接转换为电能的装置。火力发电是通过燃烧煤、燃油或天然气加热水，产生水蒸气驱动汽轮机，进而带动发电机进行发电的。核能发电目前是通过核裂变能加热水，产生水蒸气驱动汽轮机，进而带动发电机进行发电的。水力发电是通过水涡轮机将水流的势能和动能转化为机械能，驱动发电机进行发电的。风力发电是通过旋转桨叶将风的动能转化为机械能，驱动发电机进行发电的。潮汐发电是利用海水涨潮和退潮的势能和动能驱动发电机进行发电的。太阳能光热发电、太阳能烟囱发电、地热发电等，也是将热能转换为机械能，驱动发电机进行发电的。军用装备中更多的则是利用内燃机产生的动力驱动发电机进行发电的。

2. 太阳能光伏发电

太阳能光伏发电属于新能源发电，又称可再生能源发电，它是利用光伏效应进行发电的。太阳能电池板有单晶硅、多晶硅和非晶薄膜等形式。

如图 1 - 1 所示，当太阳光照射到光伏电池表面时，在其内部激发出大量光生电子 - 空穴对；在 PN 结内建电场的作用下，光生电子进入 N 区，光生空穴则进入 P 区，从而在 PN 结附近形成与内建电场方向相反的光生电场；光生电场抵消 PN 结内建电场后的多余部分，使 P 区、N 区分别带正、负电，于是产生由 N 区指向 P 区的光生电动势；当外接负载后，则有电流从 P 区流出，经负载从 N 区流入光伏电池。图 1 - 2 所示为光伏电池的等效电路，其中，I_{ph}为与光伏电池面积、入射光辐照度成正比的光生电流（1 cm^2硅光伏电池的 I_{ph} 值为 16 ~ 30 mA）；I_D、I_{sh}分别为 PN 结的正向电流、漏电流；串联电阻 R_S主要由电池电阻、电极导体电阻等组成（R_S一般小于 1 Ω）；旁漏电阻 R_{sh}是由硅片边缘不清洁或体内缺陷所致（R_{sh}一般为几千欧）；R_L为外接负载电阻，I_L、U_o分别为光伏电池输出电流、电压；当负载开路（$R_L = \infty$）时，U_o即为开路电压 U_{oc}，其与环境温度成反比，与电池面积无关（在 100 mW/cm^2的光谱辐照度下，硅光伏电池的 U_{oc}一般为 450 ~ 600 mV）。实用中，为了达到负载需要的电压、电流，需将多个容量较小的单体光伏电池串、并联成数瓦到数百瓦的光伏模块（其输出电压一般为十几伏至几十伏），进一步可将多个光伏模块串、并联成光伏阵列。图 1 - 3 所示为在环境温度 25 ℃、太阳光辐照度 $S = 1\ 000$ W/m^2条件下某光伏模块的仿真输出特性。图中，I_{SC}表示光伏模块短路电流；光伏模块最大功率（P_{max}）= 光伏模块最大功率点电压（$U_{P_{max}}$）× 光伏模块最大功率点电流（$I_{P_{max}}$）。

采用光伏发电的军用装备主要集中在卫星上，现在一些单兵装备也在尝试采用光伏发电。

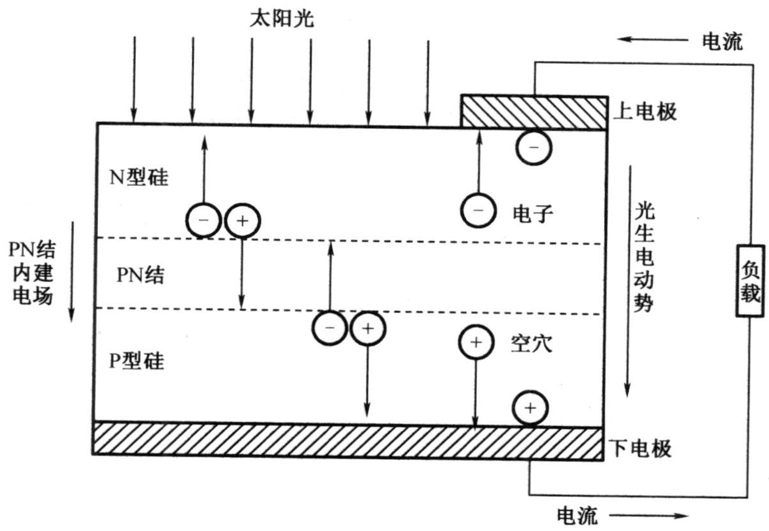

图 1-1 单晶硅光伏电池发电原理

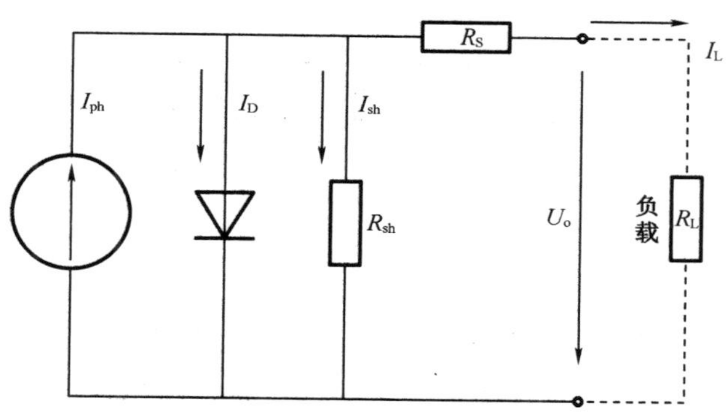

图 1-2 光伏电池等效电路

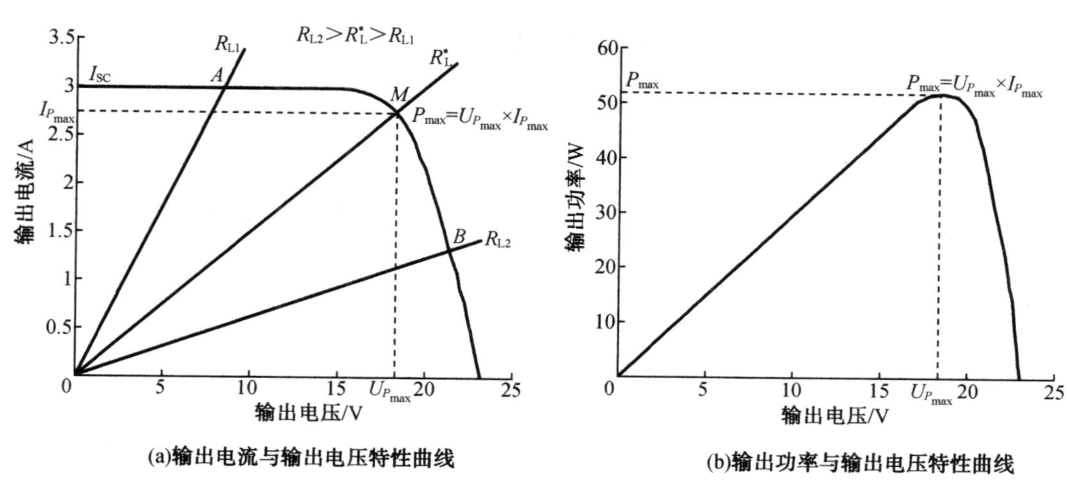

图 1-3 光伏模块输出特性

3. 化学电源发电

化学电源简称电池，是一种将化学能转化为电能的装置或系统。电池包括我们常用的干电池、纽扣电池、锂电池、电动车电池和内燃机起动电池等。

4. 温差发电

温差发电是基于塞贝克效应发展起来的一种发电技术。如图 1－4 所示，将 P 型和 N 型这两种不同类型的热电材料一端相连形成一个 PN 结，使其处于高温状态，另一端处于低温状态，则由于热激发作用，P(N)型材料高温端空穴(电子)浓度高于低温端，因此在这种浓度梯度的驱动下，空穴和电子就开始向低温端扩散，从而形成电动势，这样热电材料就通过高、低温端间的温差完成了将高温端输入的热能直接转化成电能的过程，单独一个 PN 结形成的电动势很小，而如果将很多这样的 PN 结串联起来，就可以得到足够高的电压，成为一个温差发电器。

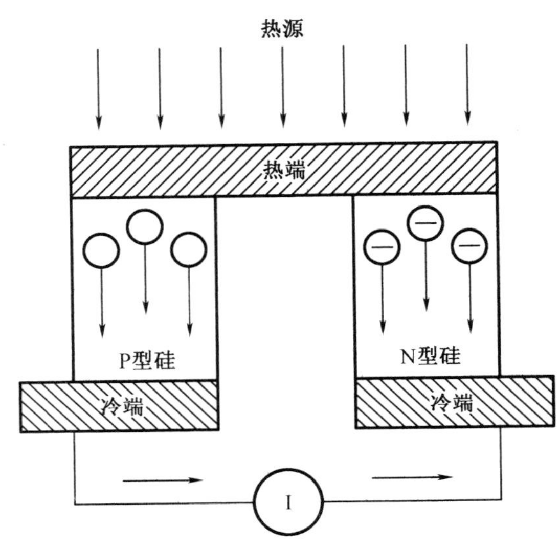

图 1－4　温差发电原理

二、按电能的变换形式进行分类

在实际应用过程中，电能变换的具体形式有很多，以下介绍四种基本的变换形式。

1. DC—DC 变换

将直流电变换为不同电压等级的直流电，可分为升压变换、降压变换或升降压变换。

2. DC—AC 变换

将直流电变换为交流电，又称逆变器或逆变电源。

3. AC—DC 变换

将交流电变换为直流电，又称整流器或整流电源。

4. AC—AC 变换

将交流电变换为交流电。AC—AC 变换根据改变内容的不同可分为三种类型：主要改变交流电频率的，又称变频器或变频电源；主要保证供电频率和电压稳定性的，又称净化电源或稳压电源；主要改变电压幅值的，又称变压器。

习题与思考题

1. 电能在装备上的应用形式有哪些？
2. 提高传输电压，受哪些因素制约？
3. 综合性武器装备用电形式多样化后，从电能的发出到用电管理，需考虑哪些问题？
4. 简述太阳能光伏发电原理。
5. 简述温差发电原理。

第二章　内燃机电站

用内燃机拖动发电机发电的设备称为内燃机电站,它的基本结构形式是由内燃机和发电机组成的内燃机发电机组,主要包括动力系统和电气系统两部分。将机组固定在地面上使用时,称为固定电站;将机组安装在移动装置上使用时,称为移动电站。

第一节　概　　述

一、内燃机电站的组成及结构形式

内燃机电站由内燃机、发电机和控制箱(屏)等组成,移动电站还包括移动装置。

内燃机是电站的原动机。内燃机电站用内燃机的主要结构形式为四冲程柴油机和四冲程汽油机。它将燃料的热能转换成机械能,拖动发电机发电。为保证发电机输出电源频率稳定,电站用内燃机均装有调速器。调速器根据负荷的变化,自动调节内燃机的燃油供应量,以保证内燃机在稳定的转速下工作,从而保证电源频率稳定。

发电机将内燃机的机械能转换成一定规格的电能,供受电装备使用。交流内燃机电站的发电机均采用同步发电机,主要结构形式包括单枢有刷发电机、单枢无刷发电机、双枢无刷发电机和三枢无刷发电机等多种。直流内燃机电站或直接以直流发电机发电;或以交流同步发电机发电,然后整流成直流输出。发电机工作时,需向其励磁绕组通入直流励磁电流,以产生工作磁场。根据发电机端电压的变化,利用调压器(AVR)自动调节励磁电流的大小,从而调节工作磁场强度,以实现发电机端电压的稳定。

内燃机电站运行时,除对励磁电流进行调节以稳定电压外,还要对机组的运行实施保护、监视和控制。通常将这些电路及其电器集中布置在一个电器机箱里。为改善操机环境,固定电站的电器机箱通常单独安装,与机组分置,称为控制屏;为使电站结构紧凑、移动方便,移动电站的电器机箱均直接安装在机组上,称为控制箱;为减小机组振动对控制器件的影响,小型移动电站多将电器机箱与机组分开布置,称为控制盒。

发电机和控制箱电路组成了移动电站的电气系统。

移动电站根据机组的大小和使用特点的不同,采用不同的移动方式。机组安装在汽车、方舱和拖车上使用时,分别称为汽车电站、方舱电站和拖车电站。机组安装在移动式或便携式机架上使用时,称为移动式发电机组;机组直接安装在受电装备上使用时,称为辅机电站。在车辆上附加由车辆发动机拖动的发电机、只在车辆停驶时发电的设备,称为轴带发电机或牵引发电机,其是移动电站的一种特殊结构形式。

二、移动电站型号编制规则

为便于移动电站产品的生产管理和使用,2020 年国家工业和信息化部发布了机械行业标准《移动电站产品型号编制规则》(JB/T 1403—2020)。标准对移动电站产品的型号编制规则规定如下:

(一)型号编制规则

1. 电站的型号由七个部分组成,排列顺序如下:

1	2	3	4	5	6	7

七个部分的代号规定及含义如下:

1——用数字表示电站输出的额定功率,单位为千瓦(kW);

注 1:对双机组组成的电站,可在前加“2 ×”。

2——用字母表示电站输出电流的种类;

3——用字母表示电站的类型(移动方式);

4——用字母表示结构(控制)特征;

5——用数字表示设计序号;

6——用字母或数字表示变型代号,与前面用一字线“—”隔开,数字表示制造厂变型号,字母表示内燃机燃料种类;

7——用字母表示制造厂特征号,可由制造厂自定义以示区别,可以用两个字母,与前面用“—”隔开。

注 2:第 1 ~3 部分不能省略,第 4 ~7 部分可以视情况省略;第 7 部分的字母可以与前面重复。

2. 电站输出电流的种类用字母表示如下:

——直流输出:Z“直”;

——交流工频输出:G“工”;

——交流中频输出:P“频”;

——交流双频输出:GP“工、频”;

——交直流输出:GZ“交、直”。

注:输出电流的种类有两种时则按输出功率较大的一种作为首部标出。

3. 电站类型(移动方式)用字母表示如下:

——汽车电站:Q“汽”;

——拖(挂)车电站:T“拖”;

——船用电站:C“船”;

——电焊用电站:H“焊”;

——自发电电站:D“电”。

4. 内燃机燃料种类用字母表示如下:

——气体:W“外”;

——柴油、汽油:省略。

5.结构(控制)特征用字母表示如下:

——集装箱(方舱)型:J“集”;

——自动化型:N“能”;

——低噪声型:S“声”;

——并联型:B“并”;

——高原型:Y“原”。

(二)型号示例

示例1:

75GFJ3 表示额定功率为75 kW,交流工频输出,集装箱(方舱)型,设计序号为3的柴油发电机组。

示例2:

30GQSN2 表示额定功率为30 kW,交流工频输出,设计序号为2的低噪声、自动化型汽车电站。

三、内燃机电站的工作方式

内燃机电站的工作方式可分为本机发电、市电输出和变频发电三种。

(一)本机发电

以内燃机拖动发电机发电的工作方式称为本机发电。所有型号的内燃机电站都可以采用本机发电方式工作。本机发电是移动电站最常用的工作方式。

(二)市电输出

将与内燃机电站电源规格相同的市电接入控制箱内预留端子或插座,使市电经内燃机电站控制箱监控,输送给受电装备,而不起动机组的工作方式称为市电输出。

内燃机电站在市电输出方式下工作时,可不改变电站与受电装备的原有连线,内燃机电站不开机,可降低发电成本,有效减少内燃机电站的开机时数。

(三)变频发电

以三相市电为能源,用工频电动机拖动中频发电机发电的工作方式称为变频发电。可作变频发电运行的内燃机电站均为中频电站或双频电站,其内燃机与发电机之间加装有单向自动离合器,发电机内同轴装有工频电动机。变频发电时,内燃机不工作,单向自动离合器处于分离状态,由工频电动机驱动中频发电机运行发电,从而将50 Hz的市电变换成400 Hz的中频电源。

内燃机电站在变频发电方式下工作时,内燃机不工作,机组运转平稳,振动和噪声很小,不仅可降低发电成本,还可提高机组电气系统运行的可靠性,延长机组的使用寿命。

并不是所有型号的内燃机电站都具备变频发电和市电输出两种工作方式,只有在市电功率符合要求的条件下才能采用。

四、内燃机电站的用途

(一)内燃机电站的用途

内燃机电站以内燃机作原动机,起动迅速,可在短时间内向受电装备输出额定功率。其电源规格与受电装备用电规格相同,不经任何变换即可直接向受电装备供电。一级负荷通常采用内燃机电站作为备用电源,没有市电时,用电负荷可采用内燃机电站作为基本电源;移动电站结构紧凑,有专用的移动装置,机动性好。内燃机电站适用于流动作业的工程机械和军用武器装备,用途更为广泛。

(二)内燃机电站的供电方式

内燃机电站的供电方式主要包括一对一供电、一对群供电、群对群供电和群对一供电四种模式。

一部内燃机电站只为一部用电装备供电的方式称为一对一供电,电站与受电装备之间配有专用电缆和电缆插接件(插座和插头),通常不改变电站的供电对象。

一部内燃机电站同时为多部用电装备供电的方式称为一对群供电。电站与受电装备之间配有专用的中央配电箱、电缆和插接件,电站的输出端与中央配电箱连接,再由中央配电箱转接至各受电装备。

多部内燃机电站同时为多部用电装备供电的方式称为群对群供电。内燃机电站为交流电站时,各电站采用并联运行,其电压、频率、相序和初相完全相同;内燃机电站为直流电站时,各电站采用共母线连接。

多部内燃机电站同时为一部用电装备供电的方式称为群对一供电。群对一供电时,各电站采用并联或共母线连接运行。

五、内燃机电站的主要电气指标

内燃机电站的主要电气指标包括额定功率、额定电压、额定频率、额定电流和功率因数等。

(一)额定功率

额定功率是指内燃机电站在其使用说明书规定的工作条件(即额定工况)下允许输出的最大功率。

(二)额定电压

额定电压是指内燃机电站在额定工况下的输出端电压。

(三)额定频率

额定频率是指交流内燃机电站在额定工况下的电源频率。

(四)额定电流

额定电流是指在额定工况下内燃机电站允许输出的最大电流。

(五)功率因数

功率因数是指交流内燃机电站额定电压与额定电流相位差的余弦。

第二节 内燃机电站动力系统

内燃机广泛应用于交通运输、工程机械和发供电装备等方面。内燃机是将燃料(柴油、汽油或燃气)在其燃烧室中燃烧所产生的热能直接转换成机械能的动力机械。按其热功转换连续方式的不同,可分为连续做功的旋转式内燃机和间断做功的活塞式内燃机两大类。旋转式内燃机可分为喷气机和燃气轮机两类;活塞式内燃机可分为往复活塞式内燃机和旋转活塞式内燃机两类。

内燃机电站所采用的内燃机以往复活塞式为主,旋转活塞式内燃机和燃气轮机应用较少。本书主要介绍往复活塞式内燃机,对旋转活塞式内燃机不做介绍。以后关于内燃机的内容在未说明时,均指往复活塞式内燃机。

一、内燃机工作原理及总体构造

(一)内燃机简介

往复活塞式内燃机根据使用燃料可分为柴油机、汽油机和天然气内燃机等;根据一个工作循环冲程数可分为四冲程内燃机和二冲程内燃机。

四冲程内燃机基本结构如图 2-1 所示。装在圆筒形气缸内的活塞通过活塞销、连杆与曲轴的曲柄销铰链。活塞顶与气缸及气缸盖组成密封的燃烧室空间,气缸盖内布置有与气缸连通的进、排气道,并以进、排气门封闭。曲轴通过齿轮、凸轮轴等零件带动进气门和排气门按时开闭,使气缸内定时吸入新鲜空气和排出废气。由活塞、活塞销、连杆、曲轴和装于曲轴后端的飞轮所组成的曲柄连杆机构是往复活塞式内燃机的热功转换机构,它将活塞在气缸中的往复直线运动转换为曲轴的旋转运动。

(二)内燃机基本名词的定义

内燃机工作时,活塞在气缸内往复运动,通过连杆带动曲轴旋转。活塞上下移动各一个行程,曲轴旋转一圈。内燃机的基本名词定义如图 2-2 所示。

1. 上止点,即活塞离曲轴旋转中心最远的位置。
2. 下止点,即活塞离曲轴旋转中心最近的位置。
3. 行程 S,即上、下止点间的距离,单位为 mm。活塞每运行一个行程称为一个冲程。
4. 曲柄半径 r,即曲轴旋转中心到曲柄销中心的距离,单位为 mm。

$$r = \frac{S}{2}$$

5. 燃烧室容积 V_c,即活塞位于上止点时,活塞顶部上方的容积。
6. 气缸工作容积 V_s,即活塞运行一个冲程,活塞顶所扫过的容积,单位为 L。

$$V_s = \frac{\pi}{4}D^2 S \times 10^{-6}$$

式中 D——气缸直径,mm。

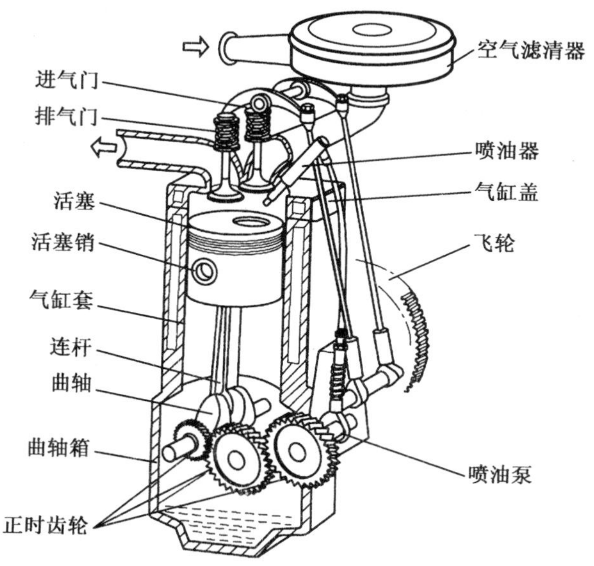

图 2－1　四冲程内燃机基本结构

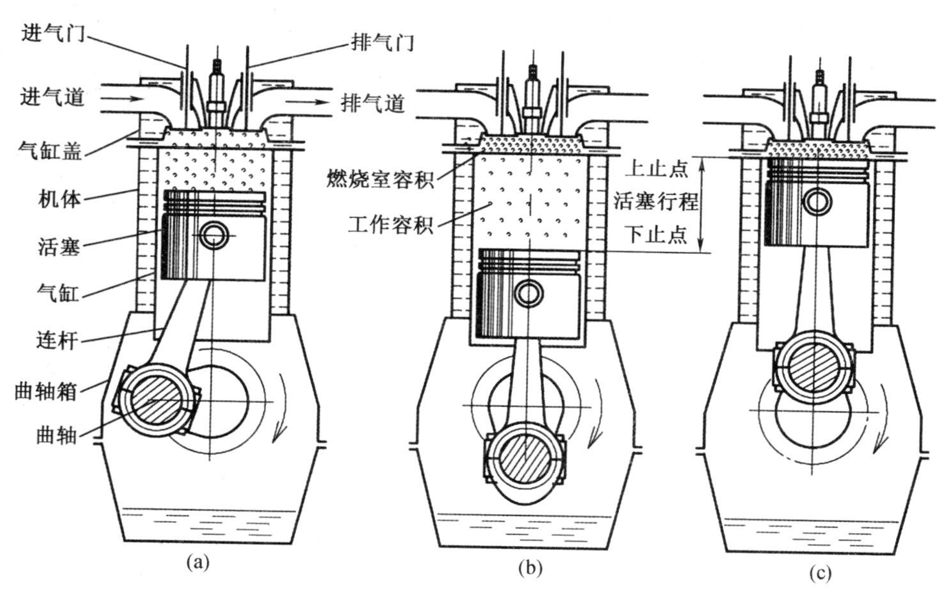

图 2－2　内燃机基本名词的定义

7. 排量 V_L，即内燃机各缸工作容积之和，单位为 L。若内燃机气缸数为 i，则

$$V_L = iV_s$$

8. 气缸最大容积 V_a，即活塞位于下止点时，活塞上方的容积，单位为 L。

$$V_a = V_c + V_s$$

9. 压缩比 ε，即气缸最大容积 V_a 与燃烧室容积 V_c 之比。

$$\varepsilon = \frac{V_a}{V_c} = 1 + \frac{V_s}{V_c}$$

10. 工况，即内燃机在某一时刻的运行状况。以该时刻内燃机输出的有效功率或转矩及其相应的转速表示。

11. 工作循环，即由燃料燃烧放出热量转换为机械示功的全部过程，由进气、压缩、燃烧、做功和排气五个过程组成。活塞往复运动四次完成一个工作循环的内燃机称为四冲程内燃机，活塞往复运动两次完成一个工作循环的内燃机称为二冲程内燃机。

(三)四冲程柴油机工作过程

如图 2－3 所示，四冲程柴油机在一个工作循环内，完成进气、压缩、做功和排气四个冲程，活塞往复运动四次，曲轴旋转两圈，即 720° CA(曲轴转角)。

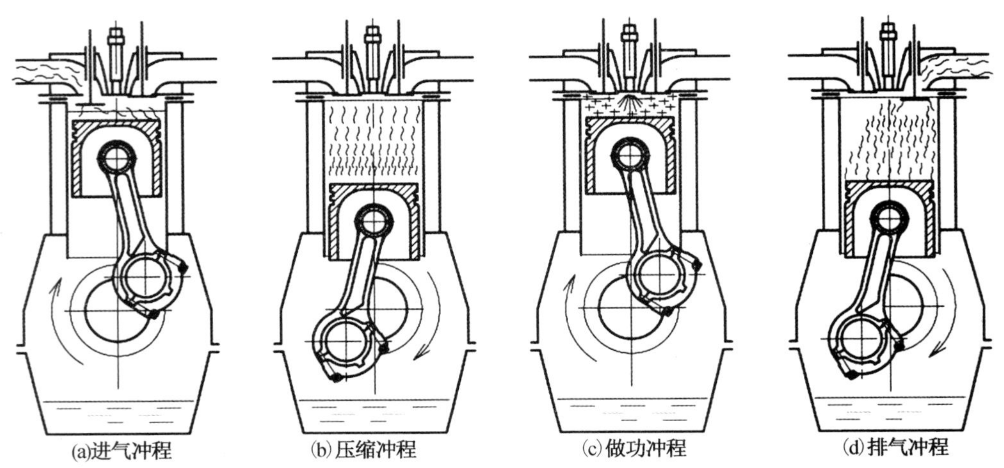

图 2－3　四冲程柴油机工作过程

1. 进气冲程

曲轴旋转，通过连杆带动活塞从上止点向下止点运动。为获得较多的充气量，进气门已在上止点前 10°～40° CA 提前打开。活塞下行时，其上方容积增大，压力减小，外界空气在压差作用下充入气缸。活塞到达进气下止点时，曲轴转过 180°，进气冲程结束。

活塞到达进气下止点时，进气气流还存在较大的流动惯性，为利用气流惯性增大充气量，曲轴转过进气下止点后 20°～80° CA，进气门才完全关闭。

由于进气道阻力，进气终了气缸内压力略低于大气压力 P_0，为 $0.8\sim0.95P_0$。充入气缸的新鲜空气与上一循环的残余废气混合，并从气缸、活塞顶等高温机件处吸热，使进气温度升高，进气终了温度可达 300～340 K。

2. 压缩冲程

曲轴继续旋转，通过连杆带动活塞上行。进气门关闭后，气缸内气体被压缩，其压力和温度不断升高。活塞到达压缩上止点时，曲轴又转过了 180°，压缩冲程结束。

压缩冲程提高了气缸内空气的压力和温度，为喷入柴油着火燃烧和充分膨胀创造了条件。压缩终了气缸内压力可达 3～5 MPa，温度可达 750～1 000 K，此温度已超过了柴油的自燃温度(600 K)，从而保证了喷入的柴油可自行着火燃烧。

3. 做功冲程

在压缩上止点前 15°～35° CA 时，喷油器将柴油以雾状喷入燃烧室，与高温空气混合并自行着火燃烧，使气缸内气体压力和温度急剧升高。在压缩上止点后 12°～18° CA 时，气缸内燃气压力达到最大值。高温高压燃气推动活塞从上止点向下止点运动，通过连杆带动曲轴旋转，输出动力，实现了热功转换。活塞到达做功下止点时，曲轴又转过了 180°，做功冲程结束。

在做功冲程，气缸内最高压力可达 6～9 MPa，最高温度可达 1 800～2 200 K。随着活塞下行，气缸容积增大，压力和温度也随之降低。

4. 排气冲程

在做功冲程下止点前 30°～80° CA，排气门打开，气缸内废气依靠残压排出气缸。活塞到达做功下止点时，排气门开度已较大，曲轴借助轴系和飞轮惯性继续旋转，通过连杆带动活塞上行，将缸内废气推出。活塞到达排气上止点时，曲轴又转过了 180°，排气冲程结束。

活塞到达排气上止点时，废气还存在流动惯性，为利用气流惯性，尽量将缸内废气排净，排气门在排气上止点后 10°～35° CA 时才完全关闭。这样，在排气上止点附近的一段曲轴转角内，进、排气门同时处于打开状态。这一段曲轴转角称为气门叠开角。

由于排气阻力和燃烧室容积的存在，排气终了气缸仍残留着少量废气，此时气缸内压力为 0.105～0.12 MPa，温度为 700～900 K。

排气冲程结束后，曲轴靠惯性继续旋转，进入下一工作循环，上述各过程又重复进行。

（四）四冲程汽油机工作过程

四冲程汽油机工作过程同样由进气、压缩、做功和排气四个冲程组成，曲柄连杆机构和气门的动作过程也与柴油机相同。但由于汽油机使用汽油作燃料，其工作过程与柴油机工作过程有所差别。

1. 进气冲程

进入气缸的是汽油和空气的混合气，而不是纯空气。化油器式燃油系统由化油器形成空气和汽油的均质可燃混合气体；电控汽油喷射系统则由喷油器将汽油喷射到进气管、进气道或气缸中，与空气形成可燃混合气。

2. 压缩冲程

由于汽油机可燃混合气燃烧时易产生爆燃、表面点火等异常燃烧现象，所以压缩比较低，压缩终了气缸内压力和温度也比柴油机低。

3. 做功冲程

在压缩上止点前 10°～15° CA 时，火花塞产生电火花，点燃气缸内可燃混合气。由于汽油机压缩比较低，所以做功冲程气缸内最高压力较低，膨胀也比较小。

4. 排气冲程

四冲程汽油机排气冲程与柴油机相似。

（五）内燃机总体构造

内燃机通常具有下列机构和系统：

1. 曲柄连杆机构

曲柄连杆机构用于将活塞的往复直线运动转变为曲轴旋转运动而输出动力，使燃料燃烧时产生的热能转换成机械能。

2. 机体和气缸盖

机体和气缸盖用于构成内燃机的基础骨架，承装各机件。

3. 配气机构

配气机构用于控制气门定时开、闭，完成换气。

4. 燃油系统

燃油系统即燃油供给系统，用于向气缸内供给燃料。由于所用燃料及混合气形成方式不同，柴油机和汽油机的燃油系统在结构上差别较大，且各有多种结构类型。

柴油机燃油系统用于定时、定量、定压地向气缸内喷射柴油，可分为柱塞泵燃油系统、PT 燃油系统和电控喷射燃油系统；汽油机燃油系统用于将汽油与空气按一定比例混合成可燃混合气供入气缸，可分为化油器式燃油系统和电控喷射燃油系统。

5. 点火系统

点火系统是汽油机特有的系统，用于定时产生足够能量的电火花，点燃气缸内的可燃混合气。点火系统可分为自发电点火的磁电机点火系统和由蓄电池供电的蓄电池点火系统。

6. 调速装置

调速装置主要用于柴油机和电站用内燃机，根据负荷的变化，自动调节内燃机燃料供应量，以使内燃机转速保持恒定，从而保证发电机频率稳定。

7. 润滑系统

润滑系统用于将润滑油（机油）连续不断地送入内燃机各相对运动表面，起减磨、冷却、清洗、密封和防锈等作用。润滑系统具有压力润滑、飞溅润滑和掺混润滑等多种形式。

8. 冷却系统

冷却系统用于将高温机件多余热量及时散发出去，以保证内燃机在最适宜的温度下工作。根据冷却介质的不同，冷却系统可分为水冷和风冷两类。

9. 起动系统

起动系统包括起动装置和辅助起动装置两部分。起动装置用于驱动内燃机旋转，使气缸内连续成功地完成进气、压缩和做功冲程而转入自行运转；辅助起动装置则用于减小内燃机起动阻力，提高起动时气缸内的温度，以使内燃机顺利起动。

10. 直流电系统

直流电系统用于向内燃机的起动、预热、点火和监控电器供电。其电源一般由蓄电池和充电发电机提供，多采用单线制，工作电压一般为直流 12 V 或 24 V。

（六）内燃机的主要性能指标

内燃机的性能指标主要包括动力性能指标（功率、转矩、转速）、经济性能指标（燃油与润滑油消耗率）、运转性能指标（冷起动性能、噪声与排气品质）、可靠耐久性能指标（大修或更换零件之间的最长运行时间与无故障长期工作能力）、强化性能指标和紧凑性能指标（升功率、比质量）等。

1. 有效转矩 T_{tq}

有效转矩为曲轴输出端所测得的转矩,其单位为 N·m。

内燃机工作时,气缸内气体压力作用在活塞顶上,通过连杆传递给曲轴形成力矩,由于气体压力不断变化,曲柄连杆机构的位置也不断改变,因此内燃机转矩值也是不断变化的,所测得的转矩是它的平均值。多缸内燃机由曲轴输出的是各缸转矩的代数和。

2. 有效功率 P_e

有效功率为曲轴输出端输出的功率,其单位为 kW。有效功率与有效转矩有如下的关系:

$$P_e = T_{tq} \cdot \frac{2\pi n}{60} \times 10^{-3} = \frac{T_{tq} n}{9\ 550}$$

式中　T_{tq}——内燃机输出转矩,N·m;

n——内燃机输出转速, r/min。

由上式可见,内燃机的有效功率是随转矩和转速变化的,不同的转矩、不同的转速就有不同的功率值,为了表示内燃机的最大做功能力,采用了标定功率的概念。功率标定时,必须同时标定相应功率的转速。标定功率所对应的转速称为标定转速。

不同用途内燃机按不同方法标定功率,得出不同的标定功率值。国家标准规定,内燃机根据用途采用 15 分钟功率、1 小时功率、12 小时功率和持续功率四种标定方法。

15 分钟功率为内燃机允许连续运转 15 min 的最大有效功率。其适用于汽车、摩托车和摩托艇等用途内燃机的功率标定。

1 小时功率为内燃机允许连续运转 1 h 的最大有效功率。其适用于拖拉机、工程机械、机车和船舶等用途内燃机的功率标定。

12 小时功率为内燃机允许连续运转 12 h 的最大有效功率。其适用于移动电站、拖拉机、排灌、机车和内河船舶等用途内燃机的功率标定。

持续功率。为内燃机允许长期连续运转的最大有效功率。其适用于固定电站、排灌和远洋船舶等用途内燃机的功率标定。

内燃机的最大供油量限定在标定功率的位置上。内燃机铭牌上一般应标明上述四种标定功率的一种或两种功率及其对应的转速。其中,15 分钟功率最高,持续功率最低。

除持续功率外,其他几种功率均具有间歇性工作的特点,故常被称为间歇功率。对间歇功率而言,内燃机实际按标定功率运转时,超出上述限定的时间并不意味着内燃机将被损坏,但无疑将使内燃机的寿命与可靠性受到影响。

3. 升功率 P_L

在标定工况下,内燃机每升气缸工作容积所发出的有效功率称为升功率,其单位为 kW/L。升功率是从有效功率的角度对内燃机工作容积的利用率、整机动力性能和强化程度所做的评价。

$$P_L = \frac{P_e}{iV_s}$$

式中　P_e——内燃机的标定功率, kW;

V_s——气缸工作容积, L;

i——内燃机的气缸数。

4. 有效燃油消耗率 b_e

单位有效功的耗油量称为有效燃油消耗率，简称耗油率或比油耗，通常用每千瓦小时有效功所消耗的燃料量(g)来表示，其单位为 g/(kW·h)。

$$b_e = \frac{B}{P_e} \times 10^3$$

式中 B——每小时内燃机的耗油量，kg/h；

P_e——内燃机的有效功率，kW。

5. 比质量

内燃机的净质量与标定功率的比值称为比质量，又称单位功率质量，其单位为 kg/kW。所谓净质量是指不包括燃油、机油、冷却液以及其他未直接装在内燃机本体上的附属设备与辅助系统的质量。

二、曲柄连杆机构

曲柄连杆机构由活塞组、连杆组和曲轴飞轮组成。

(一)活塞组

活塞组包括活塞、活塞环、活塞销及其挡圈。

1. 活塞

活塞的功用是与气缸盖、气缸壁共同组成燃烧室，承受燃烧室内的燃气压力，并将此力传递给连杆，以推动曲轴旋转。

活塞在高温、高压燃气作用下做高速往复运动，燃气最高温度可达 2 000 ~ 2 500 ℃，最高压力可达 6 ~ 9 MPa，同时还承受其自身产生的往复惯性力，热负荷高，受力大，所以一般采用密度小、导热性好的共晶硅铝合金铸造加工。由于铝合金高温机械强度和硬度较差、线膨胀系数大，因此在结构上采取降温防胀措施，以弥补材料缺陷。结构上活塞可分为顶部、头部和裙部三个部分，如图 2 -4(a)所示。

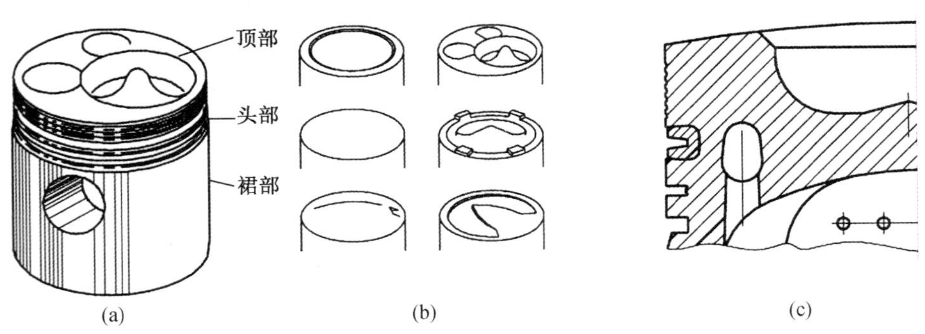

图 2 -4 活塞及其顶部形状和头部结构

(1)活塞顶部

活塞顶部形状与内燃机形式和燃烧室类型有关，一般可分为平顶、凹顶和凸顶三类，如

图 2-4(b)所示。四冲程汽油机多采用平顶或带有浅坑的活塞，燃烧室形状主要由缸盖底面凹坑确定；采用分隔式燃烧室的柴油机活塞顶部多制有形状不同的浅凹坑，以便形成二次涡流；采用直喷式燃烧室的柴油机活塞顶部则制有形状各异的深凹坑，深凹坑形心与喷油器轴线对正，构成直喷式燃烧室。

(2)活塞头部

活塞顶缘到油环槽下岸之间的部分为活塞头部，又称环槽部或密封部，为正圆柱形，直径略小于裙部直径。头部加工有 2~4 道环槽，上面的 1~3 道用于安装气环，以实现密封和传热；下面的 1~2 道用于安装油环，油环槽内沿圆周方向对称钻有多个回油孔，以将油环刮下来的机油引流回曲轴箱。柴油机活塞第一环槽上方多车有数道退让槽，截面为梯形，槽深 0.2~0.4 mm，用于沉附积炭，以吸附机油，改善润滑条件，防止拉缸，并可减小头部与缸套的间隙，提高头部密封性，如图 2-4(c)所示。

(3)活塞裙部

活塞头部以下的部分为活塞裙部，起导向作用，并承受侧压力。其上部开有活塞销座孔，孔端有卡环槽，用于安装活塞销和卡环。活塞裙部各处材料厚度不均，受热后膨胀量不同。加之燃气压力通过裙部金属作用在销座孔，使得裙部工作时失圆。为使裙部在正常工作温度时为正圆柱形，需采取降温防胀补偿结构设计。

2. 活塞环

活塞环分为气环和油环两种。气环用于密封和传热。油环则主要用于刮除缸壁上多余的机油，以减少机油的消耗，并将润滑油均布在气缸壁上，减少摩擦和磨损。

(1)气环

气环在工作时受到高温、高压燃气的作用，并在润滑不良的条件下做高速滑动，第一环邻近燃烧室，温度可达 330 ℃，压力可达 9 MPa 甚至更高，工作条件最为恶劣，是内燃机易损件之一。目前广泛采用合金铸铁制造气环，强化柴油机多采用合金球墨铸铁或可锻铸铁制造第一道气环。为了提高气环使用寿命，第一道气环多采用多孔性镀铬或喷钼处理，其余气环表面一般采用磷化或镀锡处理。

气环如图 2-5(a)所示。工作时，气环靠自身弹力紧贴缸壁实现一次密封，同时借助气体压力使活塞环进一步贴靠在缸壁和环槽下岸，实现二次密封。采用切口交错的多道气环形成迷宫结构，使窜过气环的气体压力降低，以提高密封效果，其密封机理如图 2-5(b)所示；但是由于活塞环侧隙和背隙的存在，活塞环在环槽内的位置随活塞的往复运动而上下窜动，导致气环下方的机油泵入上方，其泵油机理如图 2-5(c)所示。所以需在气环下方布置油环，以减小气环的泵油作用。

(2)油环

油环分为普通油环和组合油环两种，主要功用是将气缸壁上多余的机油刮下来，防止其窜入燃烧室，并使气缸壁上的机油分布均匀。油环位于气环的下面，工作时承受的燃气压力较低，基本不能借助燃气压力把环压向气缸壁。为有效刮油，除减小与气缸壁接触面积外，油环一般都具有较大弹性。部分普通油环和全部组合油环还在环背附加了螺旋式或片式波形胀簧，以增加环的弹性。

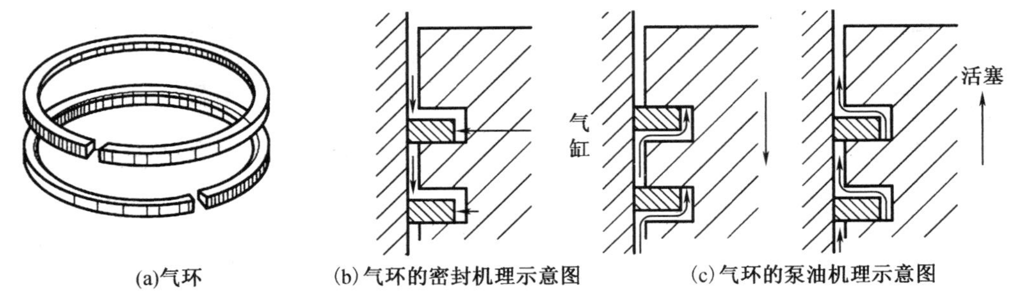

(a)气环　(b)气环的密封机理示意图　(c)气环的泵油机理示意图

图 2－5　气环的密封与泵油机理

普通油环采用合金铸铁制造,有多种断面形状,在油环外圆面中部加工出集油槽,形成上下两道刮油唇,在集油槽底加工有回油孔,并与活塞油环槽中的孔相通,由刮油唇刮下来的机油经回油孔流回油底壳,如图 2－6(a)所示。这类油环结构简单,加工容易,成本低。

组合油环由多片刮片、衬簧和胀簧组合而成,如图 2－6(b)所示。刮片用于刮油;衬簧使刮片紧贴缸壁和环岸,并形成回油通道;胀簧用于提高油环的外张力。组合油环的刮片很薄,质量小,对气缸壁压力大,刮油能力强,回油断面大,对气缸的适应性好,可有效防止润滑油结胶和积炭。但对气缸壁的磨损大,制造成本高。

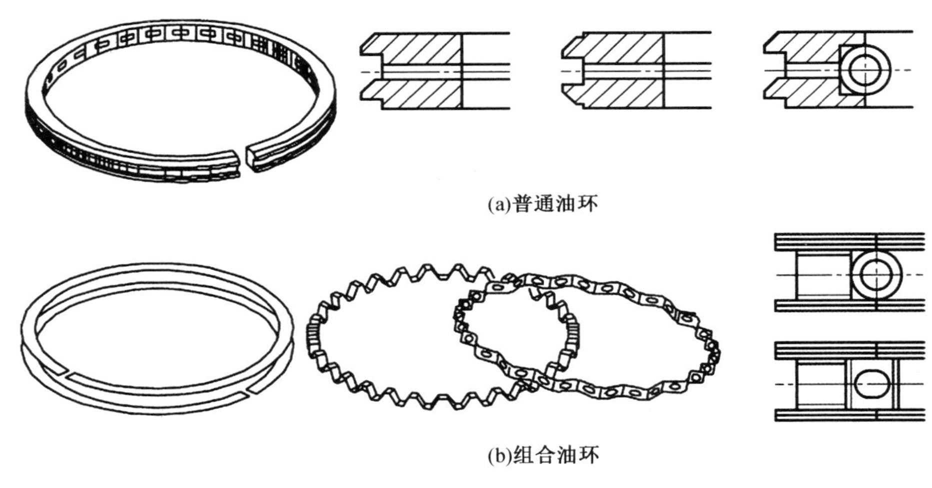
(a)普通油环

(b)组合油环

图 2－6　油环

3. 活塞销

活塞销用于铰链活塞和连杆小头,并将活塞所受的力传递给连杆。

活塞销在高温下承受很大的周期性冲击载荷,润滑条件较差,因此,其应有足够的强度和刚度。活塞销表面应耐磨,内部应有较好的韧性和较高的抗疲劳能力。

活塞销座孔内用两个弹性卡环或堵头对活塞销轴向限位,以防止轴向窜动造成拉缸。

(二) 连杆组

连杆组由连杆、连杆盖、连杆螺栓(钉)和连杆轴承等组成,如图 2－7 所示。其用于将活塞的往复运动转变为曲轴的旋转运动,并将活塞承受的力传递给曲轴。

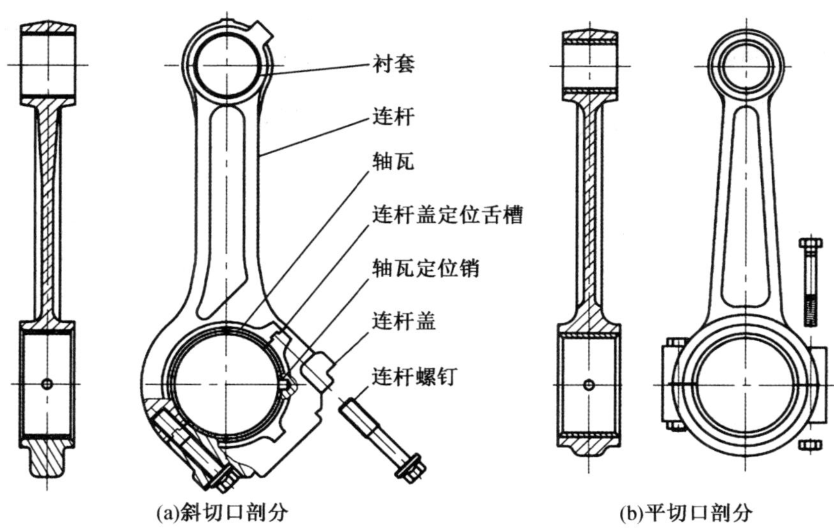

图 2-7　连杆组

连杆在交变冲击载荷下工作，工作时承受着活塞传递来的气体力、活塞组和连杆小头的往复惯性力以及连杆本身绕活塞销平面摆动时的横向惯性力。所以，连杆应在质量尽可能小的前提下，具有足够高的刚度和耐疲劳强度。为保证多缸内燃机运转平稳，各连杆组的质量偏差应在规定的范围内。连杆一般采用中碳钢、合金钢或可锻铸铁制造，成型后调质处理。

1. 连杆

连杆按结构可分为小头、杆身、大头和连杆盖。

连杆小头与活塞销铰接，小头孔内压入衬套作为滑动轴承，顶端有受油孔或集油槽，以收集飞溅的或活塞冷却喷嘴喷射的机油润滑衬套。为便于加工，多数连杆小头孔两端面相互平行。

连杆杆身一般采用工字形断面，以保证在质量尽量小的前提下具有足够高的刚度。为避免应力集中，杆身与大头和小头采用圆弧过渡。

连杆大头铰接在曲柄销上。对于四冲程内燃机，连杆大头采用剖分式结构，被分开的部分称为连杆盖，二者以连杆螺钉连接，大头孔内装有剖分式滑动轴承（轴瓦）。

连杆大头的剖分面包括斜切口剖分和平切口剖分两种形式。多数柴油机连杆大头尺寸较大，为了能在拆装时使连杆随同活塞一起从气缸中抽出，必须采用斜切口剖分，如图 2-7(a)所示；而汽油机和少数小型柴油机的连杆大头尺寸较小，大头采用结构简单的平切口剖分，如图 2-7(b)所示，二者以两组连杆螺栓连接。

2. 连杆螺栓（钉）

平切口连杆与连杆盖采用连杆螺栓和螺母紧固。有些连杆螺栓兼作连杆盖与轴瓦定位之用；斜切口连杆与连杆盖采用连杆螺钉紧固。

内燃机工作时，平切口连杆螺栓承受交变拉伸载荷，斜切口连杆的连杆螺钉还承受剪切载荷。因此，连杆螺栓均采用韧性好的合金钢或优质碳素钢锻造成型，调质后滚压螺纹，以提高其抗疲劳强度。螺栓非定位圆柱面直径比螺纹内径略小，并以圆角过渡，以提高其弹性，避免应力集中。有的连杆螺钉表面镀铜，以此实现螺钉的锁止。

每种内燃机的连杆螺栓（钉）拧紧力矩均有规定，装配时应对称、均匀、分次上紧至规定转矩，并采取可靠的机械锁止措施。

3. 连杆轴承

连杆小头和大头轴承均采用滑动轴承，小头轴承为整体式衬套，大头轴承为剖分式轴瓦。内燃机工作时，连杆轴承承受很高的交变载荷，轴承表面与轴颈之间以很高的速度相对滑动，会导致连杆轴承发热和磨损，所以对轴承材料、配合间隙和润滑都有很高的要求。

（三）曲轴飞轮组

曲轴飞轮组包括曲轴、曲轴轴承和飞轮等。

1. 曲轴

曲轴是内燃机最重要的零件之一，其功用是将活塞和连杆传来的气体力转换为转矩输出，以驱动负载和内燃机其他机构与附件工作。曲轴工作时受周期性变化的气体力、往复惯性力和旋转惯性力及其力矩的作用，受力情况十分复杂。因此，曲轴需有足够的强度和刚度，轴颈应有足够大的承压表面和耐磨性，各轴颈应有良好的润滑。

曲轴主要由前端、曲拐和后端三部分组成。按各曲拐的连接情况，曲轴可分为整体式和组合式两种，如图 2－8 所示。整体式曲轴结构简单、质量小、工作可靠，多采用滑动轴承（轴瓦）支撑，也可以采用滚动轴承支撑，应用较多；组合式曲轴将各曲拐及两端轴分段加工，然后用螺栓组装。组合式曲轴主轴承采用滚动轴承，摩擦阻力小，修理时可分段更换，但零件多、配合面多、体积大、质量大、装配时对同心度要求较高，故应用较少。

（1）曲轴前端

曲轴前端称为自由端，一般装有人力起动装置、皮带轮和正时齿轮等零件，用于人力起动、驱动内燃机其他机构和附件工作。

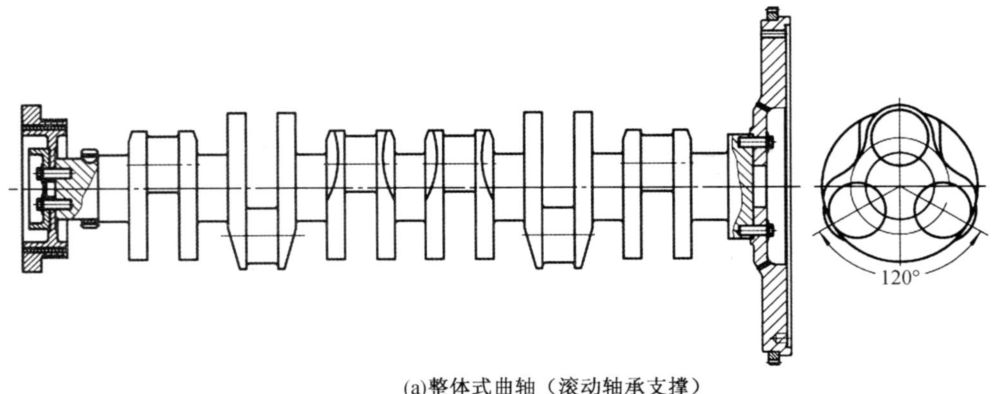

(a)整体式曲轴（滚动轴承支撑）

图 2－8　曲轴

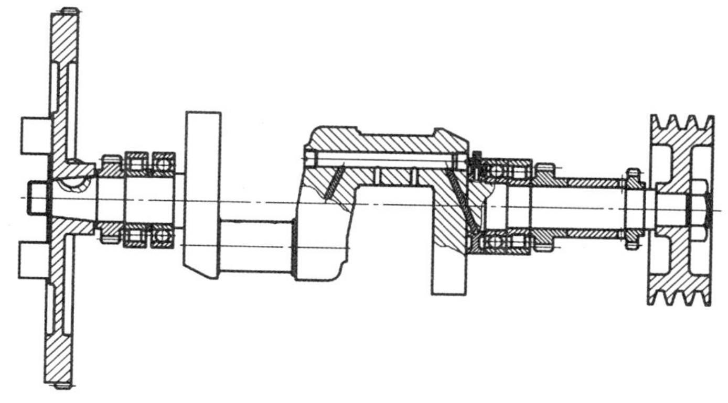

(b)整体式曲轴（滑动轴承支撑）

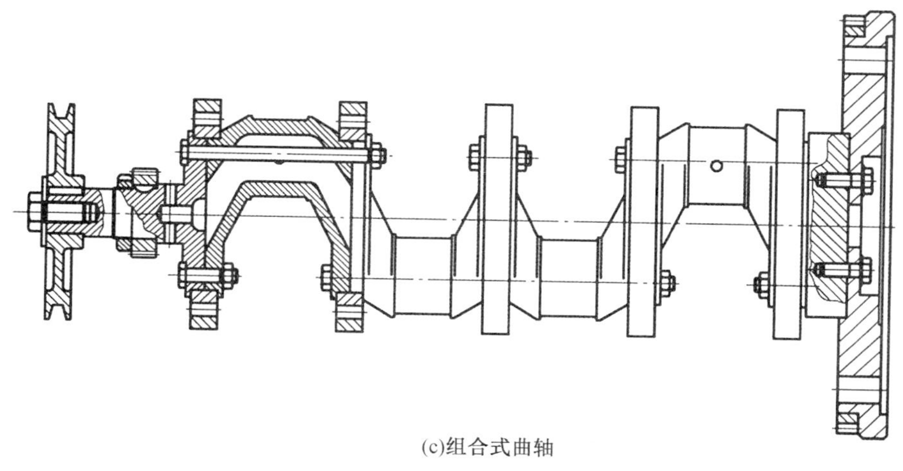

(c)组合式曲轴

图 2－8(续)

内燃机运转时,曲轴的每个曲拐上都作用着周期性变化的转矩,使得曲轴各轴段互相扭转振动,从而引起曲轴的扭转振动,使内燃机功率损失,齿轮传动组件磨损加剧,共振时甚至可能导致曲轴扭断,高速多缸内燃机尤为明显。为消减曲轴的扭振,细长曲轴前端通常配装扭振减振器,利用橡胶或硅油等阻尼材料吸收和削减扭振。扭振减振器包括橡胶减振器、硅油减振器和硅油橡胶复合减振器等形式,其中橡胶减振器最简单,硅油橡胶复合减振器效果最好。中小功率内燃机多采用橡胶减振器。

(2)曲拐

曲拐由主轴颈、曲柄销、曲柄臂和平衡重构成。

主轴颈用来支承曲轴,每个曲拐两端均由主轴颈支承的称为全支承,否则称为非全支承。全支承曲轴刚度和弯曲强度高,但结构较为复杂。

曲柄销又称为连杆轴颈,为中空结构,这种结构既可减小质量,减小旋转惯性力,又可形成曲轴内部油道。曲轴工作时,油道内的机油杂质在离心力作用下被抛向油道外壁,所以油道出油孔多开在曲柄销内侧或两侧,有的油孔内还镶有内伸的油管,以防止机油杂质进入轴承。

连接主轴颈与曲柄销的曲柄臂多做成椭圆形,个别做成圆形且较厚,以提高曲轴的刚度。

为了平衡内燃机的旋转惯性力及其力矩(有时还要平衡部分往复惯性力),在曲柄销反方向的曲柄臂上配置扇形平衡重,以期在满足平衡的前提下减小质量。有的平衡重与曲柄一体,有的则是单独制造后再用螺钉固定在曲柄臂上。

(3)曲轴后端

曲轴后端称为功率输出端,一般装有正时齿轮和飞轮,用于驱动其他机构工作和稳定转速,并通过飞轮向外输出转矩。从功率输出端看,曲轴正转方向为逆时针方向。

一般情况下内燃机的方向与曲轴的方向一致。曲轴自由端为曲轴前端(也是内燃机的前端),功率输出端为后端(也是内燃机的后端),以坐后朝前的视向定义内燃机的左侧和右侧,并对各缸进行排序。

曲轴两端分别在曲轴箱前后端轴孔处伸出,为防止机油由此泄漏,过孔处均设有1~2道密封装置。常用的密封装置有甩油盘、回油螺纹和橡胶油封等。

2. 曲轴轴承

(1)曲轴的润滑

四冲程内燃机曲轴主轴承为滚动轴承时,靠运动件飞溅机油润滑。曲轴主轴承为轴瓦时,则由与各主轴颈对应的机体油道供给压力机油润滑;机油从机体油道经主轴瓦油孔(滑动轴承支承的曲轴)或前端轴油孔(滚动轴承支承的曲轴)进入曲轴内部油道,再从曲柄销油孔压出,润滑连杆轴承。少数小型汽油机在连杆大头开有受油孔,靠飞溅机油润滑连杆轴承。

(2)曲轴的轴向限位

曲轴与曲轴箱主轴承座之间留有轴向间隙。间隙过小,会使曲轴旋转阻力增大,加速零件磨损,严重时还可能出现卡滞;间隙过大,内燃机工作时曲轴将轴向窜动,产生振动和噪声,影响曲柄连杆机构的正常工作,破坏配气、喷油或点火正时关系,因此必须对曲轴进行轴向限位。为使曲轴受热膨胀时能自由伸长,曲轴上只在前端、中间或后端主轴颈处设置一处轴向限位装置。根据曲轴支撑方式的不同,轴向限位装置具有止推轴承限位、双卡环限位、翻边轴瓦限位、止推片限位、止推环限位等多种结构形式。

3. 飞轮

飞轮主要用于储存做功冲程的能量,以克服其他冲程的阻力,保持曲轴旋转的均匀性,使内燃机工作平稳。飞轮为一个边缘质量很大的圆盘形零件,多为铸铁制造。采用电起动或气马达起动的内燃机,飞轮外缘上均带有整体或分体式齿圈,用于起动机驱动曲轴;飞轮外端面具有安装连接孔,用于安装联轴器或直接与发电机转子连接,以向发电机输出转矩;小型汽油机飞轮上常配置点火磁电机或离心式风扇。

三、机体和气缸盖

机体由曲轴箱和气缸体组成,是内燃机的骨架。气缸盖安装在气缸体上方,与气缸和活塞顶共同组成燃烧室。内燃机的零件几乎全部安装在机体和气缸盖上。机体一般采用灰铸铁、球墨铸铁或铝合金等材料铸造加工。为便于冷却,水冷与风冷内燃机的机体和气缸盖结构形式有明显区别。

(一)水冷内燃机的机体

水冷内燃机的机体为整体结构,气缸体与曲轴箱铸为一个整体。气缸体内为气缸,活塞和连杆组件装于其中;曲轴箱内安装曲轴。机体前端装有齿轮室及其盖板,后端装有飞轮壳,缸盖和油底壳分装于机体的上、下。

1. 曲轴箱

曲轴箱位于气缸体下部,分为平分式、龙门式和隧道式三种形式,如图 2 -9 所示。

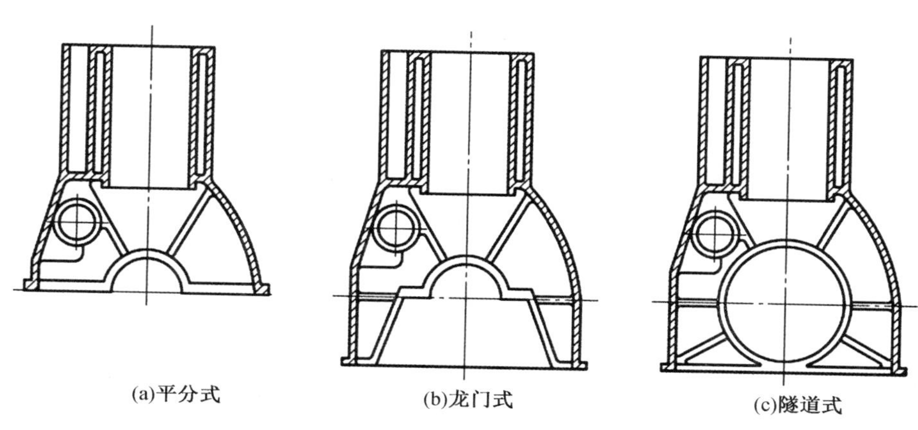

图 2 -9　曲轴箱结构形式

(1)平分式

平分式曲轴箱下平面与曲轴中心线平齐,与曲轴各主轴颈相对应的位置铸有主轴承座支承隔板,隔板下平面安装主轴承盖,并以止口、套筒或柱销定位,按规定转矩拧紧后一次搪出各道轴承座孔,构成剖分式主轴承座孔。各主轴承盖打有分缸序号,不允许互换。曲轴通过剖分式滑动轴承悬吊安装在主轴承座孔上;采用下置凸轮轴时,支承隔板上方一次搪出各道凸轮轴轴承座孔。主轴承座和凸轮轴轴承座孔均有油孔与润滑系统油道连通。平分式曲轴箱拆装方便,但刚度较差,曲轴前后端密封困难。

有些采用平分式曲轴箱的小型内燃机以两组滚动轴承支撑曲轴,滚动轴承固定在位于曲轴箱前后两端的剖分式轴承座孔内。

(2)龙门式

龙门式曲轴箱下平面在曲轴中心线以下,曲轴安装方式与平分式相同。龙门式曲轴箱拆装方便,刚度较好,曲轴前后端密封比较容易。

(3)隧道式

隧道式曲轴箱主轴承座孔为整体式,曲轴箱下平面在曲轴轴孔之下。曲轴箱内各道支承隔板中央一次搪出各道曲轴主轴承座孔,曲轴通过滚动轴承支承在各轴孔中。隧道式曲轴箱刚度最好,曲轴前后端密封可靠,但只适用于采用滚动轴承支承的曲轴,拆装比较困难。

2. 气缸体与气缸

气缸体位于曲轴箱上部,缸体内铸有气缸孔、冷却水套和机油油道。

气缸位于气缸体内,是内燃机的热功转换中心。内燃机工作时,在高温高压燃气作用下，活塞在缸内高速滑动，活塞环和活塞裙部与气缸内表面剧烈摩擦，因此需在气缸外采取冷却措施，在气缸内采取减磨措施。通过结构、材料和加工工艺确保气缸在高温高压条件下可靠、耐久地工作。通常采用高磷铸铁或硼铸铁铸造气缸，缸孔采用珩磨工艺精加工成与水平线成一定角度的交叉网纹，以利于工作时存油，提高摩擦副的耐磨性与磨合性。有些气缸内表面经喷砂处理后，喷镀约 120 μm 厚的铁钼合金等离子层，在气缸内表面形成具有微孔的储油层，以改善润滑，减小磨损。气缸可分为整体式、干式和湿式三种。

(1)整体式气缸

气缸与气缸体为一体时称为整体式气缸，如图 2－10(a)所示。整体式气缸在气缸体内直接加工出气缸，刚性好，气缸中心距短，不会发生漏水故障，但对整个机体材料要求高。

(2)干式气缸

采用普通灰铸铁铸造加工机体，在整体式气缸孔内镶装壁厚为 1～4 mm 的缸套，可降低材料费用，并保证气缸内表面的耐磨性能。这种单独加工且不直接与冷却液接触的缸套称为干式气缸套，如图 2－10(b)所示。干式气缸套过盈装配在气缸孔中，其上端面与气缸体上平面平齐或高出少许，以使气缸盖能压紧气缸套，保证气缸的密封。干式气缸具有整体式气缸的优点，可适用于任何材料的气缸体，但缸套的更换比较麻烦。

(3)湿式气缸

单独铸造加工且直接与冷却液接触的气缸为湿式气缸，如图 2－10(c)所示。湿式气缸套壁厚大于 5 mm，外圆柱面与冷却液直接接触，其上、下端有用于径向定位的圆柱面定位带和轴向定位的凸台，凸台下多装有紫铜垫圈，以实现封水和端面高度的调整。下端定位面上车有 2～3 道环槽，用以安装封水胶圈。湿式气缸套压入缸孔后，其上端面应高出气缸体上平面 0.05～0.2 mm，以使气缸盖能压紧气缸套，保证气缸的密封。湿式气缸冷却效果好，维修时容易更换，但刚性不如整体式气缸，封水圈损坏后会发生漏水故障。

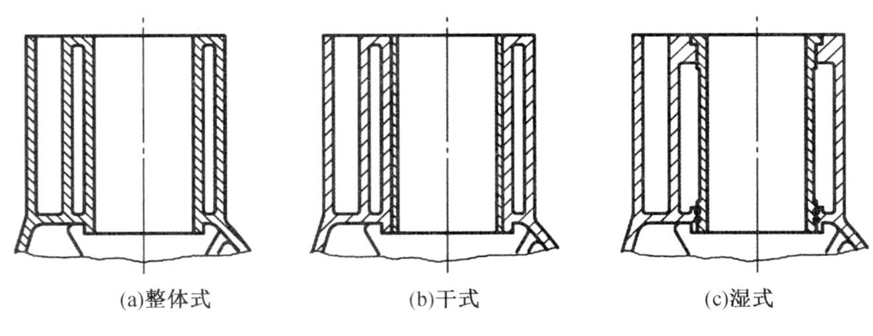

图 2－10　气缸的结构形式

3. 油底壳与飞轮壳

(1)油底壳

油底壳用于封闭机体下方开口，并收集和储存机油，同时还有对机油散热的作用。油底壳底面和侧面通常布置有放油螺塞、油温表传感器接口和油尺插孔。采用单管循环水冷式机油散热器的内燃机，油底壳还布置了进、出水管接头。

油底壳一般采用薄板冲压成型或铝合金铸造加工，分湿式和干式两种。湿式油底壳用于收集并储存机油，润滑系统所用机油都储存在油底壳内。为使润滑系统在内燃机倾斜一定角度时也能可靠工作，通常将油底壳做成一端深、一端浅的倾斜状，而将机油泵吸油口置于油底壳较深之处，以保证润滑系统的正常工作；干式油底壳只用于收集机油，需另外配置一个机油箱，由回油泵随时将油底壳内机油抽到机油箱内。干式油底壳可降低整机高度，但使用油泵数量多，管路复杂，主要用于固定使用的机型和大功率机型。

(2)飞轮壳

飞轮壳是机体的后端盖，用于封闭机体后方开口，并与发电机连接，使内燃机和发电机等负载构成一体。飞轮壳多采用灰铸铁铸造加工，用螺钉安装于曲轴箱后端。飞轮壳前方一侧开有起动机安装孔，圆周面多开有转速传感器安装螺孔。飞轮壳外端止口面对机体曲轴中心线的跳动量有严格要求，以保证运行平稳。

4. 齿轮室和齿轮传动组件

齿轮传动组件通常集中布置在曲轴前端，以便于装配；根据内燃机整体布置的需要，有些机型将齿轮传动组件集中布置在曲轴后端，或分散布置在机体前、后端。

(1)齿轮室

齿轮室用于封装齿轮传动组件，根据齿轮传动组件的布置情况有不同的结构形式。多数齿轮室采用铝合金单独铸造成两端敞口(配装齿轮室盖板)或一端敞口(无盖板)的零件，用螺钉固定在机体前端；有些齿轮室布置在机体前端，与曲轴箱铸为一体，其前端敞口以齿轮室盖板封闭；有些齿轮室布置在机体后端，或与曲轴箱铸为一体，或与飞轮壳铸为一体，另一端与飞轮壳或曲轴箱连接。

采用齿轮传动风扇的 FL413F 系列风冷柴油机，还布置有风扇传动齿轮箱，传动齿轮箱安装在齿轮室上方或前端，以布置风扇传动齿轮。

(2)齿轮传动组件

齿轮传动组件布置在齿轮室内，由曲轴正时齿轮、配气正时齿轮、喷油或点火正时齿轮、机油泵齿轮和 0 ~ 2 个中间齿轮(惰轮)组成，如图 2 - 11 所示。加装平衡轴的机型配有平衡轴正时齿轮，气制动车用机型配有空气压缩机传动齿轮。为使各齿轮平稳啮合，减小噪声，齿轮均制成斜齿，并用不同的材料制造。曲轴正时齿轮多采用中碳钢制造，其他齿轮则多采用铸铁(中型机)、树脂层压布板或塑料(小型机)等材料。齿轮传动组件靠润滑系统供给机油润滑。机油通过喷嘴喷洒到各齿轮啮合面，或通过中间齿轮轮轴中心油道供给。

对于四冲程内燃机，每完成一个工作循环，曲轴旋转两周，配气正时齿轮和喷油(点火)正时齿轮各旋转一周，使每个气缸进气、排气、喷油(点火)各一次。曲轴正时齿轮以 2:1 的传动比驱动配气正时齿轮和喷油(点火)正时齿轮工作；对于带有平衡机构的内燃机，曲轴每旋转一周，平衡轴也旋转一周，曲轴正时齿轮以 1:1 的传动比驱动平衡正时齿轮工作。参与上述传动的各齿轮均须与曲轴保持严格的同步关系，称为正时齿轮。其轮缘处均刻有正时对齿记号，需按记号对齿安装，且同组各齿轮记号应同时对正，以保证气门开闭时刻和喷油(点火)时刻正确，保证内燃机平衡。

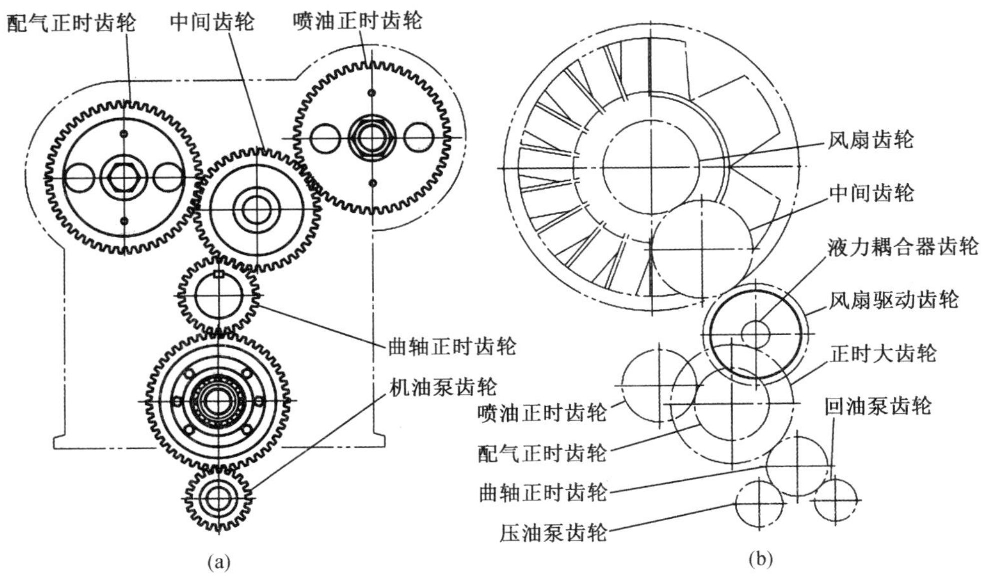

图 2-11　齿轮传动组件

5. 机体和缸盖的集成化设计

减少零部件数量,即可以减少零件配合面,提高可靠性,减小结构质量。有的柴油机采用机体和缸盖与多个零部件组合在一起的集成化设计,将机油冷却器腔体、机油泵壳、水泵壳和部分冷却液管路与机体铸成一体;将进气支管、节温器壳与缸盖铸成一体;采用整体式缸套,缸盖不镶装气门座圈及气门导管,凸轮轴部分轴颈不镶装衬套。整机零件数量和密封面的数目大大减少,不仅提高了可靠性,也使装配维修更加简化。

(二)气缸盖和气缸垫

气缸盖装于机体上方,用于封闭气缸上平面,并与气缸和活塞顶共同构成燃烧室。缸盖与机体以螺钉或螺栓连接,结合处以气缸垫密封。

1. 气缸盖结构

气缸盖材料一般与机体相同。少数铸铁机体内燃机采用铝合金缸盖,以增强缸盖散热能力,降低缸盖温度。气缸盖形状复杂,处于高压、高温且温度分布又极不均匀的工作环境,承受很高的机械应力和热应力。气缸盖底面的变形、翘曲、疲劳裂纹等故障将破坏燃烧室的密封,同时可能引起冷却液和机油的泄漏。

多缸内燃机的缸盖有整体式、分体式(块式)和单体式三种。一机一盖的整体式气缸盖气缸中心距小,可以减小内燃机的长度和质量,但气缸盖刚性差,骤冷骤热时缸盖易变形翘曲,局部损坏时需整个更换,对铸造工艺和加工精度要求较高;两缸或三缸一盖的分体式气缸盖,其刚性和互换性均较好;大功率柴油机多采用一缸一盖的单体式气缸盖,不仅刚性和互换性好,更有利于散热,但气缸中心距较大。

气缸盖内铸有进、排气道,其缸内开口处镶装气门座圈,与气门密封面构成研合密封锥面。气道缸内开口的轴线方向钻出气门杆导孔,孔内镶装气门导管;汽油机缸盖上布置有燃烧室凹坑,装有火花塞;柴油机缸盖上留有喷油器安装孔,4135 柴油机气缸盖喷油器安装孔内还镶装有湿式喷油器套。采用分隔式燃烧室的柴油机缸盖内还布置有涡流室或预燃室，并装有电热塞；气道、分隔式燃烧室、火花塞或喷油器安装孔周围形成冷却水道。

气缸盖外部装有气门组件、进排气支管和水管等零件。

2. 燃烧室

燃烧室是气缸盖重要的组成部分，其形状和位置对内燃机性能有重要影响。汽油机燃烧室形状主要由缸盖决定，柴油机燃烧室形状主要由活塞顶形状决定。

(1)汽油机燃烧室

汽油机燃烧室主要有楔形、浴盆形、半球形三种类型，如图2－12(a)(b)和(c)所示。楔形燃烧室结构紧凑，充气性能较好，压缩终了能形成挤气涡流，用于高速汽油机；浴盆形燃烧室气门可以直列，工艺性和可维修性较好，但气门尺寸受限制较大，充量系数较低，多用于货车汽油机；半球形燃烧室结构最紧凑，抗爆性较好，热效率高，允许较大的气门直径和平直圆滑的进气道，充量系数高，但气门双行排列，配气机构较复杂。

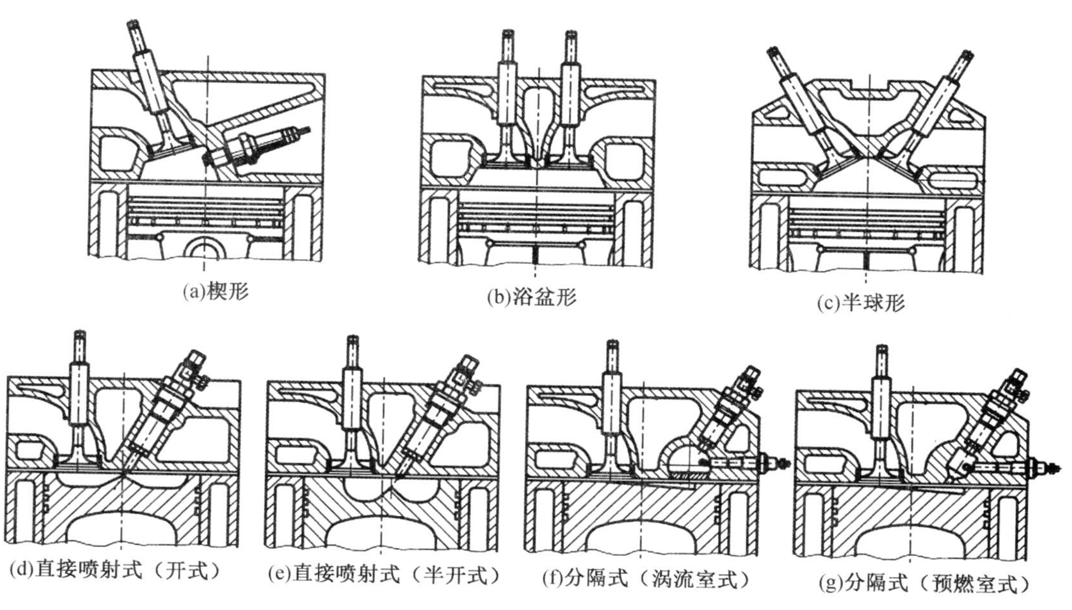
(a)楔形　(b)浴盆形　(c)半球形

(d)直接喷射式（开式）　(e)直接喷射式（半开式）　(f)分隔式（涡流室式）　(g)分隔式（预燃室式）

图2－12　燃烧室

(2)柴油机燃烧室

柴油机燃烧室主要有直接喷射式(包括开式和半开式两种)和分隔式(包括涡流室式和预燃室式两种)两类，如图2－12(d)～(g)所示。

直喷式燃烧室布置在活塞顶上，开式燃烧室凹坑大而浅，半开式燃烧室凹坑小而深，且形状多种。直喷式燃烧室配孔式喷油器，喷油压力多为17～21 MPa，最高可达100 MPa。其结构紧凑、易起动、经济性好，但工作较粗暴，多用于较大缸径柴油机。

分隔式燃烧室包括主燃烧室和副燃烧室两部分。主燃烧室在气缸内，形状由活塞顶浅凹坑决定；副燃烧室在缸盖内，分为涡流室和预燃室两种。涡流室容积一般占燃烧室总容积的50%～80%，工作较柔和，排放指标较好，但起动性和经济性较差；预燃室容积一般占燃烧室总容积的25%～40%，其性能特点与涡流室类似，只是程度上有所差别，其经济性更差，应用较少。分隔式燃烧室配轴针式喷油器，喷油压力为10～14 MPa。一般在副燃烧室内装电热塞以改善起动性，多用于小缸径柴油机。

3. 气缸盖螺钉（螺栓）

气缸盖螺钉用于连接紧固气缸盖和气缸体，其位置分布、预紧力的大小和分布均匀性对缸盖和气缸体的密封、变形有很大影响。热态下预紧力不均匀将导致缸盖平面翘曲。各种型号内燃机出厂时都规定了各重要螺纹连接部位和气缸盖螺钉应达到的拧紧力矩。

拆装气缸盖应在冷态下进行，拧松缸盖螺钉的次序是先外后内，均匀对称，分2～3次拧松；拧紧缸盖螺钉的次序是先内后外，均匀对称，分3～4次拧紧至规定转矩，以保证气缸的密封性，防止气缸盖变形；铸铁缸盖应在热态下最后拧紧至规定转矩，铝合金缸盖应在冷态下最后拧紧至规定转矩，以保证气缸的密封性。各螺钉（螺母）下方应垫专用的加厚平垫片，块式缸盖相接处应垫球面组合垫片，且凸球面向上。

4. 气缸垫

气缸垫用于密封气缸盖与气缸体之间的配合平面，以保证燃烧室、冷却液和机油通道的密封。它承受气缸盖螺钉的预压力、高温燃气的压力，还受到燃气、机油和冷却液的腐蚀。一旦气缸垫的密封失效，燃烧室内的燃气在外泄的同时，还将进入冷却液和机油通道内，油、水也会进入气缸里，使内燃机出现故障甚至损坏。气缸垫所用材料需有足够的强度、一定的抗腐蚀能力、适度的塑性和重复使用所需的弹性，以补偿气密封面的不平度与粗糙度。常用的气缸垫有金属－石棉衬垫、金属－复合材料衬垫和全金属衬垫等。

（三）风冷内燃机的机体与气缸盖

风冷内燃机以空气为冷却介质，低温起动性好，起动后暖机快，不存在冻机和漏水等冷却系统故障，可靠性和环境适应性好；由于采用可以互换的单体式缸盖和缸体，产品的系列化和通用化程度高；由于没有冷却液散热器和管路，整机体积小，质量小，拆装方便，易于维护。6 kW以下小功率汽油机电站几乎全部采用风冷汽油机或风冷柴油机。我国引进德国技术生产的道依茨（KHD）系列风冷柴油机，以及德国的哈茨（HATZ）、意大利的罗曼蒂尼（LOMBARDINI）和美国百力通（B&S）公司的先锋（VANGUARD）等进口品牌风冷内燃机都有较多应用。

1. 曲轴箱

风冷内燃机的机体为分体式结构，即采用单体式气缸盖和气缸体，以螺栓与曲轴箱连接成整体。中型风冷机的曲轴箱下方以油底壳封闭。小型风冷机常以铸造的油底壳作为支撑基座，油底壳与曲轴箱铸为一体时称为整体式曲轴箱，不铸为一体时称油底壳为下曲轴箱。

2. 气缸体

气缸体外表面按一定规律排列多道散热片，以增大散热面积，并由内燃机自身驱动的风扇将空气吹向散热表面，以使其得到适当的冷却；风冷汽油机的气缸体常采用双金属结构，即以耐磨的合金铸铁铸造缸套，外表再以散热好的铝合金浇铸散热片；风冷柴油机负荷较高，气缸体采用合金铸铁整体铸造；道依茨风冷柴油机以高磷铸铁制造缸套，缸套内表面研磨出60°网纹并进行特殊磷化处理，使缸套内表面散布很多微小的积油穴隙，并与喷钼活塞环、石墨化处理的活塞裙部配合使用，以适应风冷柴油机热负荷较高的特点，具有较高的耐磨性和可靠性。

风冷内燃机由于气缸体外围布置散热片，不宜布置润滑油道，送往缸盖上气门摇臂轴的润滑油通常经气门传动组件内孔供给，回油则经缸套回油道或外接油管引流回油底壳。

3. 气缸盖

气缸盖结构复杂，散热片布置困难，其自身虽不存在机械磨损，但机械负荷与热负荷都很高，多采用铝合金铸造。

四、配气机构

配气机构的功用是按照内燃机各气缸工作次序和循环的要求完成换气过程，使新鲜气体充入气缸，并排出燃烧后的废气。这里主要介绍气门式配气机构。四冲程内燃机通过配气机构适时开闭进、排气门完成换气过程。

（一）配气机构的形式

配气机构由气门组件和气门传动组件两部分组成，各组件的组成因气门不同的驱动方式而不同。按照气门的位置，配气机构分为侧置气门配气机构和顶置气门配气机构。

1. 侧置气门配气机构

侧置气门配气机构由凸轮轴、挺柱、气门和气门弹簧等组成，如图 2－13(a)所示。气门倒置在气缸一侧，在气门弹簧预紧力作用下关闭气道；曲轴旋转时，通过圆柱正时齿轮带动凸轮轴旋转，凸轮轴通过挺柱打开气门。这种配气机构最简单，但燃烧室横向面积大，压缩比较小，动力性和经济性均较差，已不再生产，仅见于个别老型号小型汽油机。

2. 顶置气门配气机构

顶置气门配气机构按照凸轮轴的位置又分为下置凸轮轴配气机构和顶置凸轮轴配气机构。

(1) 下置凸轮轴配气机构

下置凸轮轴配气机构由正时齿轮、凸轮轴、挺柱、推杆、摇臂、气门、气门座圈、气门导管、气门弹簧、气门弹簧座和锁片等组成，如图 2－13(b)所示。气门布置在缸盖上方，在气门弹簧预紧力作用下关闭气道；曲轴旋转时，通过圆柱正时齿轮带动凸轮轴旋转，凸轮轴通过挺柱、推杆和摇臂控制气门的开闭。

下置凸轮轴配气机构的凸轮轴离曲轴近，齿轮传动组件简单，安装、调整容易；但凸轮轴距离气门较远，高速转动时传动件存在较大的往复惯性力，而且系统的弹性变形将影响气门的正时开闭，不适于高速内燃机。为解决这一问题，有些内燃机将凸轮轴位置提高至机体上部，缩短或不装推杆，以适应内燃机的较高转速，称为中置凸轮轴配气机构。

(2) 顶置凸轮轴配气机构

凸轮轴布置于气缸盖上的配气机构称为顶置凸轮轴配气机构。该机构气门组件的组成和布置与下置凸轮轴配气机构相同；取消了挺柱、推杆等零件，凸轮轴通过摇臂、摆臂或直接驱动气门开闭，如图 2－13(c)所示。由于整个机构的刚度大，高速转动时往复惯性力引起的振动小，故广泛应用于高速内燃机。但凸轮轴顶置后离曲轴较远，无法采用圆柱齿轮传动。通常大型机采用长轴锥形齿轮传动,小型机采用齿形带或链条传动。

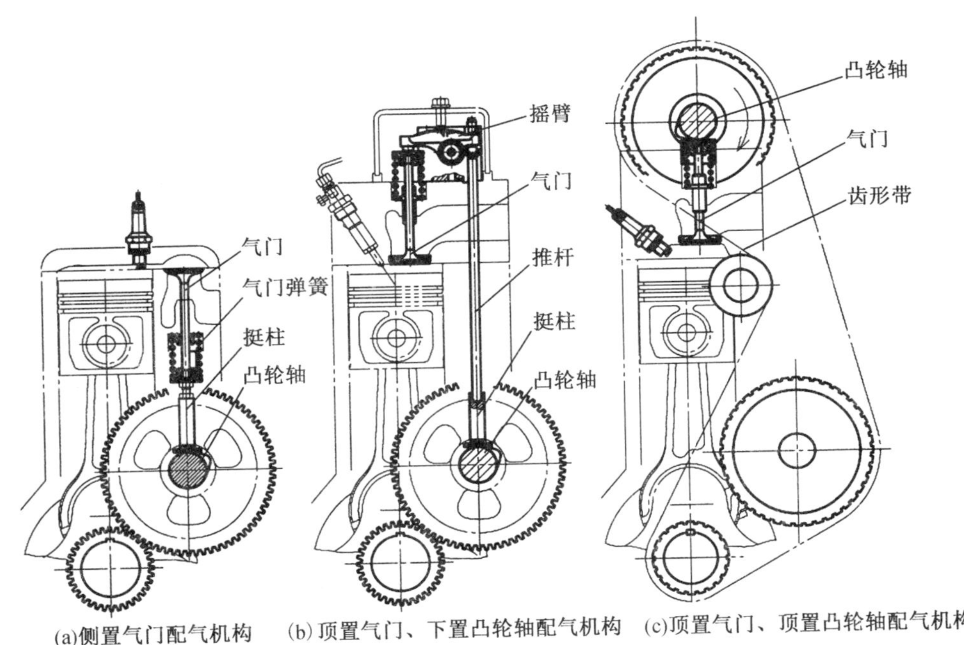

(a)侧置气门配气机构　(b)顶置气门、下置凸轮轴配气机构　(c)顶置气门、顶置凸轮轴配气机构

图 2-13　配气机构

3. 多气门结构

配气机构按每缸的气门数量,可分为二气门、三气门、四气门和五气门结构。

每缸二气门(一进一排)时,虽然尽量加大了气门(特别是进气门)头部直径,但因受燃烧室空间限制,气门直径不能超过气缸直径的一半,不能保证高速内燃机良好的换气品质。小缸径高速汽油机采用每缸三气门(二进一排)、四气门(二进二排)或五气门(三进二排)结构,可使气门通过面积增大,进排气充分,充量系数增加,内燃机转矩和功率增加;同时使气门尺寸减小、质量减小、运动惯性力减小,以利于提高内燃机转速。

(二)气门组件

气门组件的功用是以足够的预紧力密闭进、排气道缸内开口,保证关闭严密。气门组件由气门、气门导管、气门座圈、气门弹簧、气门弹簧座和锁片等组成,如图 2-14(a)所示。

1. 气门

气门由头部和杆部两部分构成。头部锥面与气门座配合,密封气道缸内开口;杆部圆柱面用于导向,并有传热作用。气门在高温、高负荷、润滑和冷却困难的条件下工作。进气门受进气冷却,工作温度较低,多采用中碳合金钢制造;排气门受高温废气冲刷、氧化和腐蚀作用,热负荷大,多采用耐热合金钢制造。为降低材料成本,有的排气门用耐热合金钢气门头部与中碳合金钢气门杆组焊而成。

(1)气门头部

气门头部顶面有平顶、凹顶和凸球顶三种,如图 2-14(b)所示。平顶气门质量较小,受热面小,加工方便,用于多数内燃机的进、排气门;凹顶气门头部锥面弹性较好,可提高气门的密封能力,但受热面大,排气阻力大,只用于某些进气门;凸球顶气门刚度好,凸起部分可减小排气阻力和减少积炭,但受热面大,质量大,只用于某些排气门。

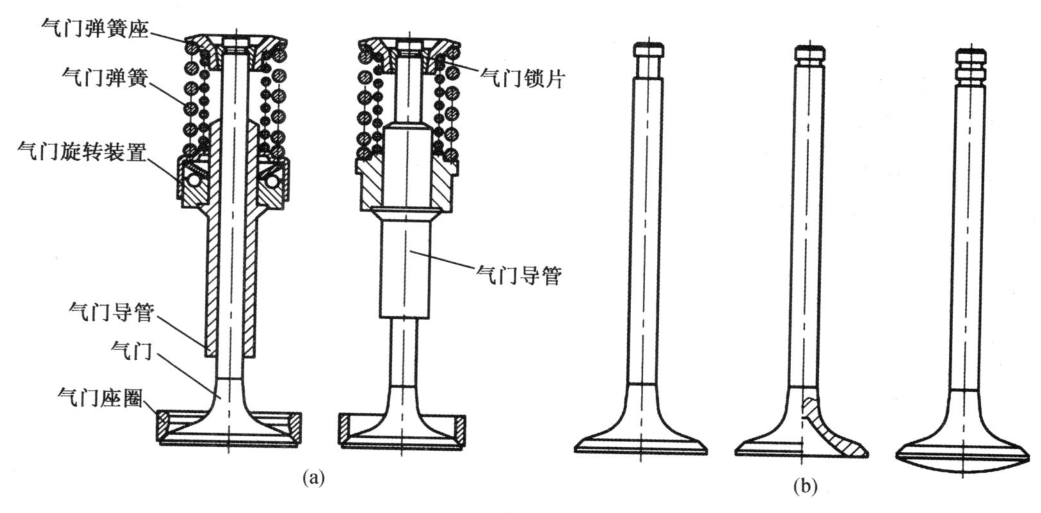

图 2-14　气门组件

气门头部锥面的锥角通常为 45°,与气门座严合密封,其接触面呈带状,称为密封带。密封带宽度通常为 1 ~2.5 mm,位于锥面中部偏上,与气门座配对研磨,研磨后不能互换。同时要求气门弹簧有足够的预紧力,以保证足够的比压和贴合度来保证密封性能。有些气门头部锥角做成 60°,以减小气流阻力;有些则做成 30°,以提高密封面接触压力。

(2)气门杆

气门杆为导向部,并有传热作用。气门杆尾端平面又称为气门脚,用于承受来自摇臂或凸轮的开阀推力。气门杆尾端通过气门弹簧座、锁片或圆柱销将气门杆与气门弹簧锁止在一起。锁片式锁止是在气门杆尾部加工出一个环槽,槽内装入剖分成两半的锥形外圆锁片。在气门弹簧预紧力作用下,气门弹簧座中心锥孔通过两个锁片卡在气门杆尾部环槽内,将气门弹簧、弹簧座与气门杆单向锁止,使气门处于常闭状态;锁销式锁止是在气门杆尾部钻一销孔,在销孔内插入两端露出气门杆外的锁销,在气门弹簧预紧力的作用下,将气门弹簧、弹簧座与气门杆单向锁止,使气门处于常闭状态,如图 2-15 所示。

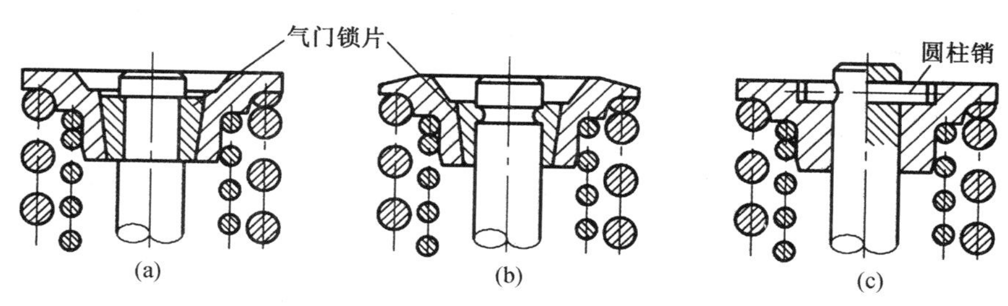

图 2-15　气门杆与气门弹簧的锁止

2. 气门导管

气门导管的功用是为气门导向，保证气门做往复直线运动，使气门与气门座能正确配合，并承受由气门传递来的侧压力，同时具有传热作用。有的柴油机通过高频淬火提高气门导管孔和气门座孔表面的耐磨性，气门直接装入导管孔与气门座孔配合，不镶装气门导管和座圈，不存在气门导管和气门座圈脱落故障，零件数目减少，装配更加简化。

气门导管与气缸盖过盈配合，在高温和润滑不良的条件下工作，易于磨损。一般采用铁基粉末冶金或铸铁制造。为便于加工，导管多采用圆柱表面；为防止因缸盖（尤其是铝合金缸盖）热膨胀导致的导管脱落，有些导管在露出缸盖部分的外圆加工出凸缘或环槽，利用凸缘或在环槽内嵌装卡环防止导管受热脱落，如图 2－16 所示。

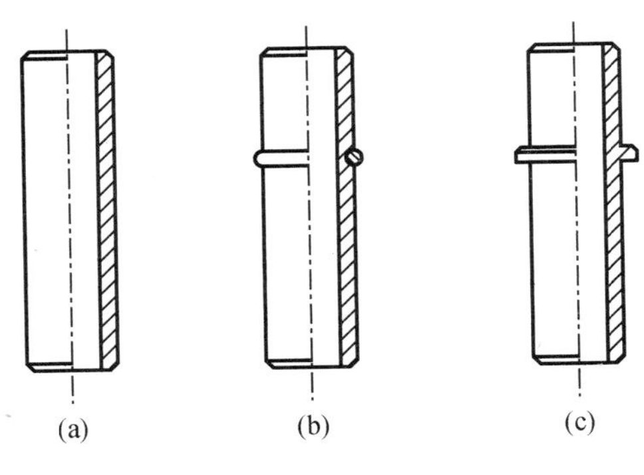

图 2－16　气门导管

3. 气门座圈

气门座圈位于缸盖上的气道缸内开口处，与气门头部锥面配合实现气道密封。气门座可在缸盖上直接加工出来，但对缸盖材料和座口热处理要求较高；多数内燃机以耐热钢、球墨铸铁或合金铸铁制成单独的气门座圈，过盈压装在缸盖的气门座孔中。采用气门座圈提高了气门座的耐磨性和寿命，更换维修方便，但受热后可能脱落。铝合金缸盖安装使用的气门座圈，外圆表面上车有沟槽，压入后缸盖材料嵌入沟槽中，以防止热脱落。

4. 气门弹簧

气门弹簧用于保证气门关闭时能压紧在气门座上，运动时使传动件间保持接触，不致因惯性力而脱离，这一作用是通过锁片对弹簧座的单向锁止实现的。气门弹簧通常采用铬钒弹簧钢丝、65Mn 弹簧钢丝等材料制造，并进行表面喷丸和发蓝处理。

当气门弹簧的固有振动频率与气门开闭次数成倍数关系时，将产生共振。共振导致气门弹簧加速疲劳损坏甚至折断，使气门脱落掉入气缸。为防止共振的发生，FL912/913 柴油机采用变节距弹簧，将节距较小的一端朝向气门头部安装，工作时弹簧节距较小的一端逐渐叠合，有效圈数不断减少，固有频率不断增加，以避免共振的产生；4135 柴油机采用直径不同、绕向相反的两个气门弹簧，由于两个弹簧的固有频率不同，不仅抑制了共振，还可降低弹簧的高度。当一个弹簧折断时，另一个弹簧还可维持工作；6BT5.9 柴油机采用钢丝直径为 $\phi4.9$ mm 的单个气门弹簧，其固有频率为共振频率的 5 倍，以避免共振；有些采用圆锥形气门弹簧，弹簧的固有频率是沿弹簧轴线变化的，以消除产生共振的可能性。

（三）气门传动组件

下置凸轮轴配气机构的气门传动组件由正时齿轮、凸轮轴、挺柱、推杆和摇臂（摆臂）等组成；顶置凸轮轴配气机构的气门传动组件由正时齿轮、齿带或链条、张紧轮或导链器、凸轮轴和摇臂等组成。

1. 凸轮轴

凸轮轴用于控制气门的开闭时机。凸轮轴工作时承受周期性冲击载荷，凸轮表面承受很高的接触应力和滑动磨损，为保证其整体强度和凸轮表面硬度，凸轮轴一般采用优质中碳钢模锻、冷激合金铸铁或球墨铸铁铸造加工，各凸轮和轴颈表面高频淬火。

（1）凸轮轴结构

多缸内燃机凸轮轴上顺序布置着与各气门对应的凸轮，各缸同名凸轮依次投入工作的次序与内燃机各缸工作次序相同，邻缸同名凸轮中心线夹角等于这两缸做功间隔角的一半，同缸进、排气凸轮中心线夹角则由配气相位决定；凸轮轴上常整体加工出偏心轮或螺旋齿轮，用来驱动输油泵、机油泵或分电器工作；单缸柴油机凸轮轴上通常配置有喷油凸轮；防逆转装置和自动减压装置也布置在凸轮轴端或正时齿轮上，如图 2－17 所示。

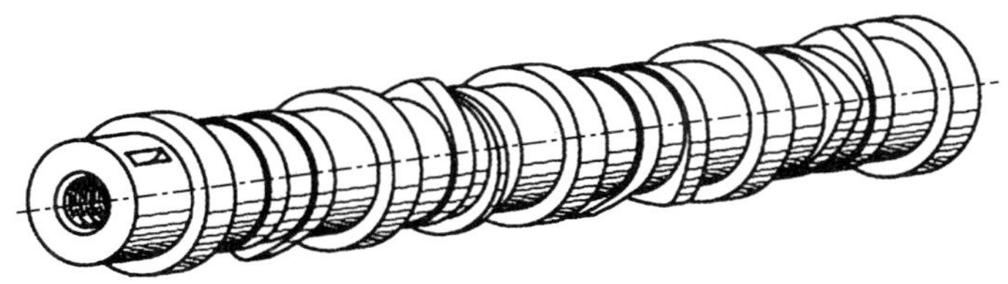

图 2－17 凸轮轴

对于下置凸轮轴配气机构，小型机凸轮轴一般采用滚动轴承非全支承；负荷较大时则采用滑动轴承（衬套）全支承。通常凸轮轴各轴颈直径相同，有的则从前向后直径逐渐减小，以方便拆装。对于顶置凸轮轴配气机构，小型机凸轮轴可以采用滚动轴承非全支承，负荷较大时则采用剖分式滑动轴承全支承，其结构与采用同类方式的曲轴支承类同。

（2）凸轮轴的传动

凸轮轴由曲轴驱动，传动方式有多种。各传动齿轮均按记号装配，以保证气门正时开闭。

下置凸轮轴配气机构采用圆柱斜齿轮传动，一般曲轴与凸轮轴之间的传动只需一对正时齿轮，必要时可加装中间齿轮；对于顶置凸轮轴配气机构，小型机多采用齿带传动，大功率 V 排气缸柴油机多采用长轴圆锥齿轮传动。齿带传动由链条传动发展而来，与齿轮传动相比具有噪声小、质量小、成本低和不需润滑等优点。齿带轮由钢或铁基粉末冶金制造，齿带由夹有玻璃纤维的氯丁橡胶硫化制成，齿面黏附尼龙编织物以增加强度。齿带传动机构需配置张紧轮，使齿带有一定的张紧力，以使传动平稳可靠，减少振动和噪声。

2. 挺柱

挺柱是凸轮的从动件，用于将来自凸轮的切向推力转换成轴向推力，同时承受凸轮轴旋转时所施加的侧向力。挺柱可分为平面式、滚轮式和液力式三种。

(1)平面式挺柱

平面式挺柱为一圆柱形零件,可分为菌形、筒形和吊杯形三种,分别如图 2－18(a)(b)和(c)所示。平面式挺柱与凸轮相抵的下端面为平面或微凸球面,起导向作用的柱身为圆柱形。菌形挺柱顶面和筒形挺柱内孔底面有球窝,与推杆下端球头相抵,以适应工作时推杆的摇摆。为保持两者之间的润滑油膜,挺柱球窝半径略大于推杆球头半径。

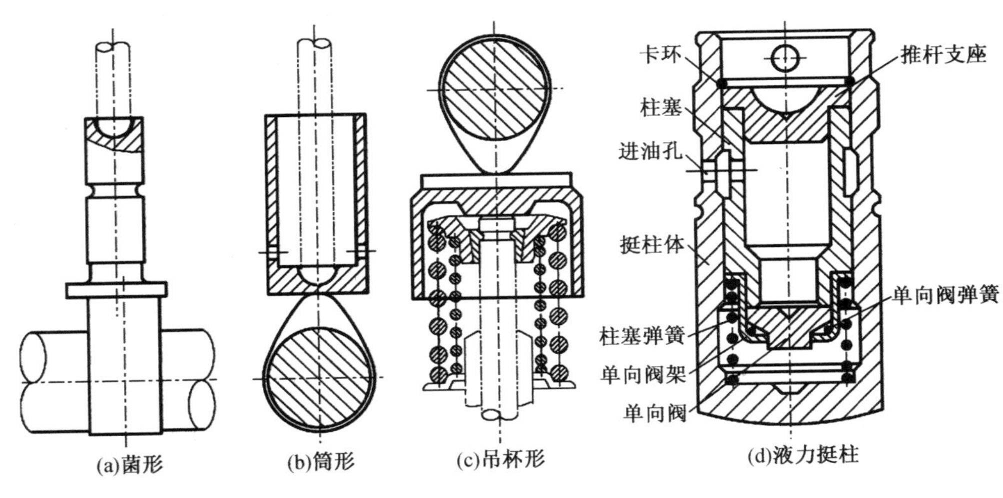

图 2－18 挺柱

挺柱下端面是工作面,与凸轮接触面积小,接触应力大。为了使工作面磨损均匀,多数挺柱轴线偏离凸轮中心线 1～3 mm,可使挺柱在工作中除往复运动外,还缓慢转动;菌形挺柱圆柱面中段常车出环槽,以储存少量机油,改善润滑;筒形挺柱圆柱面下段钻出小孔,润滑气门摇臂轴的机油可由此回流至油底壳并润滑挺柱;有的挺柱外表面做成两端小、中间大的微桶形,不仅具有自位作用,还可改善润滑,减小磨损;风冷内燃机采用的菌形挺柱,中间多带有油孔,由此经推杆中孔油道向摇臂轴间歇供给机油。

(2)滚轮式挺柱

滚轮式挺柱是在挺柱下端加装滚轮而成。滚轮式挺柱安装孔开有纵向导槽,滚轮或滚轮轴插入其中,以保证滚轮和凸轮轴平行。滚轮式挺柱可以减小摩擦阻力和磨损,但结构复杂,质量较大,只用于低速大型内燃机。

(3)液力式挺柱

液力式挺柱由挺柱体、推杆支座、柱塞、单向阀、阀盖和弹簧等组成,如图 2－18(d)所示。柱塞装在挺柱体中孔内,柱塞上端以推杆支座封闭,下端开口由单向阀及其阀盖在弹簧预紧力作用下关闭。挺柱体和柱塞柱面中部均开有与内燃机润滑油道连通的油孔。在弹簧预紧力作用下,柱塞经常处于上方位置,其上端与卡环相抵。

气门关闭时,弹簧的弹力使柱塞通过推杆支座紧抵推杆,保持各传动组件之间无间隙;凸轮顶起挺柱时,推杆通过推杆支座迫使柱塞下移,单向阀下方油压迅速升高,单向阀关闭。由于液体的不可压缩性,单向阀下方的高压机油阻止柱塞继续下移,整个挺柱如同刚体一样向上运动,使气门开启;气门杆热胀伸长后,通过摇臂和推杆压迫挺柱,使单向阀下方油压过高。此时会有少量机油沿挺柱与柱塞的间隙漏出，通过柱塞油孔流进单向阀上方。阀下油压降至一定值时，单向阀被推开，机油流入单向阀下方。所以液力式挺柱既可以始终保持传动件的相互接触而不必预留间隙，又不致在热机时使气门关闭不严。

液力式挺柱消除了因气门间隙导致的冲击和噪声，但结构复杂，加工精度高，磨损后无法调整，只能整个更换。目前，液力式挺柱只用于对噪声限制严格的内燃机，实现零气门间隙。

3. 推杆

推杆用于下置凸轮轴的配气机构中，位于挺柱与摇臂之间，用于将挺柱传来的运动和作用力传给摇臂。为适应工作中的摇摆，其上端为凹球面或球头，与气门摇臂调整螺钉球面相抵；下端为凸球面，插在挺柱的球窝内。推杆多采用三段结构，两端为耐磨合金钢或经渗碳淬火处理的碳钢球头和球窝，中段采用普通碳钢，三段组焊或过盈镶装成一体。为减小推杆质量，以减小往复惯性力，推杆中段为空心结构，有些推杆以铝合金制作杆身中段。

风冷内燃机的推杆两端带有油孔，与挺柱油道配合形成向摇臂轴供油的通道。带油孔的推杆均配置推杆套，以密封推杆两端泄漏的机油。推杆套两端均布置有油封，并通过弹簧或预紧螺母进行预紧，以保证密封可靠，如图 2－19 所示。

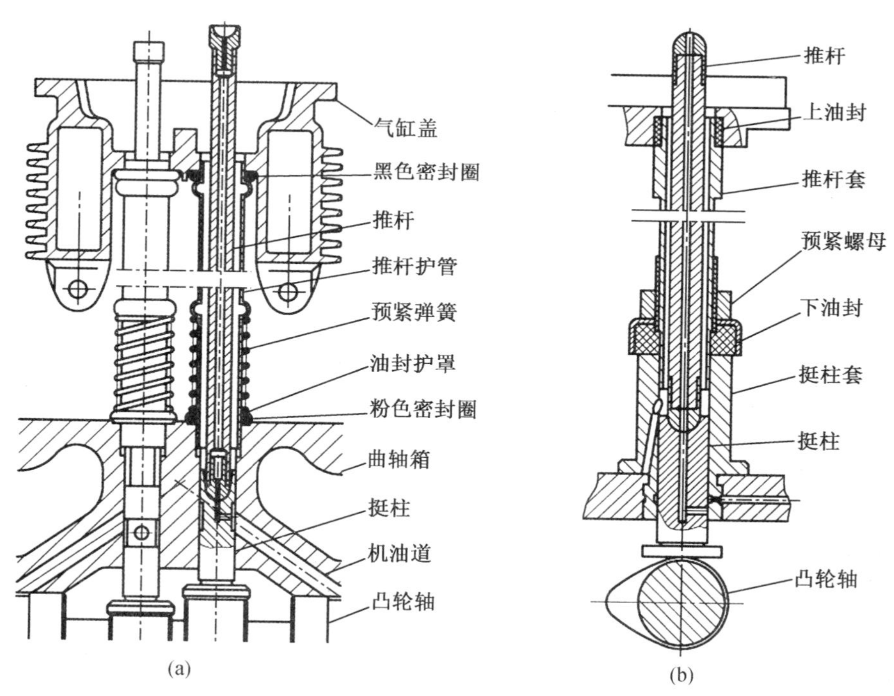

图 2－19　推杆与推杆套

4. 摇臂组件

摇臂用来将推杆或凸轮传来的运动和作用力传给气门，以使其开启。

摇臂组件由摇臂座、摇臂轴、摇臂轴承和摇臂等零件组成，如图 2－20 所示。摇臂座用两根螺钉固定在气缸盖上端，摇臂轴从摇臂座两端伸出，每缸一组。摇臂通过滑动轴承（衬套）铰接在摇臂轴上，其两臂长度比约为 1.6∶1。长臂端用以推动气门脚，短臂端通过调整螺钉与推杆上端球面相抵,组成完整的传动组合。调整螺钉拧在短臂端螺孔内,以螺母对顶锁止,用来调整气门间隙。配装液力挺柱的摇臂则不装置气门间隙调整螺钉。

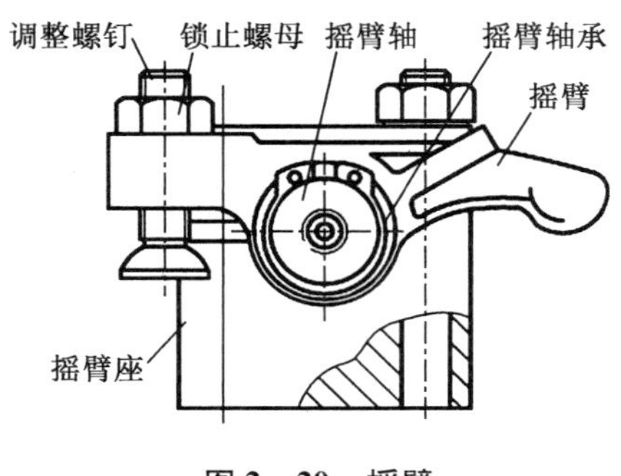

图2-20 摇臂

(四)进、排气装置

进气装置的功用是均匀地向各气缸供给尽可能多的清洁空气,排气装置的功用是以尽量小的阻力和噪声将气缸内的废气排放到大气中。自然进气内燃机的进气装置由空气滤清器和进气管组成,排气装置由排气管和消声器组成;增压进气柴油机的进气装置由空气滤清器、废气涡轮增压器(压气机)和进气管组成,排气装置由排气管、废气涡轮增压器(涡轮机)和消声器组成;中冷增压柴油机在进气管周围加装中冷器。

1. 进、排气管

进气管连通空气滤清器和缸盖各进气道,用于向内燃机各气缸输送新鲜充量;排气管连通缸盖各排气道和消声器,用于将废气降温减噪后排出。进、排气管多采用铸铁或铝合金铸造件,少数内燃机进气管采用薄板冲压件。

化油器式汽油机进、排气管置于同侧,以利用排气温度加热进气管,使混合气加速蒸发。进气管(低温零件)和排气管(高温零件)相连处的固定螺母下方加垫球面组合垫片,且凸球面朝外,以适应零件的温差变化;其他内燃机的进、排气管一般都分置于气缸盖两侧,以降低进气管温度,提高充量系数;进气管与缸盖之间多以石棉垫片密封,排气管与缸盖之间多以与缸垫材料相同的衬垫或不锈钢板密封。

增压柴油机为利用排气脉冲能量,防止排气压力波干扰,采用带中隔板的排气管或双排气管实现双通道排气;电控汽油喷射式汽油机广泛采用可变进气管,通过设置在稳压室下游的转换阀的开关转换,构成长短两根进气管。高速时长、短进气管同时使用,中、低速时只使用长进气管,利用短管谐振器反射压力波,增加进气量,以增加最大转矩(在所有转速下平均增加8%)。转换阀由电控单元(ECU)根据内燃机工况自动控制。

2. 空气滤清器

空气滤清器的功用是滤去空气中的灰尘和杂质,将清洁的空气送入气缸,以减少气缸内运动件的磨损。实践证明,内燃机不装空气滤清器,其寿命将缩短2/3。对空气滤清器的要求是:滤清能力稳定高效,气流阻力小,维护简便,使用寿命长。按照工作原理,空气滤清器可分为离心式、滤芯式和油浴式三种。小型内燃机多采用泡沫塑料作滤芯的滤芯式滤清器；大、中型内燃机广泛采用滤纸作滤芯的滤芯式滤清器；在恶劣空气环境下工作的工程机械用内燃机采用由离心式和滤芯式（或离心式和油浴式）两种工作方式复合的空气滤清器，以确保进入气缸的空气清洁。

3. 废气涡轮增压器

废气涡轮增压器由涡轮机、轴承座和压气机三部分组成，通过涡轮机上的排气入口端面法兰安装在排气管出口处，如图 2－21 所示。增压器轴通过两个浮动轴承支撑在轴承座内。轴的一端为涡轮机涡轮，另一端为压气机叶轮，组成增压器转子。内燃机排出的废气推动涡轮机并带动与其同轴的压气机工作，以提高进气密度，增加进气量。这样就可以增加循环供油量，提高内燃机功率。增压还提高了内燃机的经济性，减少了有害气体的排放，降低了噪声。

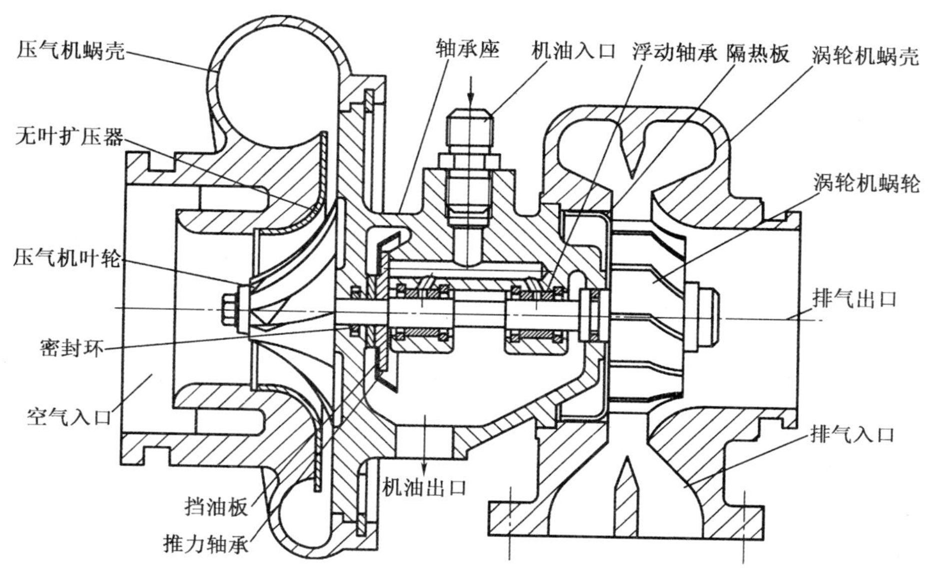

图 2－21　废气涡轮增压器

4. 中间冷却器

中间冷却器简称中冷器，串联在废气涡轮增压器的压气机与进气管之间，用于冷却增压后的空气。废气涡轮增压后，进气温度随增压比的升高而升高，导致进气密度增长率下降，内燃机热负荷升高。利用中冷器对增压空气进行冷却后，可以降低内燃机热负荷，降低气缸盖和活塞的工作温度，提高功率，降低油耗。

5. 消声器

内燃机的排气噪声源于脉动噪声和气流噪声。脉动噪声是残压排气时气缸内高压高温废气喷出的声音，有如气球爆炸的冲击声，与转速和缸数有关，频率较低；气流噪声是气流在排气管中流动时产生的紊流噪声、卡门涡音或从排气管尾端排入大气时的喷流噪声，具有频带宽、频率高的白噪声的特点。内燃机低速时以脉动噪声为主，高速时以气流噪声为主。消声器的功用就是降低排气噪声，消除废气中的火星及火焰，将废气定向排放。

五、燃油系统

(一)柴油机燃油系统

柴油机燃油系统的功用是根据柴油机的工作要求,定时、定量、定压地将柴油按一定规律喷入燃烧室,使其良好雾化,并与空气迅速混合和燃烧。柴油机燃油系统可分为柱塞泵燃油系统、PT 燃油系统、电控柴油喷射系统三种基本形式。柱塞泵燃油系统以柱塞式喷油泵或分配式喷油泵为高压供油部件,利用位移控制喷油参数,工作可靠,性能稳定,应用广泛;PT 燃油系统以压力和时间控制喷油参数;电控柴油喷射系统以时间控制喷油参数,后两者系统组件和控制方法与柱塞泵的两种燃油系统都有明显区别。

1. 柴油的性能与选用

柴油是由多种碳氢化合物(烃)组成的混合物,主要成分为碳和氢,是通过蒸馏、热裂解和催化裂解得到的石油炼制品。柴油分为轻柴油和重柴油两类,转速在 1 000 r/min 以上的高速柴油机以轻柴油为燃料。

轻柴油按其质量分为优等品、一等品和合格品三个等级,每个等级又按凝点分为 10、0、-10、-20、-35 和 -50 六个牌号。轻柴油的主要使用性能指标如下。

(1)十六烷值

十六烷值是评定柴油自燃性(或称抗粗暴性)和燃烧特性的指标。

柴油在无外源点火的情况下能够自行着火的性质称为自燃性,能够使柴油自行着火的最低温度称为自燃温度。柴油的自燃性用十六烷值衡量,用比较法评定。十六烷值高的柴油,自燃温度低,滞燃期短,有利于冷起动,适合于高速柴油机使用。但十六烷值过高,喷入气缸的柴油来不及与空气充分混合就着火,使柴油不能及时完全燃烧,造成排气冒烟,经济性下降;十六烷值过低,柴油自燃性差,滞燃期长,工作粗暴,燃烧室易结焦和积炭,起动困难。高速柴油机使用的柴油,十六烷值为 40~50。

(2)馏程和闪点

馏程和闪点表示柴油的蒸发性,用柴油馏出某一百分比的温度范围表示。轻馏分柴油蒸发性好,混合气易于形成,燃烧比较完全,起动性好。但轻馏分过多,着火后同时间内燃烧的柴油较多,导致工作粗暴;重馏分柴油蒸发性差,汽化缓慢,燃烧不完全,易生成积炭并加重排气烟色。质量好的柴油,其轻、重馏分均应较少,即馏程应较窄(250~350 ℃)。

柴油加热后,其蒸气与周围空气形成的混合气遇明火开始燃烧时的最低温度称为闪点。闪点低,蒸发性好。闪点还是柴油储存、运输、使用中的防火安全指标。

(3)浊点和凝点

浊点和凝点是表示柴油低温流动性的主要指标。

柴油在低温时开始析出石蜡的温度称为浊点。在浊点温度,柴油内有微小的石蜡颗粒析出,会引起滤清器的局部堵塞,但柴油机仍可工作。起动后随着油温升高,局部堵塞滤清器的小粒蜡质就会熔化掉。

柴油在低温时失去流动性的温度称为凝点。在凝点温度,柴油开始凝固,是泵送的最低温度。在此温度下出现的大颗粒蜡质将堵塞滤清器,造成供油中断。柴油的凝点比浊点温度低 7 ~8 ℃。我国轻柴油按凝点分为 10、0、-10、-20、-35 和 -50 六个牌号，分别表示其凝点不低于 10 ℃，不高于 0 ℃、-10 ℃、-20 ℃、-35 ℃和 -50 ℃。

在关于轻柴油品质的国家标准中，还用含硫量、水溶性酸或碱、酸度和铜片腐蚀等指标来评定柴油的腐蚀性；用灰分、水分、机械杂质和 10% 蒸余物残碳等指标来评定柴油的清洁性；用氧化安定性和总不溶物等指标来评定柴油的安定性。

应根据使用柴油机的环境温度选用合适牌号的柴油，柴油的凝点（即牌号值）应比最低环境温度低 5 ℃；除了选用规定标号的合格柴油外，在加入燃油箱前，柴油要充分地沉淀（不少于 48 h）与过滤；使用中要及时保养、清洗燃油箱和柴油滤清器等。

2. 柴油机燃油系统

柴油机燃油系统主要由油箱、输油泵、柴油滤清器、喷油泵、高压油管、喷油器和调速器等组成。通过调速器控制喷油泵供油量，从而控制柴油机转速。按照系统内油压的大小和流向，整个系统一般可分成低压油路、高压油路和回油路三个部分。

（1）低压油路组件

低压油路组件包括油箱、输油泵和柴油滤清器等。

油箱用于储存燃油，其容积一般可供电站连续运行 4 ~6 h。柴油机与汽油机油箱结构基本相同。由于柴油蒸发性较小，所以电站用柴油机油箱盖通常做成螺纹连接口，盖侧开有通气小孔，以使油箱内外压力一致。

输油泵为低压油泵，用于从油箱中吸出柴油，并以一定的压力将足够的柴油输送给喷油泵。柴油机通常采用活塞式或膜片式输油泵。输油泵固定在喷油泵体上时，由喷油泵凸轮轴上的偏心轮驱动；输油泵固定在柴油机机体上时，由配气凸轮轴上的偏心轮驱动。分配泵内置输油泵（二级输油泵）为滑片式，由分配泵泵轴直接驱动。有些小型柴油机油箱位置较高，柴油可借重力流入喷油泵，可不装置输油泵。

柴油滤清器用于除去柴油中的杂质和水分，以减少柱塞偶件和针阀偶件的磨损。由于柴油机燃油系统中的偶件对柴油清洁程度要求较高，所以系统配置了以 1 ~2 个柴油滤清器为主的多重过滤装置。油箱出油管口装置粗目滤网，输油泵进油口装置细目滤网，油箱与喷油泵之间的低压油路串联 1 ~2 个过滤式或沉淀式柴油滤清器，喷油器进油口装置金属缝隙式滤清器。过滤式柴油滤清器的主要功能为过滤柴油，但其轴向尺寸较长的外壳也具有沉淀杂质和水分的功能；沉淀式柴油滤清器的主要功能为沉淀杂质和水分，其外壳内装有滤芯，所以也具有过滤柴油的功能。

（2）高压油路组件

①喷油泵

喷油泵用于根据柴油机的工作要求，在规定时刻将定量的柴油以一定高压送往喷油器。对喷油泵的要求：定时，严格按照规定的时刻开始供油，并有一定的供油延续时间；定量，根据柴油机负荷的大小供给相应的油量；定压，向喷油器供给的柴油具有足够的压力，以获得良好的喷雾质量；一致，对于多缸柴油机，各缸供油时刻、供油量和供油压力应完全相同，以保证各缸所发生的功率一致；敏捷，供油开始和结束应迅速敏捷，防止停油后喷油器泄漏或出现异常喷射。

A. 柱塞式喷油泵

系统采用柱塞式喷油泵时，喷油泵由柴油机曲轴正时齿轮驱动；输油泵固定在喷油泵泵体上，由喷油泵的凸轮轴驱动。如图 2－22 所示，柴油机工作时，油箱内的柴油由输油泵泵出，经柴油滤清器过滤后送入喷油泵。在喷油泵内经过计量和增压后，经高压油管按柴油机工作顺序分送至各缸喷油器，并由喷油器喷入燃烧室。输油泵供给的多余的柴油经溢流阀与喷油器的回油一起经回油管流回油箱。

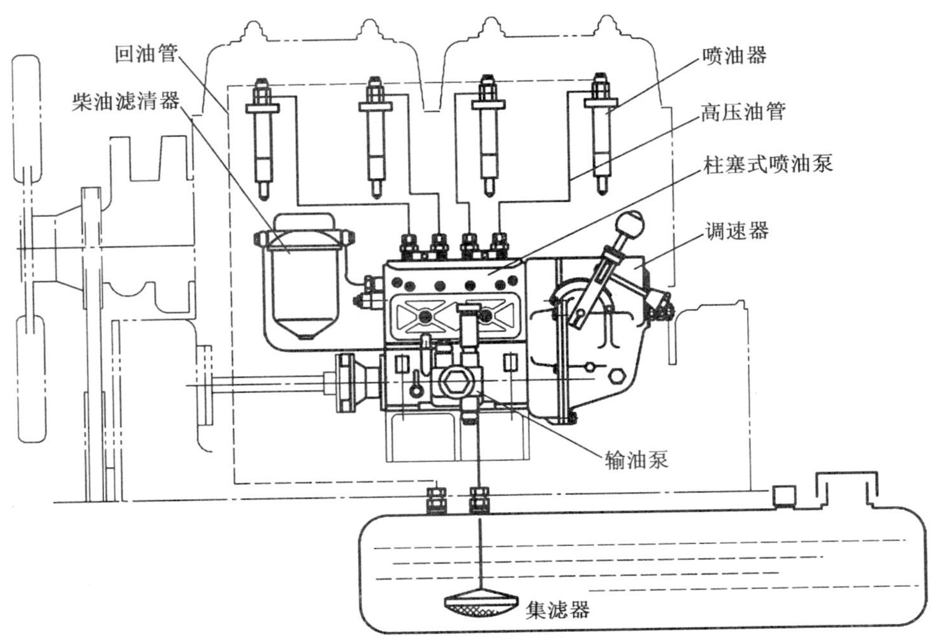

图 2－22　采用 B 型柱塞式喷油泵的柴油机燃油系统（4135 柴油机）

柱塞式喷油泵由泵体、泵油机构、油量控制机构和传动机构等组成，如图 2－23 所示。喷油泵利用柱塞偶件的往复运动实现吸油和压油，每一副柱塞偶件只向一个气缸供油。

泵体用于承装各机构零件。泵体上部垂直排列着各泵油机构安装孔，孔内装有泵油机构；水平开有横贯各泵油机构安装孔的低压油道，其始端开有进油孔，通过接头螺钉与进油管连接。泵体中央外侧开有检视窗口，用以检查调整泵油机构和油量控制机构。泵体下部垂直排列着挺柱安装孔，凸轮轴布置在挺柱安装孔下方，通过轴承支撑在泵体两端的轴承端盖上。泵体后端安装有调速器。

泵油机构由出油阀紧座、出油阀弹簧、出油阀和阀座（出油阀偶件）、柱塞和柱塞套（柱塞偶件）、柱塞弹簧和弹簧座等组成。柱塞和柱塞套是一对配合间隙仅 0.001 5 ~ 0.004 mm 的精密偶件，用于完成压油。柱塞装在柱塞套中，分为回油槽式和回油孔式两种形式，二者工作原理相同。回油槽式柱塞上部表面有螺旋斜槽，经表面纵槽与其顶部相通，如图 2－24（a）所示；回油孔式柱塞上部表面为直斜槽，经轴心油孔与其顶部相通，如图 2－24（b）所示；出油阀及其阀座也是一对精密偶件，用于实现供油敏捷，其结构如图 2－24（c）（d）所示。

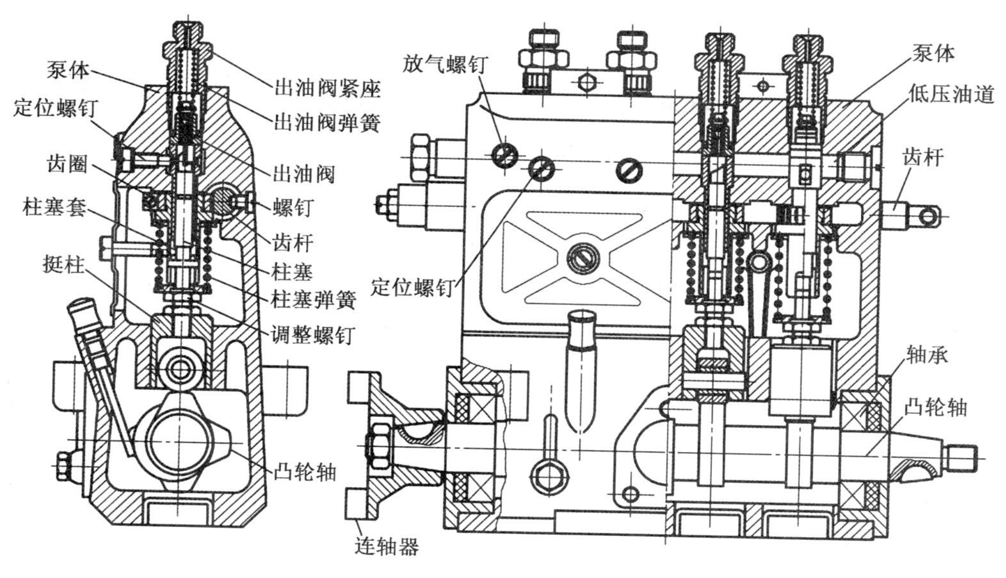

图 2－23　柱塞式喷油泵(B 型)

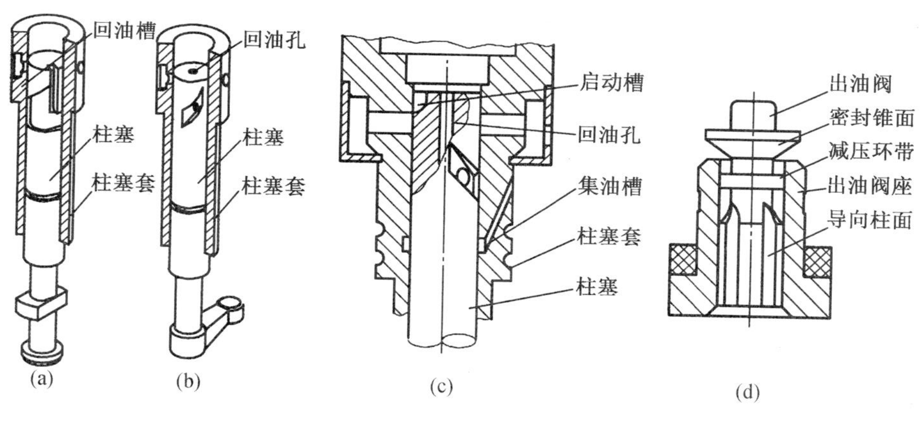

图 2－24　柱塞偶件和出油阀偶件

油量控制机构用于带动柱塞旋转,实现供油量的调节。油量控制机构主要有齿杆式、拨叉式和球杆式三种形式,分别如图 2－25(a)(b)和(c)所示,其工作原理类同。齿杆式油量控制机构由齿杆、齿圈和油量调节套筒等组成,移动齿杆即可通过齿圈带动油量调节套筒旋转,从而带动柱塞旋转;拨叉式油量控制机构由拉杆和固定在拉杆上的拨叉组成,移动拉杆即可通过拨叉拨动柱塞下端调节臂,使柱塞旋转;球杆式油量控制机构由拉杆、钢球和油量调节套筒等组成,移动拉杆即可通过钢球带动油量调节套筒旋转,从而带动柱塞旋转。拉杆和齿杆的移动则由调速器控制。

传动机构由凸轮轴和挺柱等组成。凸轮轴上有一个偏心轮和与分泵数目相等的多个凸轮。偏心轮用于驱动输油泵工作,凸轮用于通过挺柱驱动柱塞上行工作。凸轮轴由曲轴正时齿轮通过传动组件驱动,四冲程柴油机曲轴每旋转两周,凸轮轴旋转一周,各分泵供油一次。

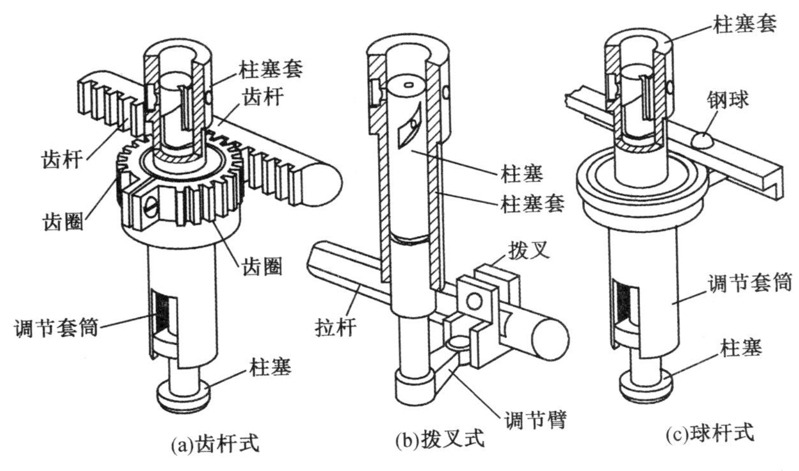

图 2－25　油量控制机构

B. 分配式喷油泵

分配式喷油泵又称转子式喷油泵，简称分配泵或转子泵，20 世纪 50 年代末开始推广应用，分为径向压缩式和轴向压缩式两种形式。博世公司所设计的 VE 型分配式喷油泵为轴向压缩式分配泵，现已广泛应用于高速柴油机。

与柱塞式喷油泵相比，分配泵具有以下特点：单柱塞压油，结构简单，零件少，体积小，质量小，故障少，易维修，成本低；供油均匀性好，不需要进行分缸供油量和供油时刻的调整；凸轮升程小，往复惯性力小，适用于高转速柴油机；靠泵体内的柴油润滑和冷却，对柴油的清洁度要求高。

系统采用分配泵时，其油路结构与采用柱塞式喷油泵时类同。如图 2－26 所示，柴油机工作时，通常由配气机构的凸轮轴驱动的一级输油泵将柴油从柴油箱吸出（小型柴油机不配置一级输油泵，如 493 柴油机），经油水分离器及柴油滤清器过滤后送入分配泵内。分配泵内的二级输油泵将柴油送入密闭的泵腔内，由分配泵供油机构计量和增压后，再经高压油管按柴油机工作顺序分送至各缸喷油器。分配泵内腔油压超过 700 kPa 时，输油泵供给的多余的柴油经溢流阀与喷油器的回油一起经回油管流回油箱。

VE 型分配式喷油泵主要由泵体、输油泵、传动机构、供油机构、电磁断油阀、供油自动提前装置和调速器等组成，如图 2－27 所示。与柱塞式喷油泵不同，分配式喷油泵的供油机构只有一套柱塞偶件。柴油机工作时，曲轴通过齿轮传动组件以 1:2 速比驱动喷油泵泵轴旋转，泵轴带动同轴的输油泵工作，并通过联轴节带动凸轮盘和柱塞一起转动。柱塞弹簧将柱塞和凸轮盘压紧在滚轮组件上，在滚轮、凸轮盘和柱塞弹簧的共同作用下，柱塞在柱塞套内边往复运动边旋转。往复运动使柴油增压，旋转运动则完成向各缸分配高压柴油。与此同时，泵轴通过调速器齿轮带动调速器工作，调速器通过控制套筒调节喷油泵供油量。

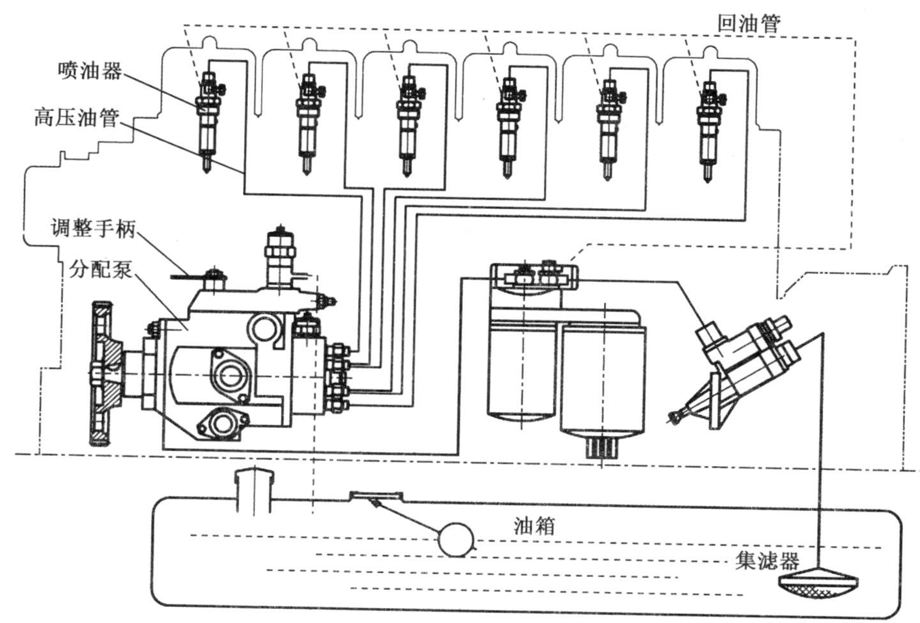

图 2-26 采用 VE 型分配式喷油泵的柴油机燃油系统(6BT5.9A 柴油机)

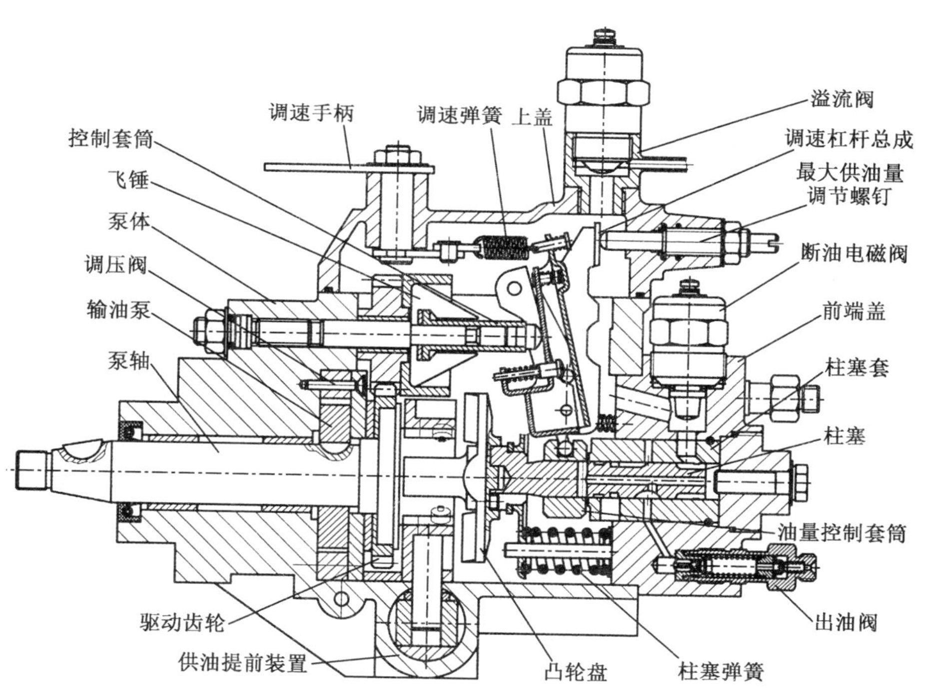

图 2-27 493 柴油机采用的博世 VE 型分配式喷油泵

C. PT 燃油泵

PT 燃油系统是美国康明斯(Cummins)公司的专利,意为按压力(pressure)和时间(time)原理调节循环供油量。系统主要由油箱、滤清器、PT 燃油泵和喷油器(每缸一个)等组成,PT 燃油泵又由输油泵、滤清器、稳压器、两极式调速器、节流阀、全程式调速器和断流阀等部分组成,如图 2-28 所示。

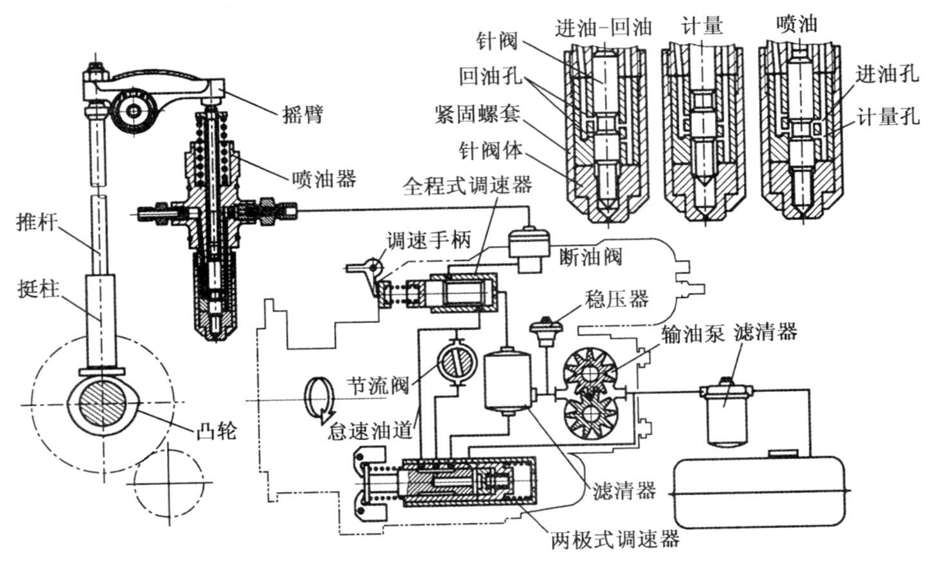

图 2-28　PT 燃油系统

PT 燃油泵由曲轴通过齿轮组件驱动工作,用于供给喷油器压力和数量合适的柴油。柴油机工作时,柴油被齿轮式输油泵从油箱内吸出,经外置滤清器过滤、稳压器消除油压脉动后送入内置滤清器,经二次过滤的柴油依次流经两极式调速器、节流阀、全程式调速器和断流阀,经供油压力和供油量的调节后,通过油管连续送到各缸喷油器。喷油器由凸轮轴及其传动组件驱动工作,对柴油定时进行计量和增压后,将其喷入燃烧室。

PT 燃油系统结构紧凑,偶件数量少,没有高压油管,可以达到很高的喷射压力,使喷雾质量和高速性能得到改善;PT 燃油泵供油量靠油压进行调节,磨损后可通过改变两极式调速器分流量来自动补偿供油量,所以可减少维修次数;到达喷油器的柴油只有 20% 左右喷入燃烧室,其余柴油对喷油器进行冷却和润滑后流回油箱,改善了喷油器的工作条件,且喷油器可单独更换,而不必像柱塞泵那样需要进行供油均匀性的调整。

D. 电控柴油喷射系统

按控制方式的不同,电控柴油喷射系统可分为位移控制方式和时间控制方式。位移控制方式是在柱塞泵或分配泵燃油系统的基础上,加装由电控单元控制的电磁阀,控制喷油泵油量调节装置和提前装置的位移,实现循环供油量和喷油正时的电控;时间控制方式是在高压油路中用一至两个高速电磁阀控制喷油过程,循环供油量由电磁阀开启时间控制,喷油正时由电磁阀开启时刻控制,从而实现循环供油量、喷油正时和喷油速率的电子柔性一体控制。

日本丰田公司的电控 VE 型分配泵喷射系统(ECD-V1 系统)是在 VE 型分配泵燃油系统基础上,加装传感器、电控单元和执行器,组成的位移控制方式电控柴油喷射系统。传感器用于实时测量柴油机运行参数和操作量,包括进气压力、转速、冷却液温度、机油压力、供油提前角和操作踏板位置等多个传感器;电控单元(ECU)的核心部分是计算机,与系统软件一起负责信息采集、处理、计算和执行程序，并将运行结果转换为励磁电流，作为控制指令输送到执行器；执行器包括供油量和供油正时两个控制电磁阀，用于将来自电控单元的励磁电流转换为位移力矩，通过控制喷油泵的供油调整杆位置、供油提前装置低压腔和高压腔油路的通断实现循环供油量和喷油正时的电控。位移控制方式电控柴油喷射系统产品继承性好，在发达国家已使用多年。由于没有变更原有的喷油装置，喷射特性没有改变，控制响应较慢，也不能对各缸单独控制。

日本电装公司的 ECD－U2 电控共轨喷射系统原理如图 2－29 所示，系统由传感器、电控单元、高压油泵、油泵控制电磁阀（PCV）、共轨（共用管）和喷油器等组成时间控制方式的电控喷射系统。传感器和电控单元的功用与 ECD－V1 系统类同；高压油泵只用于提供压力合适的高压柴油，而不再按各缸工作顺序控制喷油时刻和喷油量。油压传感器将共轨内油压值反馈给电控单元，电控单元将此值与柴油机工况所需的最佳油压值比较后，向油泵控制电磁阀输出控制指令，电磁阀通过开闭泵内分流管使共轨内柴油压力达到最佳。电控共轨喷射系统喷油压力高，喷油时刻可随工况独立调节，可柔性控制喷油速率，实现不同阶段的喷油时刻、喷油量、喷射方式（预喷射、分段喷射、集中喷射）和喷油规律的最佳控制，同时避免了高压油路中气泡和零残压现象。系统结构简单、可靠性好，可应用于新老柴油机。这些都使柴油机的转矩特性、冷起动性、经济性和排放烟度得到优化。

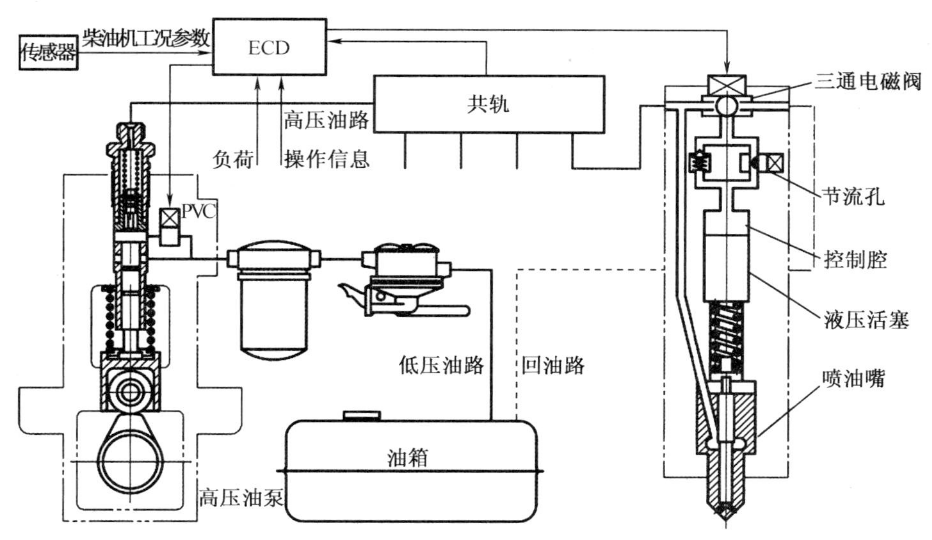

图 2－29　ECD－U2 电控共轨喷射系统原理

②喷油器

喷油器是柴油机燃油供给系统中实现燃油喷射的重要部件，其功用是将喷油泵送来的高压柴油以一定的射程、良好的雾化和与燃烧室相配合的油束形状，喷射到燃烧室内的压缩空气中和壁面上，以获得良好的可燃混合气。为此，要求喷油器具有一定的柴油喷射压力和喷孔分布，喷油及时，断油敏捷。喷油器分为闭式和开式两类，高速柴油机均采用闭式喷油器。闭式喷油器按喷孔和喷射压力可分为孔式和轴针式两种形式。

A. 孔式喷油器

孔式喷油器由喷油器体、针阀偶件、紧固螺套、推杆和调压弹簧组件等组成，喷油压力一般为 16 ~ 25 MPa，用于直喷式燃烧室柴油机。其结构如图 2 - 30(a)所示。

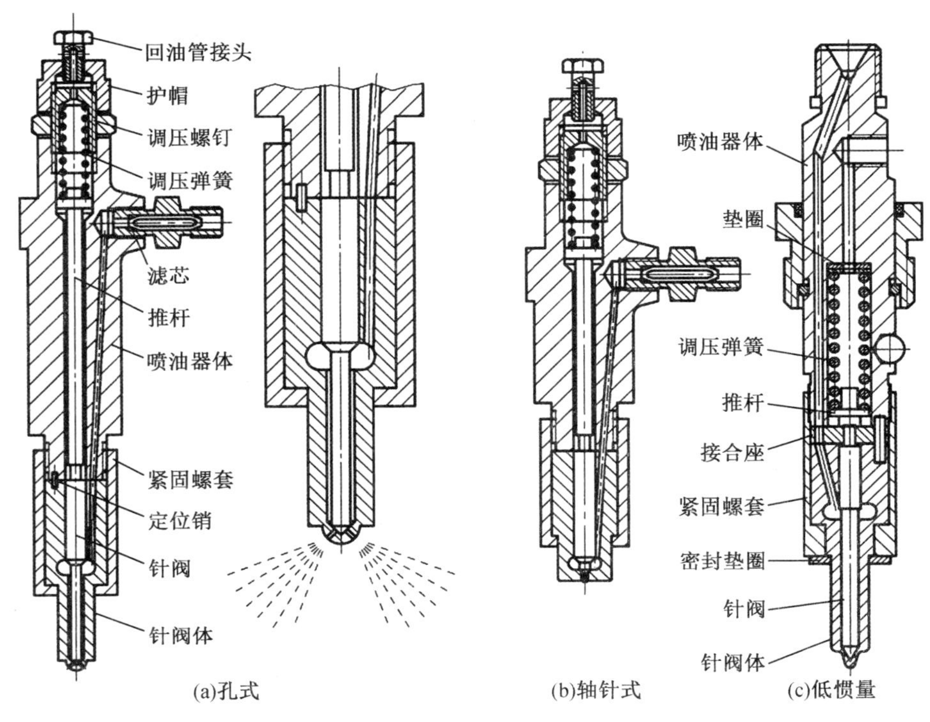

图 2 - 30 喷油器

针阀偶件又称喷油嘴，由针阀与针阀体组成，是一对精密偶件。针阀体内有带环形油槽的针阀插孔和斜向油道，阀体下端定向分布着 1 ~ 8 个孔径为 0.2 ~ 0.5 mm 的喷孔。针阀体通过紧固螺套压装在喷油器体下端面，结合面采用研合密封，定位销定位，以防止柴油泄漏，保证喷孔方向确定。插装在针阀体内的针阀下端有两个锥面：上锥面为承压锥面，位于针阀体环形油槽中，用于将燃油压力转换为轴向开阀推力，使针阀升起；下锥面为密封锥面，用于封闭针阀体内的喷孔。

调压弹簧组件由调压弹簧、推杆和弹簧座等组成，装在喷油器体内。调压弹簧的预紧力通过推杆作用在针阀上，将针阀压紧在针阀体密封锥面上，使针阀体喷孔关闭。

当喷油泵供给的高压柴油经高压油管进入喷油器后，即沿喷油器体油道、针阀体斜向油道进入针阀体环形油槽，油压作用在针阀的承压锥面上，产生向上的推力。当此推力超过调压弹簧的预紧力时，针阀升起，密封锥面打开，高压柴油即经针阀体喷孔以雾状喷出；当喷油泵停油减压后，油压迅速降低，针阀在调压弹簧作用下迅速复位，喷孔关闭，喷油停止。

喷油器工作时，少量柴油经针阀偶件配合面泄漏，润滑和冷却了针阀偶件，然后沿推杆周围的缝隙上升，最后经回油管接头和回油管回流至油箱。

拧松锁止螺母,拧动调压螺钉,即可改变调压弹簧预紧力,从而改变喷油压力。

B. 轴针式喷油器

轴针式喷油器结构和工作原理与孔式喷油器基本相同,只是喷孔结构不同,整体较短,如图2-30(b)所示。针阀密封锥面下方有一轴针插在针阀体的单一喷孔内,使喷孔呈圆环形,因此轴针式喷油器的喷注是空心的。轴针可以制成圆柱形或倒锥形的。圆柱形轴针喷雾锥角较小;倒锥形轴针喷雾锥角较大,以得到不同的喷油束锥角和喷油特性。

轴针式喷油器工作时,轴针在喷孔内往复运动,能清除喷孔中的积炭,喷孔不易堵塞,喷油器工作可靠。轴针式喷油器喷孔直径一般为1~3 mm,喷油压力为10~14 MPa,应用于采用分隔式燃烧室的柴油机。

C. 低惯量喷油器

孔式和轴针式喷油器都采用上置调压弹簧,通过推杆传递调压弹簧的预紧力。推杆轴向尺寸较长、质量较大,使针阀升降时间延长。博世公司研制的下置调压弹簧喷油器,缩短或取消了推杆,提高了针阀升降速度,改善了喷油过程,可适应柴油机转速的提高,称为低惯量喷油器。低惯量喷油器可以做成孔式或轴针式,如图2-30(c)所示。

(二)汽油机燃油系统

汽油机燃油系统用于按汽油机的工作要求,将定量的汽油与空气按比例混合后送入气缸。汽油机燃油系统分为化油器式燃油系统和电控汽油喷射式燃油系统两种形式。化油器式燃油系统是汽油机传统的燃料供给系统,它利用进气气流在化油器内吸出和雾化汽油,并与空气混合成可燃混合气,实现燃料的供给;系统简单,价格低,但经济性、动力性和排放指标较差。电控汽油喷射系统为一电控精确喷射系统,它利用电控单元根据操作信息和汽油机工况控制电磁喷油器,将压力恒定的汽油定量喷入气缸或进气道内,实现燃料的供给,其经济性、动力性和排放指标均明显优于化油器式燃油系统。

1. 汽油机的燃料

汽油机以汽油为主要燃料,也可以采用醇类燃料和气体燃料。汽油是石油炼制品,由多种碳氢化合物组成,主要使用性能指标如下。

(1)抗爆性

汽油的抗爆性是指汽油抵抗爆燃的能力,即抗自燃的能力。汽油的抗爆性用辛烷值衡量,用比较法评定。评定汽油抗爆性可采用马达法(MON)和研究法(RON)两种试验工况,马达法辛烷值比研究法辛烷值低7~12个单位。我国采用研究法辛烷值确定汽油的牌号。如90号、93号和95号汽油的研究法辛烷值分别为90、93和95。

汽油的辛烷值越高,抗爆性越好,适用汽油机的压缩比越高,所以应根据汽油机的压缩比选用相应牌号的汽油。低压缩比汽油机使用高辛烷值的汽油时,由于燃料燃烧速度慢,会出现后燃,导致功率下降、油耗增加、机温过高;高压缩比汽油机使用低辛烷值汽油时,则易发生爆燃。在使用中选择汽油时,除对汽油品质的一般要求外,主要是选择适当的辛烷值。

(2)蒸发性

汽油的蒸发性由其馏出温度来表征,它是通过汽油的蒸馏试验测定出来的,即将汽油加热，分别测定出其蒸发出10%、50%、90%馏分时的温度及终馏温度，分别称为10%馏出温度、50%馏出温度、90%馏出温度及终馏点（又称干点）。10%馏出温度反映了汽油的冷机起动性和产生气阻的倾向，该温度越低，汽油越容易汽化，低温起动性越好，气阻倾向增大；50%馏出温度反映了汽油的平均蒸发性，该温度低，汽油中间馏分易于蒸发，汽油机的预热时间短，暖机性能、加速性能和工作稳定性都较好；90%馏出温度反映了汽油中难以蒸发的重质成分的含量，该温度越低，表明汽油中重馏分含量越少，越有利于可燃混合气在气缸中的均匀分配。

汽油的蒸发性明显优于其他燃油，其蒸发速度与温度和蒸发面积有关。汽油的蒸发将导致燃料损失，由于其燃烧速度极快，严重时还可能发生火灾。

(3)胶质

汽油中所含的不饱和碳氢化合物，由于空气中氧的作用以及日光和金属触媒等作用，在一定温度条件下，容易被氧化聚合成胶质。汽油中胶质沉积在油路内，会使供油不畅甚至堵塞油孔，导致不能起动；同时还会使辛烷值下降，并导致酸值增大。我国汽油含不饱和烃较多，容易产生胶质。通常在汽油中加入抗氧化添加剂，以增加汽油的安定性。使用汽油机时应尽量减少汽油在油路内的静止时间。

2. 化油器式燃油系统

化油器式燃油系统如图2－31所示。汽油泵将储存在油箱的汽油吸出，经汽油滤清器过滤后送到化油器。经空气滤清器过滤的空气流经化油器，利用负压将汽油吸出，将其雾化并与空气混合，形成可燃混合气，经进气管进入气缸。

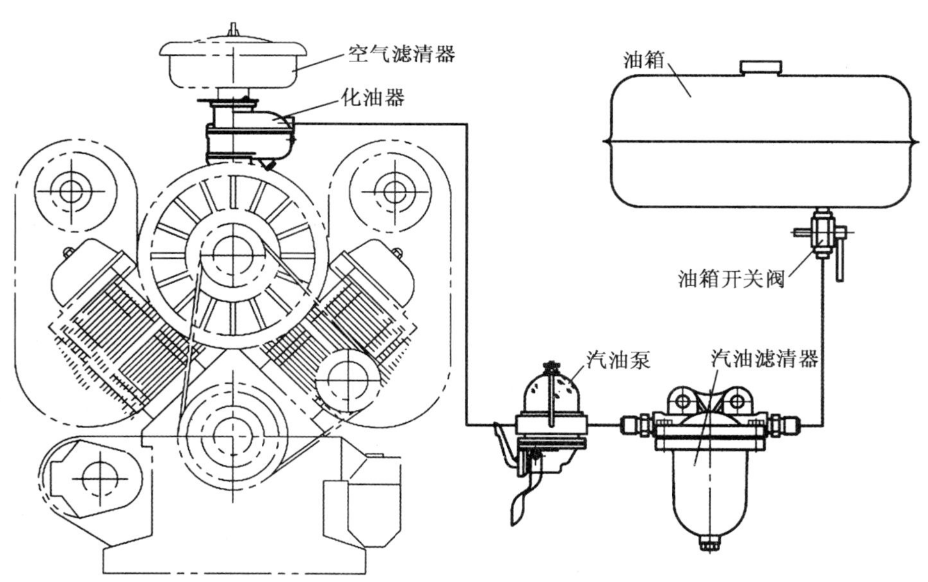

图2－31　化油器式燃油系统

化油器用于根据汽油机各工况的需要，向气缸供给数量和浓度适宜的可燃混合气。化油器通常由上体、中体和下体三部分组成，内置浮子室、喉管、节气门、主供油装置、怠速供油装置、加浓装置、起动装置和加速装置。喉管上方的气体流道称为空气室,喉管下方的气体流道称为混合室。231A10G 型化油器基本结构如图 2－32 所示。

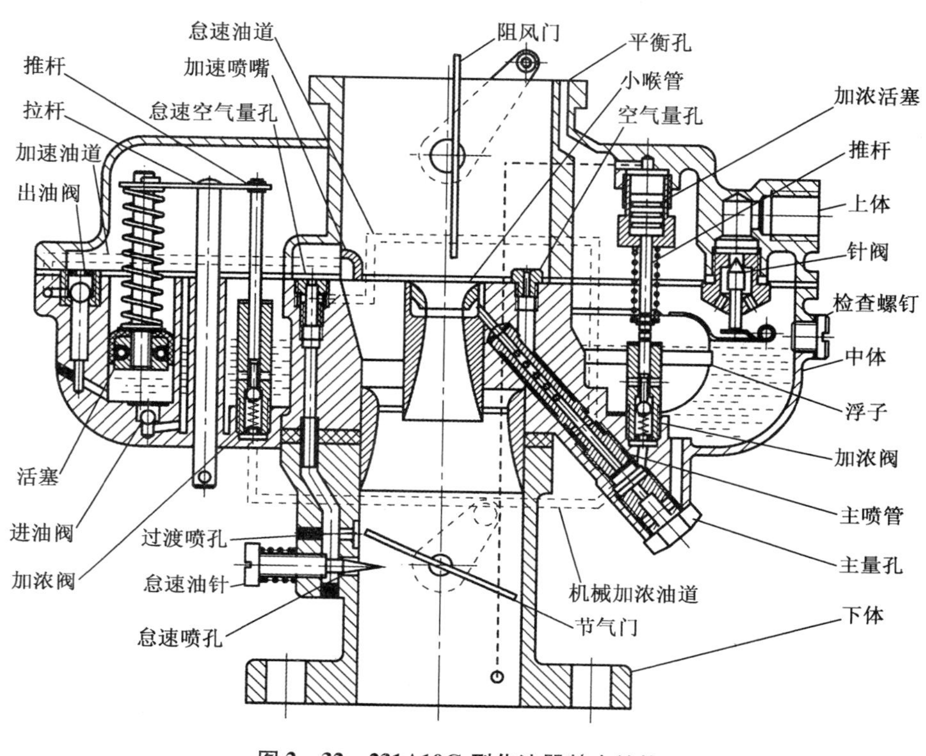

图 2－32　231A10G 型化油器基本结构

喉管具有收缩截面,直径最小处开有环形喷口,或装置喷管与主供油装置连通,用于形成供油气压差。当气缸进气流经喉管中央时,气流截面缩小,流速增大,压强减小,出现负压。而此时浮子室内气压未变,二者之间出现气压差。在此压差作用下,浮子室内汽油即经量孔和主油道从喉管中央环形喷口喷出,并被气流吹散雾化,边蒸发边与空气混合,经进气管进入气缸。

量孔为一铜质管形零件,其孔径尺寸精确,装置在各油道进口用以控制流量。在进、出油口之间气压差一定时,出油口喷油量取决于量孔的尺寸。

喉管下方装有节气门,改变节气门开度即可改变进入气缸的可燃混合气数量,从而改变汽油机的输出功率。内燃机电站用汽油机由调速器控制节气门的开度。

浮子室为一储油空腔,内置浮子和针阀,用于储存汽油并保持油面高度稳定,以稳定各供油装置的供油量。

主供油装置、怠速供油装置、加浓装置、起动装置和加速装置用于根据汽油机各工况的需要,向气缸供给数量和浓度适宜的可燃混合气。

3. 电子控制汽油喷射式燃油系统

汽油喷射式燃油系统于 1952 年由德国博世公司推出,历经机械式、机电混合式和电子式三种控制方式,从缸外单点连续喷射、缸外单点间断喷射和缸外多点分组间断喷射,发展到缸外多点按序间断喷射。到 20 世纪 70 年代，由于电子技术的迅猛发展，加之汽车排放法规和汽油经济法规的制约，电控汽油喷射技术渐趋成熟，装置日臻完善，已普遍应用于车用汽油机。

电子控制汽油喷射式燃油系统是利用由电控单元控制的电磁喷油器将压力恒定、数量确定的汽油喷入气缸或进气管道内的汽油机燃料供给系统。与化油器供油方式相比，电子控制汽油喷射能精确控制空燃比，对环境变化的适应性好；可按照最大充量系数设计进气系统，从而使动力性进一步改善；汽油雾化得更好，油气混合与分配更均匀；系统各组成部件的安装适应性好，给汽油机总体设计带来更大的灵活性。

世界有多家公司开发了多种电子控制汽油喷射系统，如美国通用汽车公司的 DEFI 系统、日本丰田公司的 T－LCS 系统等，但以德国博世公司设计生产的几种系统应用最多。这些系统形式多样，电控单元的控制方式、控制范围、控制程序和器件结构各有特点，但其工作原理类同，结构上均由汽油供给系统、空气供给系统和控制系统三部分组成。图 2－33 所示为博世公司的 LH－Jetronic 型电子控制汽油喷射系统，汽油供给系统将压力恒定的汽油输送给喷油器，空气供给系统则提供数量由节气门控制的清洁空气，控制系统以电控单元（ECU）为中心，利用多个传感器测量操作信息和汽油机各种运行参数，再按照 ECU 中预存的控制程序精确地控制喷油器的喷油时刻和持续时间，从而使汽油机获得最佳空燃比的可燃混合气。

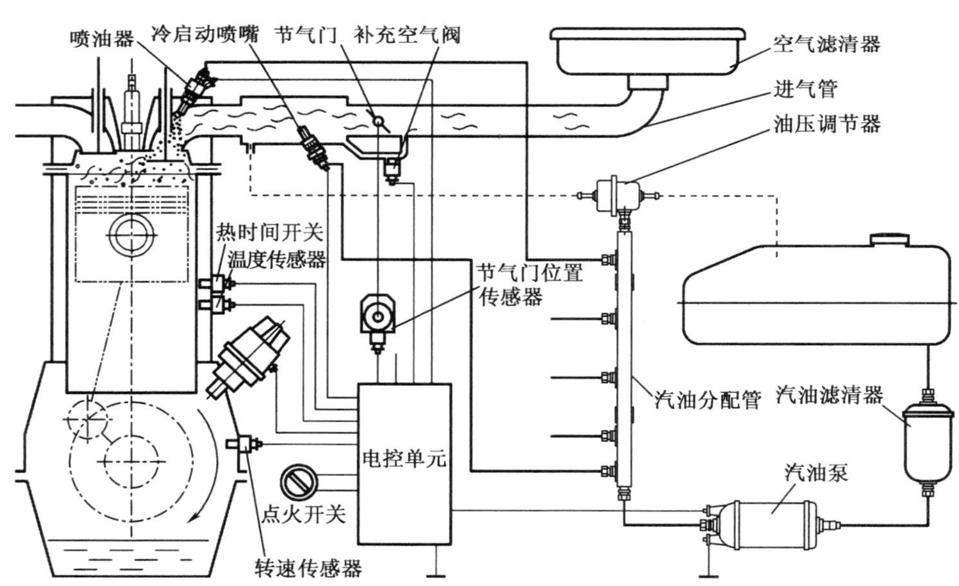

图 2－33　博世 LH－Jetronic 型电子控制汽油喷射系统

博世 M 型（Motronic）电子控制汽油喷射系统为复合功能喷射系统，其系统控制如图 2－34所示。它将 LH 型电子控制汽油喷射系统与电子点火系统结合起来，用一个数字式微型计算机同时对这两个系统进行控制，从而实现汽油喷射与点火的最佳配合，进一步改善了汽油机的起动性、怠速稳定性、加速性、经济性和排放性。

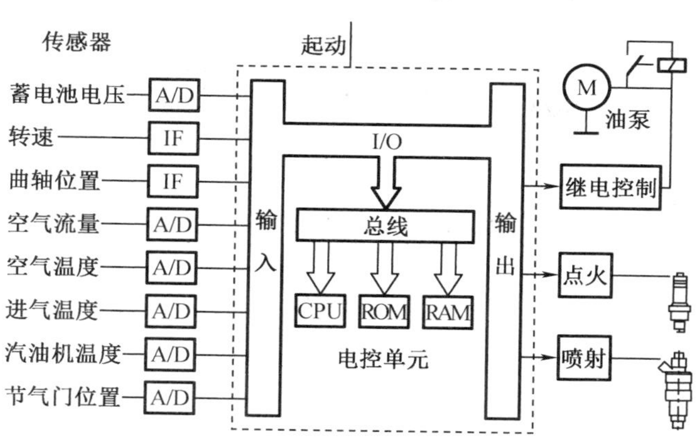

图 2－34　博世 M 型电子控制汽油喷射系统控制图

M 型电子控制汽油喷射系统的汽油供给系统和空气供给系统与 LH 型电子控制汽油喷射系统相似。电控单元内以数字形式存储着汽油喷射子系统和点火子系统在各工况下的控制图。汽油机工作时，各传感器将汽油机运行工况和节气门位置等信息输送给电控单元，电控单元将这些信息经过 A/D 转换成数字信号后，与预存在 ROM 中的信息进行比较，检索控制图数据，从而确定最佳的喷油参数和点火参数，使汽油机在最佳经济性、动力性和排放性的状况下运行。

(1)汽油供给系统

汽油供给系统由油箱、汽油泵、汽油滤清器、汽油分配管、油压调节器、喷油器、冷起动喷嘴和输油管等组成，有的还设有油压脉动缓冲器。汽油泵为电动，连续工作。喷油器为电磁式，按电控单元脉宽信号指令工作。汽油机工作时，汽油泵将汽油从油箱吸出，经汽油滤清器过滤后送入汽油分配管，再由汽油分配管分送至各缸喷油器和冷起动喷嘴。汽油分配管端装有油压调节器，用于稳定油压，从而稳定喷油量。

(2)空气供给系统

空气供给系统由空气滤清器、节气门体和补充空气阀等组成。

(3)控制系统

控制系统由电控单元、各传感器以及连接它们的电路组成，用于实时采集和处理汽油机运行参数，并据此输出控制指令，控制喷油器和点火装置精确喷油和正时点火。

电控单元用于根据其内存程序和数据对各传感器输入的信息进行实时处理、运算和比较，然后输出指令，向喷油器提供一定宽度的电脉冲信号以控制喷油量。电控单元由微处理机、A/D 转换器、输入处理电路、输出处理电路和电源电路等组成。随着电子技术的发展，电控单元的功能也在不断扩展，从单一的汽油喷射控制发展为对汽油喷射、正时点火、怠速及排气再循环等进行综合控制的汽油机管理系统。

各传感器用于实时采集汽油机运行参数。其中，节气门位置传感器用于将节气门开度转换成电信号输送给电控单元，作为判定操作信息的主要依据；曲轴位置传感器用于将汽油机转速和各缸压缩上止点的信息转换成矩形脉冲电信号输送给电控单元；汽油机温度和进气温度传感器用于将汽油机冷却液温度和进气温度转换成电信号输送给电控单元，作为判定汽油机状态的依据之一；空气流量计用于将进入汽油机的空气流量转换成电信号输送给电控单元，作为判定汽油机状态的依据之一；进气管压力传感器测量节气门后进气管内的绝对压力，并将测得的压力转变为电信号传输给电控单元，作为计算喷油量的主要参数；氧传感器通常和三元催化转换器同时使用，安装在排气管上，用于将排气中氧分子浓度转换成电压信号输入给电控单元，以便对下一工作循环的喷油量进行调整，是系统进行反馈控制的传感器。

六、点火系统

点火系统是汽油机特有的系统。汽油机的工作混合气是用电火花点燃的。汽油机点火系统的功用是适时、按序地在燃烧室内产生足够能量的电火花，以点燃混合气。电火花是由火花塞在高压电作用下产生的，能使火花塞产生电火花的电压称为穿透电压。当汽油机压缩终了的压力为0.6～2.0 MPa、火花塞电极间隙为0.5～1.0 mm时，汽油机冷起动时所需的穿透电压为7～8 kV，为保证汽油机可靠点火，点火系统应提供10～30 kV的高压电。

点火时刻对汽油机性能的影响很大。为使汽油机具有较高的热效率和机械效率，燃气压力最大值应出现在压缩上止点后10°～15° CA。工作混合气从点火到燃气压力达到最大需要一定的燃烧时间，而在这段时间内曲轴已转过了一定角度。所以混合气应提前点燃，点火时刻与压缩上止点所夹的曲轴转角称为点火提前角，通常为10°～35° CA。汽油机点火时刻是根据试验确定的。为保证汽油机点火时刻正确，在装配中，驱动点火装置工作的各传动齿轮需严格按正时记号装配，连接各缸火花塞的高压线需按序连接。汽油机转速变化时，燃烧时间变化量小于在该时间内曲轴转角的变化量，所以点火提前角应随转速的升高而增大；汽油机负荷变化时，燃烧状况随之相应变化。负荷较小时，燃烧速度变慢，点火提前角应增大，反之则应减小。这一任务由系统内的点火提前装置完成。

按照点火系统的组成和产生高压电方式的不同，汽油机的点火系统分为传统点火系统、磁电机点火系统、半导体点火系统和微机控制点火系统。

（一）传统点火系统

传统点火系统以蓄电池为电源，通过点火线圈和分电器将12 V低压直流电定时转变为高压电，并按序分配到各缸火花塞，使火花塞产生电火花，点燃混合气。

传统点火系统由蓄电池、点火开关、分电器、点火线圈、附加电阻、高压线和火花塞等组成，如图2－35所示。分电器主要由点火提前装置、断电器和配电器三个部分同轴组成，由曲轴通过配气凸轮轴驱动其旋转工作；点火线圈主要由低压线圈、铁芯和高压线圈组成，按变压器原理工作。

汽油机工作时，断电器凸轮随曲轴同步旋转，使其触点时开时闭。断电器触点闭合时，低压电路接通，蓄电池供给的低压电流即经搭铁→蓄电池→电流表→点火开关→附加电阻→低压线圈→断电器触点→分电器壳体→搭铁构成回路；当曲轴转至某缸点火位置时，断电器触点被凸轮顶开，低压电路被切断，低压线圈内电流迅速消失，点火线圈铁芯内磁通变化率达到最大，在高压线圈内即感应出 15～30 kV 的高压电；与此同时，与断电器同轴旋转的配电器分火头与对应的侧电极对正，高压电即经搭铁→蓄电池→电流表→点火开关→附加电阻→高压线圈→配电器炭柱→配电器分火头→配电器侧电极→高压线→火花塞中心电极→火花塞旁电极→搭铁构成回路。高压电作用于点火缸火花塞的中心电极和旁电极，使之产生电火花点燃混合气。

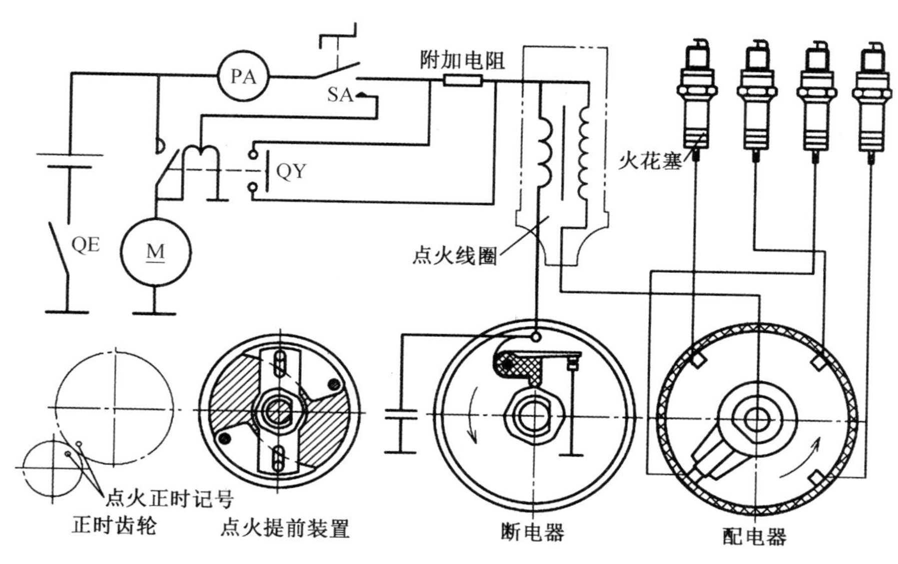

图 2－35　分电器点火系统

火花塞上的电火花是在断电器触点打开的瞬间产生的。低压线圈的自感作用，使低压电流变化速率减慢，高压线圈中感应出的高压电动势变低。同时，低压线圈的自感电动势（可达 200～300 V）还会在断电器触点间产生火花，使触点氧化烧蚀。为了消除自感电动势的不利影响，在断电器触点两端并联有电容器。在断电器触点打开时，自感电流向电容器充电，不仅可以减小触点间的电火花，保护断电器触点，还可以加速低压线圈内一次电流和磁场的衰减，提高高压线圈的二次电压。

断电器触点闭合时间受汽油机转速和缸数的影响。汽油机转速越高，缸数越多，闭合时间就越短，致使低压线圈内的电流减小，高压线圈内感应的二次电压降低。为此，在低压电路中串联了一个阻值随温度升高而增加的附加电阻。汽油机转速较低时，触点闭合时间长，低压电流大，附加电阻温度高，阻值随之增大，从而限制了一次电流；汽油机转速较高时，低压电流小，附加电阻的温度低，阻值随之变小，可使高速时低压电流不至显著下降。

汽油机起动时，起动电流会使蓄电池电压急剧下降，引起点火线圈内的低压电流过低，使点火电压与点火能量不足。所以在起动机电路中接入一个起动开关，起动时将附加电阻短路，蓄电池的电压全部加在低压线圈上，使低压电流明显增大，以保证起动时有足够高的点火电压，使汽油机容易起动。

断开点火开关，低压电流消失，高压电不再产生，汽油机即停止工作。

传统点火系统由机械触点控制低压电路的通断，触点易烧蚀，低压电流受到限制（小于

5 A),进而限制了二次点火电压的提高,故其已被半导体点火系统和微机控制点火系统所替代。

(二)磁电机点火系统

磁电机点火系统由磁电机、高压线和火花塞组成,其工作原理如图 2 – 36 所示。磁电机利用永久磁铁和低压线圈产生低压电,再由断电器与高压线圈配合产生高压电,因此不需另设低压电源,适合于人力起动的汽油机。但低速时产生的电压较低,不利于汽油机起动。

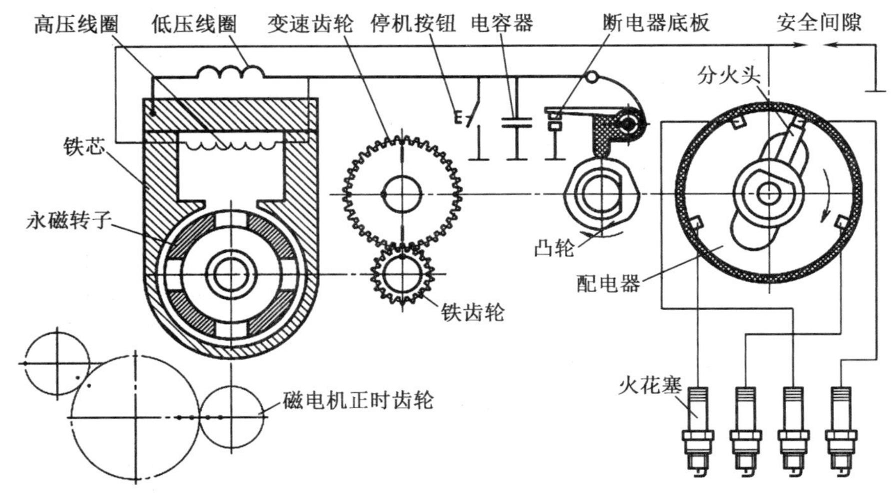

图 2 – 36 磁电机点火系统

磁电机由永磁转子、铁芯、感应线圈(低压线圈和高压线圈)、断电器和配电器等组成。铁芯上绕有低压线圈和高压线圈,永磁转子的磁力线穿过铁芯构成闭合磁路。汽油机工作时,曲轴通过传动组件带动永磁转子旋转,铁芯内磁通的大小和方向连续变化,低压线圈内即产生 20 ~ 25 V 的低压感应电动势。低压电动势产生时,高压线圈内同时产生 1 ~ 1.5 kV 的高压电动势,但此电动势不能达到点火需要的穿透电压。因此在低压电路内串联断电器,以低压电流的突变提高铁芯内的磁通变化率,从而产生所需的高压电。

断电器和配电器结构与传统点火系统中分电器的断电器和配电器类同。永磁转子同轴或经变速齿轮带动断电器凸轮和配电器分火头旋转。断电器凸轮使断电器触头时开时闭。当低压电流达到最大时,断电器凸轮将触点顶开,低压电流迅速消失,铁芯内磁通变化率达到最大,在高压线圈内即感应出 15 ~ 20 kV 的高压电;此时,配电器分火头恰好对准需要点火的气缸所对应的配电器侧电极,高压电即经搭铁→铁芯→低压线圈→高压线圈→高压引出线→配电器盖弹簧→炭柱→配电器分火头→配电器盖侧电极→高压线→火花塞→搭铁构成高压回路。高压电穿透火花塞间隙时产生电火花,点燃混合气。断电器触点两端并联有电容器,用以增强高压,保护触点;低压线圈引出端并联有停机按钮,按下按钮时,低压线圈被短路,高压电不能产生,汽油机即熄火停机。

(三)无触点半导体点火系统

传统点火系统和磁电机点火系统由于采用机械触点,二次电压较低,火花能量较弱,点火时刻也不能精确调节,不适合现代高速汽油机对点火的要求。无触点半导体点火系统以蓄电池或磁电机为电源,利用传感器和晶体管点火控制器代替断电器触点产生点火信号,并实现低压电路的通断控制,利用点火线圈将电源的低压电转换为高压电,通过配电器分配给各缸火花塞,点燃混合气。由于没有机械触点,克服了与触点相关的一切缺点,一次电流增大、二次电压提高,使火花塞对积炭不敏感,从而改善点火性能,已得到广泛应用。

无触点点火系统一般由传感器、点火控制器、点火线圈、分电器、高压线和火花塞等组成。按传感器的形式,无触点点火系统可分为磁脉冲式、霍尔效应式和电容放电式等,以磁脉冲式和霍尔效应式应用最广。

1. 磁脉冲式无触点点火系统

磁脉冲式无触点点火系统由传感器、点火控制器、点火线圈和分电器等组成。该系统以传感器和点火控制器替代机械断电器,其余装置与传统点火系统基本相同,如图2-37所示。

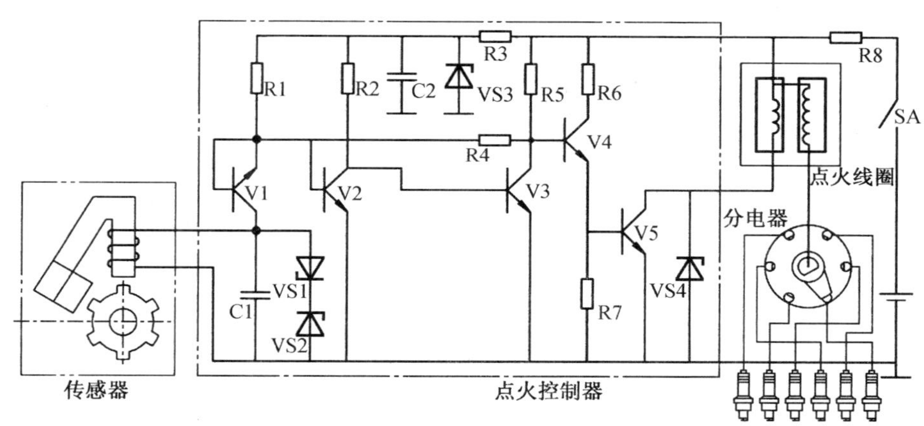

图2-37 磁脉冲式无触点点火系统

(1)传感器

传感器为一磁脉冲式点火信号发生器,用于产生点火信号。它由信号转子、永久磁铁、铁芯和线圈等组成。由分电器轴同轴驱动的信号转子外缘有与汽油机缸数相等的凸齿,永久磁铁的磁通经转子凸齿和铁芯构成磁回路,线圈绕在铁芯上。信号转子在分电器轴带动下随曲轴同步旋转,凸齿与线圈铁芯之间的间隙交替变化,导致铁芯内磁通交变,线圈中即感应出频率与转速成正比、个数与缸数相对应的脉冲电动势,其大小与磁通变化率成正比,以此作为点火时刻信号。

(2)点火控制器

点火控制器为一封装晶体管电路,用于将传感器输入的点火脉冲信号整形、放大后,控制点火线圈低压电路的通断。

点火开关接通后,蓄电池即向点火线圈和点火控制器供电。温度补偿三极管V1截止时,发射极具有确定的电位。V1发射极电位高于集电极电位时,V1因承受反向电压而截止,三极管V2因承受正向电压而导通,使V2集电极电位降低,三极管V3截止,V4导通,电阻 R7 两端电压升高,开关型三极管 V5 导通,接通低压线圈电路。低压电流即经搭铁→蓄电池→点火开关 SA→R8→低压线圈→V5→搭铁构成回路;当传感器输入的信号电压使 V1 集电极电位高于发射极电位时,V1 导通,三极管 V2 的发射极承受反偏而截止,V2 集电极电位升高,三极管 V3 导通,V4 截止,开关型三极管 V5 因失去基极偏置电压而截止,切断低压线圈电路。此时,低压电流迅速下降到零,在高压线圈中即产生高压电。

稳压管 VS1、VS2 用于传感器输出点火脉冲信号的整形,以限制其幅度,保护三极管 V1、V2;稳压管 VS3、电阻 R3、电容器 C2 组成稳压电路,以稳定 V1、V2 的电源电压;稳压管 VS4 用于旁路低压线圈中的自感电动势,保护三极管 V5。

2. 霍尔效应式无触点点火系统

霍尔效应式无触点点火系统由霍尔分电器、点火线圈、点火控制器等组成。该系统利用霍耳触发器制成的传感器,在汽油机运行时产生点火信号。该系统以传感器和点火控制器替代机械断电器,其余装置与传统点火系统基本相同,其工作原理如图 2-38 所示。

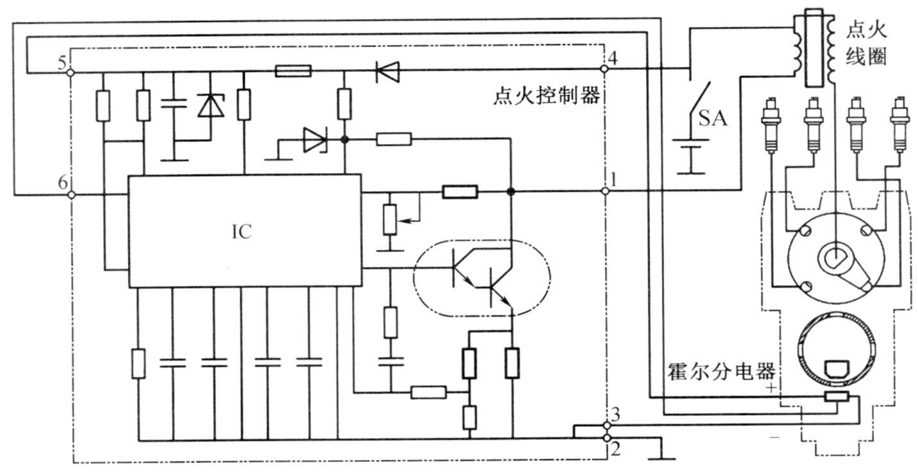

图 2-38　霍尔效应式无触点点火系统

磁脉冲式无触点点火系统传感器输出信号电压与汽油机的转速有关,低速时信号电压较小;霍尔效应式无触点点火系统传感器输出信号电压波形陡峭,不受汽油机转速的影响,动态范围大,正时精度高,使用寿命长,应用广泛。

(四)微机控制的点火系统

微机控制的点火系统以蓄电池为电源,利用微机对多个传感器测得的汽油机工况信息进行处理,从而确定点火时刻。高压电的产生是靠点火线圈完成的,并由微机控制系统直接进行高压电的分配。不仅没有机械触点,也没有机械配电器,是现代新型的点火系统。

无触点半导体点火系统取消了机械断电器,但高压电的分配、点火时刻的调节仍然与传统点火系统相同。受机械的滞后、磨损以及装置本身的局限性等许多因素的影响,不能保证在汽油机任何工况下点火时刻均为最佳值。低压电路的导通时间受传感器输出信号波形的限制,低速时低压电路导通时间长,一次电流大,点火线圈容易发热;高速时低压电路导通时间短,一次电流小,二次电压低,点火不可靠;微机控制的点火系统,根据各传感器提供的信号,随汽油机工况的变化自动地调节点火提前角和低压电路的导通时间,使汽油机在任何工况下,均能获得最佳点火提前角和点火能量,避免了点火线圈过热,提高了可靠性。

微机控制点火系统一般由传感器、微机控制器、点火控制器以及点火线圈等组成,如图2-39所示。微机控制点火系统有多种结构,其组成也有所不同,但工作原理相似。

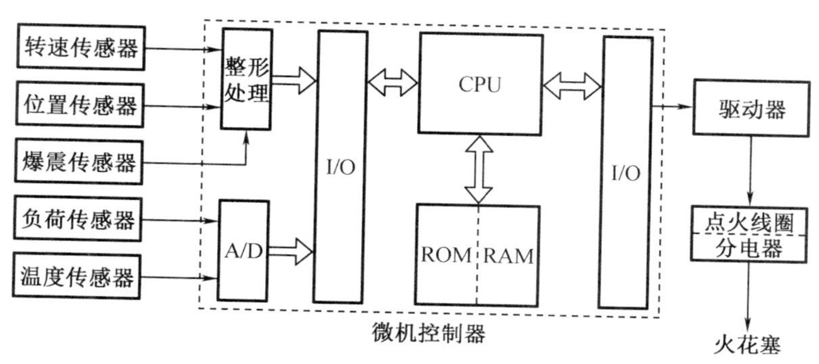

图2-39 微机控制点火系统组成框图

汽油机工作时,各传感器将检测到的反映汽油机工况的信号(转速、负荷、水温、节气门开度、爆震)送入微机控制器,经整形处理或A/D转换,再经I/O转换后送入CPU。CPU根据输入的转速和负荷信号,按存储器中存放的程序和数据计算出与该工况相对应的最佳点火提前角和低压电路导通时间,并根据水温等信号加以修正。最后根据计算结果和点火基准信号,在最佳时刻向点火控制电路和点火线圈发出控制信号,接通点火线圈的低压电路,经过最佳导通时间后,再发出控制信号,切断点火线圈的低压电路,使点火线圈的高压电路中产生高压电,并由控制器直接分配到各缸火花塞,点燃混合气。

汽油机工作期间,如发生爆震,爆震传感器将与爆震有关的电压信号输入控制器,控制器将适当推迟点火时刻,爆震消除后再将点火时刻逐渐移回最佳点,实现了点火提前角的闭环控制;控制系统不断地监视各传感器和控制器自身的工作,一检测到故障,立即将所发生的故障转变为相应的故障代码存入存储器中,必要时采取相应的保护措施,维持汽油机基本运行状态。在进行故障诊断时,技术人员可以按规定的方法调出故障代码并排除故障。

采用微机控制的点火系统,对于提高汽油机的动力性、经济性以及减少排气污染等都是十分有效的,因此在现代汽油机上得到广泛应用。

七、调速装置

调速装置的功用是随内燃机负荷的变化自动调节燃油或可燃混合气的供给量,以保持内燃机转速的稳定。对于柴油机,在喷油泵供油齿杆位置不变的情况下,柱塞套进、回油孔的节流作用和柱塞偶件泄漏的综合作用,使得喷油泵每循环供油量随着柴油机转速的增加而增加,这一特性称为喷油泵的速度特性。喷油泵工作时,上行柱塞上端面还未完全关闭柱塞套进、回油孔,因柱塞上方柴油不能迅速流回低压油道,柱塞即已开始压油,所以会导致出油阀提早开启;另一方面,柱塞斜槽边缘刚刚打开进、回油孔时,柱塞上方高压柴油不能立即流到低压油道中去,仍维持较高压力,致使不能立即停油,使出油阀延迟关闭。转速越高,这种节流作用越强,出油阀早开和迟闭现象越显著,加之柱塞偶件间隙的泄漏量随柴油机转速的增大而减少,使得每循环供油量随着柴油机转速的增大而增加。喷油泵的这种特性对柴油机的稳定工作非常不利。柴油机突然卸载时,若喷油泵供油齿杆仍保持在原有供油位置,势必引起柴油机增速,而增速又引起供油量增加,促使柴油机转速继续升高甚至超速(飞车);在怠速时,喷油泵的供油量仅能维持柴油机不熄火,运转阻力稍有变化,即可能引起柴油机转速变化,导致供油量随之增加或减少,使柴油机怠速不稳甚至熄火,所以柴油机必须配置调速装置,以防止超速,稳定怠速。对于汽油机,由于不存在上述问题,可以不配置调速装置。但对于电站用内燃机,要求在恒定转速下工作,以保证发电机频率稳定,所以不论是柴油机还是汽油机,均配置调速装置。

调速装置按照执行机构的不同,可分为机械式、液压式、气动式和电子式等调速器。机械式调速器结构简单、工作可靠,移动电站用内燃机均配置机械式调速器,少数对调频性能要求较高的电站则配置调速精度较高的电子调速器。柴油机配置的机械式调速器安装在柱塞式喷油泵后端或分配式喷油泵内部,由泵轴驱动工作;汽油机配置的机械式调速器安装在机体上,或由配气凸轮轴驱动,或由曲轴通过齿轮传动组件驱动;电站用内燃机配置电子调速器时,则单独安装,或单独使用,或与内燃机配置的机械式调速器共同使用。

(一)机械式调速器工作原理

机械式调速器按照起作用的转速范围,分为单程式、两极式和全程式三种。单程式调速器只在额定转速下起作用,多用于电站用汽油机;两极式调速器只在怠速和最高转速下起作用,而怠速和最高转速之间的转速则由操作者人为控制,主要用于车用柴油机;全程式调速器在全部转速范围内都起作用,用于工程机械、大型车辆、船舶和电站用柴油机。三种调速器结构相似,但调速弹簧的布置方式有明显区别。

调速器由转速感应元件、调速弹簧和传动组件等组成,如图 2-40 所示。转速感应元件是由一组铰接在飞锤架上的飞锤(或驱动盘内的飞球)组成的离心机构,由传动轴带动旋转。飞锤内端有飞锤爪,通过推杆与调速杠杆相抵。由于离心力与转速的平方成正比,因此离心机构能比较灵敏地利用离心力感应内燃机转速的变化。调速杠杆下端铰接在外壳上,其中段除与推杆相抵外,还挂装有调速弹簧,其上端则通过铰链拉杆带动柴油机的油量控制机构或汽油机的节气门。

内燃机工作时,传动轴带动调速器飞锤架旋转,飞锤大头受离心力外张而使飞锤摆动,飞锤爪外拨推杆,使其产生与离心力成正比的轴向推力 F_c,推动调速杠杆向减油(减速)方向摆动;调速弹簧预紧力 F_p则拉动调速杠杆向加油(加速)方向摆动。内燃机转速降低时,飞锤转速降低,轴向推力 F_c减小。F_c作用在调速杠杆支点轴的力矩 M_c小于 F_p作用在调速杠杆支点轴的力矩 M_p,即 $M_c < M_p$。调速杠杆在 M_p作用下向加油方向摆动,使转速回升;当内燃机转速升高时,飞锤离心力增大,$M_c > M_p$,调速杠杆在 M_c作用下向减油方向摆动,使转速回落。随着内燃机转速的变化,F_c随之相应变化。当 $M_c = M_p$时,作用在调速杠杆上的力达到动态平衡，转速即稳定。

改变调速弹簧预紧力 F_p，即改变 O 点位置，就改变了调速器的工作点，即改变了内燃机的稳定转速。当 O 点固定时，调速器仅有一个工作点，只在一个转速下起作用，如图 2－40(a)所示，此即单程式调速器；若在 O 点加装调速手柄，使调速弹簧预紧力可随手柄位置变化，调速器即可在相应的转速范围内起作用，如图 2－40(b)所示，此即全程式调速器；采用两个调速弹簧，分别在怠速和高速时起作用，即为两极式调速器。

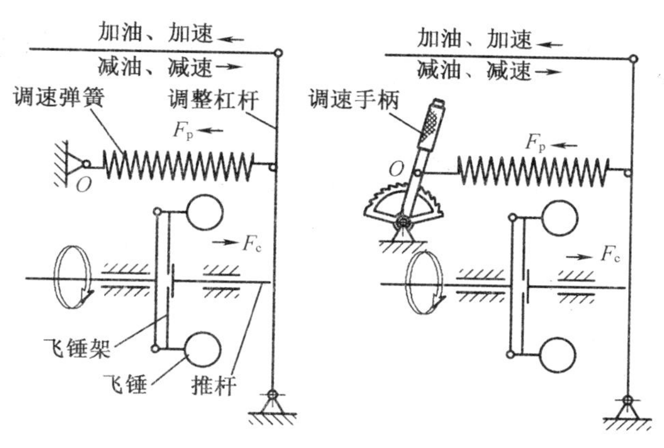

图 2－40　调速器工作原理

（二）电子调速器

电子调速器的功用与机械调速器相同，用于随内燃机转速或电站负荷的变化自动调节供油量，以保证发电机频率稳定，并防止飞车和稳定怠速。电子调速器按工作原理可分为转速感应控制式、电流感应控制式和综合式三类。转速感应控制式电子调速器提取内燃机转速的变量为控制信号，对内燃机的起动、怠速和额定转速进行精确调节。其可与机械调速器串联成机电复合调速装置，也可以单独工作。电流感应控制式电子调速器提取发电机输出电流的变量为控制信号，在电站正常发电后起作用。电子调速器与机械调速器配合工作，主要用于提高电站瞬态频率指标；转速感应控制式电子调速器配装感应发电机电流突变的负荷预感器，即成为综合式电子调速器。目前内燃机电站上采用的电子调速器产品主要来自美国 GAC、上海孚创、无锡辛格斯达和广州三叶等公司，且以转速控制式应用最多，单独采用电流感应控制式电子调速器则少见。现以美国 GAC 公司的 ESD5500E 型电子调速器为例，介绍其结构和工作原理。

ESD5500E 型电子调速器主要由转速传感器、转速控制器、负载预感器、电磁执行器和互感器等组成，可在起动、怠速和额定转速下对喷油泵供油量进行调节，从而保证内燃机转速的稳定，其组成如图 2－41 所示。

1. 电磁执行器

电磁执行器为一执行电磁铁，按其安装方式可分为内置式和外置式两种。ESD5500E 型电子调速器的电磁执行器为内置式，安装在喷油泵后端，通过连接杆件与喷油泵齿杆相连，控制喷油泵供油量。电磁执行器由励磁线圈、铁芯、衔铁和复位弹簧等组成，当调速控制器输出脉宽调制功率(励磁电流)时,电磁执行器即产生强弱适宜的磁场,使衔铁产生相应的位移,并通过连接杆件带动喷油泵齿杆动作,调节喷油泵供油量,从而调节内燃机转速。复位弹簧则保证电磁执行器未加电时喷油泵齿杆处在停机位置。

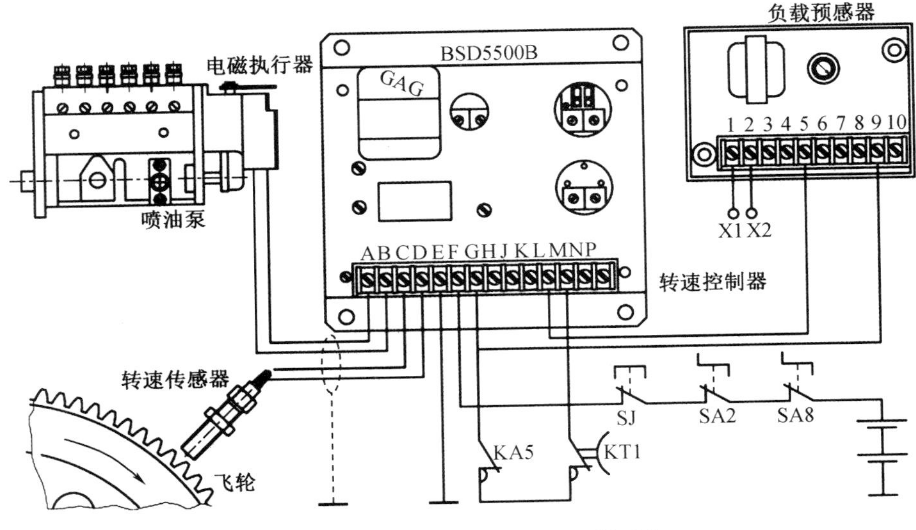

图 2-41　ESD5500E 电子调速器系统

2. 转速传感器

转速传感器用于检测内燃机转速,并将转速的变量转换成变频电信号。转速传感器为磁阻式,由永久磁铁和线圈等组成,如图 2-42 所示。永久磁铁距飞轮齿圈顶面 0.5 ~ 1.1 mm,安装在内燃机飞轮壳上。飞轮旋转时,飞轮齿圈的齿顶与齿根交替变化,永久磁铁与齿圈交链的磁通随之交变,绕在永久磁铁周围的线圈即产生近似正弦的交流感应电动势,内燃机转速为 1 500 r/min 时,其频率为 259 500 Hz,与内燃机转速成正比。

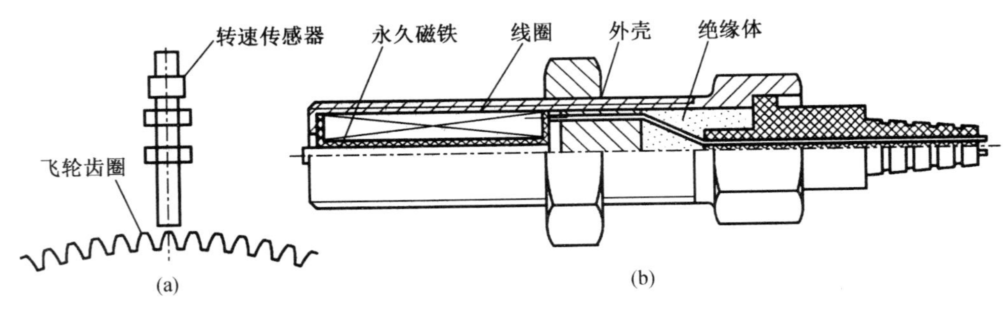

图 2-42　转速传感器

3. LM100 型负载预感器

电子调速器配装 LM100 型负载预感器,用于感应发电机输出有功功率的变化,在发电机负载增大的瞬间给电子调速器一个信号,以改善瞬态调速性能。

负载预感器由动态脉冲单元、信号放大单元和接线端子等组成。动态脉冲单元测量

X1、X2 端子输入的突变电流(由互感器感应发电机 V 相电流的突变),将其转换成正向(发电机输出电流突增时)或反向(发电机输出电流突减时)的动态脉冲,送入放大单元整理放大后经端子送入调速控制器,向其提供动态调速信号。

负载预感器采用全封装结构。各单元模块和分离元件焊装在一块元件板上,再将元件板固定在铝合金基板上,然后以环氧材料浇灌,仅将发热元件、电位器调整旋钮和接线端子部分露出,封装成一个具有一定防淋、防潮、防振、防机械摩擦功能的模块,通过两个安装孔安装在控制箱后盖板内。

4. ESD5500E 型调速控制器

调速控制器是电子调速器的核心部件,用于处理来自速度传感器和负载预感器的信号,并将它与所设定的速度值比较,然后输出一个调制的脉冲功率到电磁执行器,驱动其工作,完成调速。调速控制器主要由转速设定单元、数据获取单元、转速计算单元、数字调节(PID 比例、积分、微分)单元、脉宽调制(PWM)单元和保护单元等组成。各单元模块和分离元件焊装在一块元件板上,并进行部分封装。

来自转速传感器的信号经数据获取单元放大和整形后转换成一个模拟速度信号,与来自转速设定单元和负载预感器的信号一起送入转速计算单元进行处理和比较,比较后的信号送入 PID 单元进行比例、积分和微分调节,调节后的信号送到 PWM 单元进行脉宽调制,然后经输出回路向执行器输出最大幅值 10 A、频率约 500 Hz 的开关量脉宽调制功率,由于脉宽调制频率高于执行器自然频率,所以执行器只响应其平均电流,平稳而敏捷地控制其行程,并以此调节内燃机的转速。

保护单元用于在发生逆电池电压、掉电(电源开路)、瞬间过电压、执行器故障短路和开路(转速信号丢失)等情况时,停止向执行器输出,使内燃机停机,从而实现上述情况下的安全保护。执行器保护解除后,控制器自动恢复到开启状态。

转速传感器输出信号为调频电量,电磁执行器输入为脉宽调制功率,为防止干扰信号介入,调速控制器与电磁执行器(A、B 端)和转速传感器(C、D 端)连接的导线必须加装屏蔽线;为防止瞬间过电压,连接蓄电池正极(F 端)的导线应串联 15 A 熔断器;调速控制器留有 STARTING FUEL(起动燃油)、SPEED RAMPING(转速升高率)、SPEED(转速)、GAIN(增益)、STABILITY(稳定性)、DROOP(斜率下垂)和 IDLE(怠速)七个调整旋钮,用三个黑色护盖遮住,需要调整时可撬下护盖进行调整。

(三)停机电磁铁

停机电磁铁用于柴油机的停机操纵。图 2-43 所示为 MZCT201 型停机电磁铁,它由外壳、铁芯、吸动线圈、保持线圈、衔铁、复位弹簧和行程开关等组成。

停机电磁铁使用 24 V 直流电源。按下停机按钮时,电磁铁接通电源,吸动线圈和保持线圈同时通电,起动电流 16 A,铁芯内产生 49 N 的电磁吸力,吸引衔铁外移,通过杠杆将停机手柄拉至停机位置,使柴油机停机;衔铁吸动到位(衔铁行程 20 mm)时,通过联动压板按下串联在吸动线圈回路的行程开关,断开吸动线圈电源,仅由保持线圈产生的电磁力将停机手柄保持在停机位置,以防止由于轴系的旋转惯性导致柴油机再次起动,直至停机按钮释放。此时,保持线圈内通过的维持电流约为 0.7 A,不仅减少了电磁铁的发热,也减少了用电量;停机按钮释放后,保持线圈断电,衔铁在复位弹簧作用下复位。

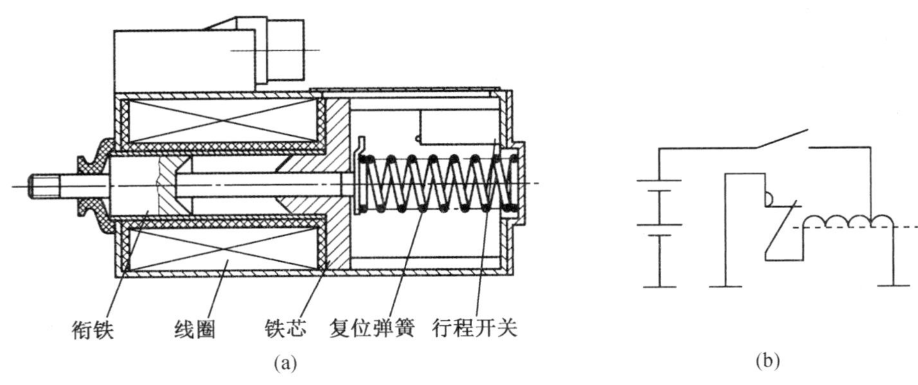

图 2-43　MZCT201 型停机电磁铁结构示意图

八、润滑系统

润滑系统的功用是在内燃机工作时连续把数量足够、温度适宜的清洁润滑油以一定压力送到各摩擦表面,并在摩擦表面形成油膜,实现液体摩擦,以减小摩擦阻力,降低摩擦功率消耗,减轻机件磨损,提高内燃机工作的可靠性和耐久性。此外,润滑系统还具有冷却、清洗、密封和防锈作用,压力润滑油还为内燃机提供液力耦合等附加功能。

(一)机油的性能与选用

机油在内燃机润滑系统内以每小时 100 次左右的频率循环,不断与 180 ~ 300 ℃的高温零件接触。在 40 ℃环境温度下满负荷运转时,机油温度可高达 120 ~ 130 ℃。同时还承受燃油蒸气、废气、空气、金属磨屑和燃烧产物的污染,导致发生氧化、分解、聚合等反应,生成醇、醛、酮、酸、不溶沉积物、胶质和沥青质。为保证内燃机可靠润滑,机油应具备优良的性能。

1. 机油的主要品质和理化指标

(1)黏度

黏度通常用运动黏度表示,它反映了机油质点彼此相对运动时内部摩擦力的大小,单位为 m^2/s。机油黏度越大,附着于金属面的油膜越厚,承载能力越强,同时摩擦阻力增大,且不易被机油泵送到摩擦表面,清洗和冷却功能降低;机油黏度过小,则容易在高温、高压下从摩擦表面流失,不能形成足够厚度的油膜,润滑功能降低。机油黏度随温度升高而降低,在保证可靠润滑的前提下,应尽可能采用较低黏度的机油。为使机油在较大的温度范围内都有适当的黏度,通常在基础油中加入增稠剂。

(2)清净分散性

清净分散性是指机油分散、疏松和移走附着在零件表面的积炭和污垢的能力。机油遇高温燃烧产物和零件磨损产生的金属磨屑,将生成泥状混合物。这种混合物量少时会悬浮于机油中,量大时则会从机油中析出,附着在机件表面,引起机油流动性下降、给油困难,甚至堵塞机油道。为使这些有害沉积物变成无害的悬浮液,通常在机油中加入清净分散剂。

(3)氧化安定性

氧化安定性是指机油抵抗氧化作用不使其性质发生永久变化的能力。机油在使用与储存过程中与空气中氧气接触而发生氧化作用时,颜色变暗,黏度增加,酸性增大,并产生胶状沉积物。氧化变质的机油将腐蚀内燃机零件,甚至破坏内燃机的工作,所以要求机油具有优异的氧化安定性。通常在机油中添加氧化抑制剂来提高机油的氧化安定性。

(4)消泡性

机油在润滑系统中快速循环和飞溅时产生泡沫。如太多的泡沫不能迅速消除,将影响泵油效率,造成摩擦表面供油不足。控制泡沫的方法是在机油中添加消泡剂。

(5)防腐性

机油在使用过程中不可避免地被氧化而生成各种有机酸。这类酸性物质对金属零件有腐蚀作用,可能使铜铅和铬镍一类的轴承表面出现斑点、蚀坑或使合金层剥落。为提高机油的防腐性,除加深机油的精制程度外,还在机油中加入防腐添加剂。

(6)极压性

机油在极压条件下的抗磨性称为极压性。内燃机某些摩擦表面(如凸轮与挺柱)不能形成液体动压润滑,油膜厚度通常小于 0.3 ~0.4 μm,处于极压润滑状态。为避免在极压润滑条件下机油被挤出摩擦表面,根据金属类型在机油中加入极压添加剂,使其与金属表面分子间发生化学反应,形成强韧的油膜,实现边界润滑,对零件提供极压保护。

(7)凝点

机油冷却到丧失流动性时的温度即为凝点。柴油机机油凝点一般为 0 ~ −25 ℃,汽油机机油凝点一般为 −5 ~ −20 ℃。凝点高的机油一般黏度也高,低温时将增大内燃机运转阻力,削弱机油的清洗和冷却功能。

(8)闪点

机油蒸气遇明火开始燃烧时的最低温度即为闪点。闪点温度是机油储存、运输和使用中的安全性指标,机油闪点温度一般为 140 ~210 ℃。

2. 机油的分类与牌号

只有单一黏度等级的机油称为单级机油。使用单级机油时,须根据气温的变化及时更换机油;具有多黏度等级的机油称为多级机油,即同时具有含 W 的冬季用机油黏度等级和非冬季用机油黏度等级。

我国参照国际标准化组织(ISO)的机油分类方法,按机油黏度(美国汽车工程师学会SAE 分类法)和使用性能(美国石油学会 API 分类法)对机油进行分类。《内燃机油分类》(GB/T 7631.3—1995)规定,机油按性能和使用场合有如下分类。

(1)柴油机油:CC、CD、CD − Ⅱ、CE 和 CF,共 5 个级别,其中 CF 级性能最好。

(2)汽油机油:SC、SD、SE、SF、SG 和 SH,共 6 个级别,其中 SH 级性能最好。

(3)二冲程汽油机油:ERA、ERB、ERC 和 ERD,共 4 个级别,其中 ERD 级性能最好。

级号越靠后,使用性能越好,适用的机型强化程度越高。按照黏度区分机油的牌号,每一级别又分为单级机油和多级机油。号数大的机油黏度大,适用于较高的温度环境。

单级机油牌号有 0W、5W、10W、15W、20W、25W、30、40、50 和 60。含 W 的为冬季用机油,不含 W 的为非冬季用机油。

多级机油牌号有5W/20、5W/30、5W/40、10W/30、10W/40、15W/40和20W/40等。例如：CD 15W/40机油低温下使用时黏度与CD 15W机油相同；高温下使用时黏度与CD 40机油相同。因此，一种机油可以冬夏两用。

3. 机油的选用

(1)机油使用等级的选用

柴油机根据强化程度选用机油等级。柴油机的强化程度是指柴油机的机械负荷和热负荷的总和。

汽油机根据强化程度和进排气系统中的附加装置选定机油等级。其强化程度通常与生产年份有关。后生产的汽油机强化程度比早生产的汽油机高，应选级别较高的机油。排气净化装置会使机油的工作条件恶化，为了保证汽油机正常运转，将汽油机进、排气系统的附加装置作为选用汽油、机油的决定性因素。一般有废气转化器的汽油机应选用SF级；有废气再循环装置的汽油机应选用SE级；有曲轴箱通风装置的汽油机应选用SD级；没有附加装置的汽油机应选用SC级。

高等级机油可代替低等级机油，反之则不行，否则会使内燃机出现故障甚至损坏。

(2)机油黏度的选用

机油黏度的选用依据主要是环境温度、内燃机类型(汽油机、柴油机)、强化程度、轴瓦材料和磨损程度。环境温度低应选用黏度小的机油、环境温度高应选用黏度大的机油；柴油机、强化程度高、磨损严重等情况均应选用黏度大的机油。

(二)润滑系统的组成

润滑系统主要由机油泵、机油滤清器、机油散热器(冷却器)、旁通阀、限压阀和指示报警装置组成。

1. 机油泵

机油泵的功用是为润滑系提供具有一定压力和流量的机油。内燃机上通常采用齿轮式和转子式机油泵，由曲轴通过圆柱齿轮驱动，或由配气凸轮轴通过圆锥齿轮驱动。多数内燃机只有一个机油泵；采用干式油底壳的内燃机、B/FL413F系列柴油机均装置两个机油泵，一个为压油泵，一个为回油泵。回油泵用于把油底壳内的机油吸入集油池，以保证压油泵可靠泵油。

2. 机油滤清器

机油滤清器用于清除机油中的金属磨屑、机械杂质和机油变质后的胶状物等，使进入摩擦表面的机油保持清洁，以尽量减少磨损。机油滤清器应有足够的滤清能力，流通阻力小，工作时间长，维护、保养简单，成本低。

按滤清器在油路内的布置方法可分为全流式和分流式。全流式(又称全滤式)滤清器串联在润滑油路内，过滤送往润滑表面的全部机油。分流式(又称半滤式)滤清器与主油道并联，机油经分流式滤清器滤清后直接流回油底壳。多数小型内燃机采用1～2个全流式滤清器；4135D柴油机采用一个分流式滤清器和一个全流式滤清器。分流式滤清器只部分过滤油底壳内的机油，所以允许用细滤器滤清小粒度杂质。全流式滤清器过滤送往润滑表面的全部机油，为减小滤清阻力，提高润滑可靠性，用粗滤器过滤机油中较大的杂质。这种布置兼顾了滤清效率高和滤清阻力小的特点，因而在大、中型内燃机上得到广泛应用。

3. 机油散热器

内燃机工作时，循环的机油带走了各运动副之间产生的摩擦热，飞溅到缸套、活塞等高温机件上的机油则带走了部分燃烧热。内燃机的强化程度越高，进入机油的热量越多。为了防止机油温度过高引起黏度下降，影响润滑效果，应使机油温度保持在一定范围内（水冷内燃机正常机油温度为 50～95 ℃，风冷内燃机正常机油温度为 60～130 ℃），所以需对机油进行冷却。小型内燃机没有机油散热器，利用油底壳外露表面对机油散热；中型内燃机多采用风冷式机油散热器对机油散热，结构简单；功率较大的内燃机一般采用水冷式机油冷却器对机油散热，油温控制灵敏。

4. 旁通阀

旁通阀又称为安全阀，并联在机油滤清器或散热器两端，用于在其堵塞时旁通油路，保证润滑系内油路通畅，可靠润滑。其工作原理如图 2－44（a）所示，旁通阀由钢球和弹簧组成，当滤清器或散热器堵塞时，钢球两端油压差增大，在压差作用下，钢球被顶开，机油经旁通阀直接进入主油道，从而保证了润滑系工作的可靠性。机油冷却器油路截面较大，不易发生堵塞，因而不需并联旁通阀。

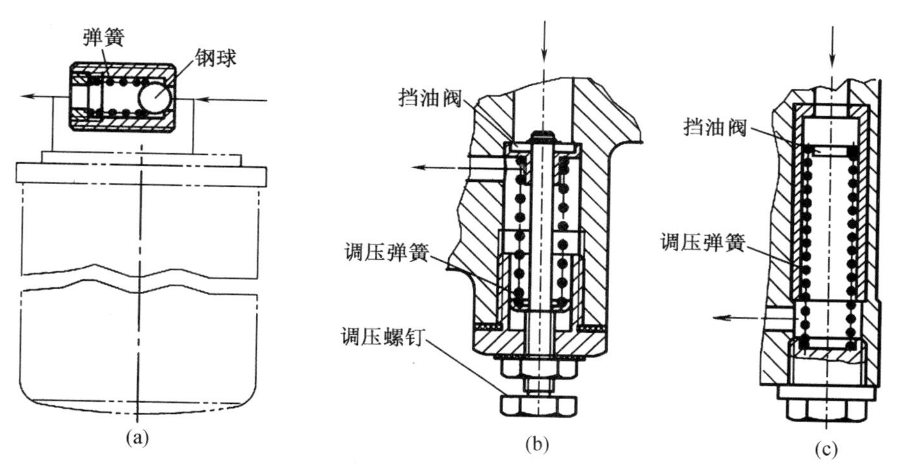

图 2－44　旁通阀和限压阀

内燃机冷起动或在低温条件下工作时，机油因黏度过大而使油压增大。此时旁通阀可减小滤清器和散热器等部件的压力，防止其损坏。

5. 限压阀

限压阀用于限制润滑系中机油的最高压力。为保证在各种转速下机油泵都能供给足够的机油，按内燃机最低转速设计机油泵的最小供油量。这就导致高速时机油泵的供油量和供油压力偏大。为防止高速时机油压力过大，在机油泵或主油道上设置限压阀。当机油压力超过规定值时，限压阀开启，一部分机油经限压阀分流返回机油泵进口或流回油底壳，油压越大，分流越多，从而使机油压力稳定在一定范围内。内燃机主油道的机油压力一般为：高速柴油机 200～500 kPa，强化柴油机 600～900 kPa，车用汽油机 300～800 kPa。

限压阀可分为可调式和不可调式两种,通常布置在机油滤清器或机油泵上,与主油道并联。限压阀主要由挡油阀和调压弹簧等组成,其结构如图 2-44(b)(c)所示。可调式限压阀带有调压螺钉,旋转调压螺钉可改变弹簧预紧力,从而改变机油压力。

6. 指示报警装置

(1)机油尺

机油尺插在油底壳油尺孔内,用于检查油底壳内的机油油量。机油尺上有静满、动满和危险三条刻线。内燃机不工作时,油底壳内机油油面应与静满刻线平齐;开机后部分机油进入油道循环,油底壳内油面稍有下降,与动满刻线平齐;当机油油面接近危险刻线时,机油泵不能吸到机油,必须立刻补充机油,否则将发生烧瓦抱轴事故。

检查机油量都在停机时进行,动满刻线没有实际意义,所以多数油尺只有静满(静满限)和危险(静下限)两道刻线。

(2)机油压力表和机油温度表

机油压力表用于指示机油压力的大小,机油温度表用于指示机油温度的高低。两种仪表均有胀管式、电热式和电磁式三种。采用胀管式仪表时,油压表与主油道以铜油管连通,油温表与传感器以毛细管联通;采用电热式和电磁式仪表时,仪表与传感器以导线相连。

电站用内燃机多配置低油压报警和保护停机装置,风冷内燃机配置油温过高和缸温过高报警装置;采用 T-P 表控制的内燃机由于已具备油压和油温的指示功能,所以可不装置机油压力表和机油温度表。

(三)润滑方式

内燃机工作时,因各运动件的工作条件不同,所以需采用不同的润滑方式进行润滑。

1. 压力润滑

在机油泵的作用下,以一定的压力把润滑油供入摩擦部位,称为压力润滑。其特点是工作可靠、润滑效果好、具有较强的冷却和清洗作用,用于负荷大、运动速度高的摩擦表面,如主轴承、连杆轴承和凸轮轴轴承等。

2. 飞溅润滑

利用机件运动时飞溅或击溅的机油进行润滑,称为飞溅润滑。飞溅润滑用于压力油难以到达或负荷较小的摩擦面,如气缸壁、凸轮、挺柱、气门杆等。

3. 掺混润滑

将 2% ~5% 的机油掺混在汽油中,随进气进入气缸,实现对运动机件的润滑,称为掺混润滑。其特点是结构简单,但润滑可靠性较差,机油消耗量大,机油中残炭易使火花塞积炭、活塞环卡滞。掺混润滑用于二冲程汽油机和转子汽油机。

4. 其他润滑方式

采用喷油嘴对零件工作表面喷油润滑称为定向喷油润滑;有些喷油泵凸轮轴和调速器单独加注机油润滑,水泵和充电发电机等总成件的轴承采用定期加注润滑脂的方式实现润滑,称为定期注油润滑。

仅少数小型机采用单一的润滑方式,多数内燃机采用压力润滑、飞溅润滑等两种以上的综合润滑方式。

九、冷却系统

内燃机工作时，约有1/3的燃烧热量经各种方式传递给内燃机组件，这将使活塞、气缸、气缸盖、气门和轴瓦等零件过热，强度和刚度降低，配合间隙变小甚至拉缸。同时充量系数降低，汽油机易出现早燃和爆燃。机油因过热而变稀，润滑不良使零件磨损加剧。最终导致内燃机经济性、动力性、可靠性和耐久性全面下降。因此须对内燃机进行冷却；但冷却过度也会使内燃机热量散失过多，转变为有用功的热量减少，混合气形成和燃烧不良，机油黏度过大，运转阻力增加，经济性和动力性下降，排放污染增加。同时零件配合间隙增大，燃气冷凝产生酸性物质腐蚀零件。因此内燃机应在最适宜的温度下工作。

冷却系统的功用是及时把高温机件适量的热量散发到大气中去，以保持内燃机在适宜的温度下工作。按冷却介质的不同，内燃机的冷却系统分为水冷式和风冷式两种。水冷机温度通过冷却液温度衡量，冷却液适宜温度范围为75～95 ℃；风冷机温度通过机油温度或气缸盖温度衡量，机油适宜温度范围为60～130 ℃。

（一）水冷系统

用水（冷却液）作冷却介质的系统称为水冷系统，根据冷却液循环方式的不同，水冷系统分为自然循环冷却和强制循环冷却两类。

1. 冷却液

水冷系统用水作冷却介质。水的性能稳定，热容量大，导热性好，体膨胀系数较小，容易获取。含矿物盐类较少的水称为软水，如蒸馏水、雨水、雪水和河水。清洁的软水在最低温度高于0 ℃的环境下可以直接作冷却水使用。

含矿物盐类较多的水称为硬水，如井水、湖水、泉水和海水。硬水在冷却系统内受热时，溶于水中的碳酸盐［如$Ca(HCO_3)_2$］会在冷却系统内壁上形成导热性差的水垢，使系统散热不良、循环不畅。水中的另一些盐类（如$MgCl_2$）受热水解生成碱性或酸性物质［如$Mg(OH)_2$和HCl］，造成对冷却系的腐蚀。因此硬水不能直接作冷却水使用。必须用硬水作冷却水时，可采用煮沸沉淀或掺混软化剂（1 000 g水加入0.5～1.5 g $NaHCO_3$或0.5～0.8 g NaOH）等方法软化处理后再使用。

水在0 ℃时结冰。水在内燃机冷却系统内结冰时，会使缸体和缸盖等零件胀裂。因此冬季或寒区使用水冷内燃机需经常将冷却系内的水放出，不仅麻烦，冷却系内也容易积累水垢。有效的解决办法是用冰点低的防冻液作冷却液。常用的防冻液为乙二醇与水的混合液。乙二醇的沸点为197 ℃，与水混合后最低冰点可达－68 ℃，比热容低于水，沸点比水高，挥发性小，可保存12年。乙二醇有毒，注意不要触及皮肤；乙二醇对金属有轻微腐蚀作用，配制时每升防冻液可加入磷酸氢二钠防腐剂2.5～3.5 g和糊精1 g；为防止冷却系产生水垢和锈蚀，增强冷却系的密封性能，常在冷却液中加入冷却系密封剂和防腐剂等添加剂。市场上有成品防冻液供应，可根据使用环境温度，按产品说明选用。

2. 自然循环水冷系统

自然循环冷却基于水的密度随温度变化的性质，利用温差实现热流循环。其主要包括蒸发式、冷凝式和热流式三种。自然循环系统结构简单，维护方便；但循环缓慢，冷却不均，需经常补充冷却水，只用于小型内燃机。

3. 强制循环水冷系统

强制循环水冷系统由水泵、风扇、散热器、节温器和水管等部件组成。系统采用布置在水流通路中的水泵压力供水，强制冷却液在系统内循环。同时利用散热器和风扇提高散热效果，通过节温器改变循环路线实现冷却强度的调节，合理布置流道使各缸冷却强度一致。强制循环水冷系统工作可靠，冷却液消耗量少，可使内燃机稳定在最有利的温度下工作，同时还可降低内燃机的部分噪声，应用普遍。

采用机油冷却器的内燃机，机油冷却器串联在冷却水路中，冷却液流经机油冷却器时带走机油中的部分热量，使机油冷却。

有些车用内燃机水冷系统采用如图 2－45 所示的低置散热器布置。散热器低置后，气缸盖水套内冷却液面高于散热器内的冷却液面，不仅加注冷却液不便，系统内水蒸气也无法排出。为解决这一问题，系统内加装了膨胀水箱，其位置高于气缸盖水套内的冷却液面，气缸盖水套和散热器的最高点均引出一根排气管，与膨胀水箱底部连通，工作时产生的水蒸气由此排出。冷却液从膨胀水箱顶部的加水口加注，经其底部水管进入系统。带有暖风装置时，暖风散热器从气缸盖水套引入热水，完成热交换后送回水泵，重新参加冷却循环。

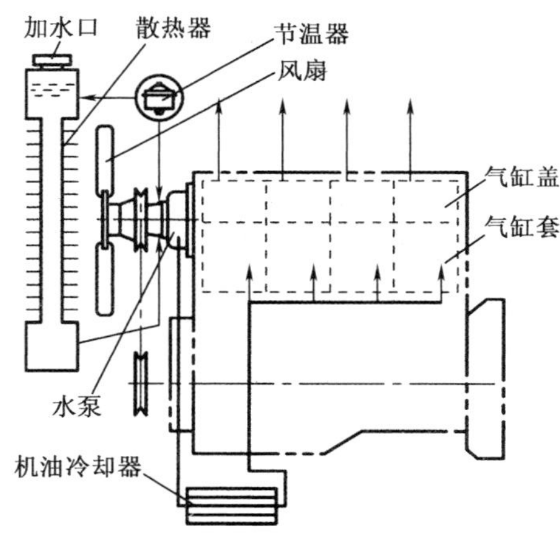

图 2－45　强制循环水冷系统

为使内燃机在各种环境温度和工况下都能保持适宜的温度，要求冷却系的冷却强度能自动调节。如图 2－45 所示，在缸盖出水管、散热器进水管和水泵回水管交汇处安装节温器，其阀门可随温度的变化而开闭。当冷却水温低于 70 ℃时，节温器主阀关闭，旁通阀打开，冷却水经水泵、分水管、气缸与缸盖水套、缸盖出水管、节温器、水泵回水管和水泵循环。由于冷却水不流经散热器，故水温可迅速升高；当冷却水温超过 85 ℃后，节温器主阀打开，旁通阀关闭，冷却水经水泵、分水管、气缸与缸盖水套、缸盖出水管、节温器、散热器进水管、散热器出水管和水泵循环。冷却水流经散热器时迅速散热，使水温降低。经过冷却强度的调节，内燃机温度保持在适宜范围内。

(1) 水泵

水泵用于增加冷却液压力，使冷却液在冷却系中循环流动。内燃机广泛采用离心式水泵，它由泵轴、泵壳、叶轮和水封等组成。水泵安装在内燃机前端，大多与风扇同轴。

（2）冷却液散热器

冷却液散热器由进水室（箱）、出水室（箱）和芯部组焊而成，如图2－46所示。芯部为多根套装着散热片的扁平芯管，两端分别焊在进、出水室上，以增大散热面积，减小空气阻力。进、出水室采用厚度为0.5～0.8 mm的黄铜皮制成，进水室上端开有注水口，用散热器盖封闭；出水室底部装有放水开关。冷却液散热器进、出水室通过水管与整个系统连通，冷却液在散热器芯内流动，空气在散热器芯外流过。冷却液因向空气散热而温度降低。

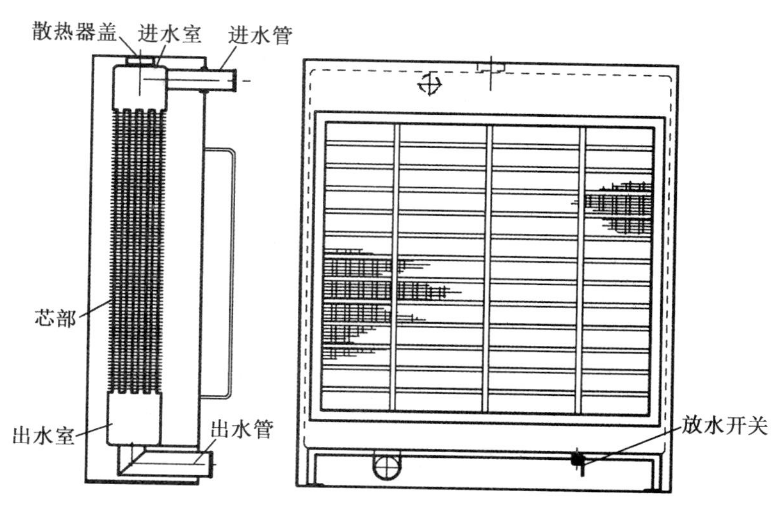

图2－46　冷却液散热器

冷却液散热器采用薄铜皮制成，导热性好，但强度较差，维修时应注意保护。

（3）风扇组件和风扇罩

风扇组件包括风扇皮带轮、连接法兰和风扇，用于增大散热器空气流速，提高散热能力。风扇一般与水泵同轴安装，固定在水泵轴前端，通过皮带传动。电站用内燃机风扇压风方向为由后向前，以提高散热效果。

风扇罩安装在散热器风扇侧，用于使通过散热器芯部的气流集中穿过风扇，分布更均匀，减少空气回流现象，提高冷却效率，同时对风扇起防护作用。

（4）风扇皮带和张紧轮

风扇采用皮带传动，张紧轮或充电发电机张紧，如图2－47（a）所示。

张紧轮用于预紧风扇皮带，以使传动平稳，可分为预置张紧和弹性自动张紧两种形式。预置张紧轮多采用充电发电机皮带轮，通过改变其外张角度张紧皮带，需要定期检查调整皮带张力；弹性自动张紧轮由摇臂、张紧轮和螺旋弹簧等组成，如图2－47（b）所示，在弹簧预紧力作用下，摇臂带动张紧轮逆时针旋转使风扇皮带张紧。由于螺旋片簧预紧力确定，所以皮带张紧度也确定，不必经常检查调整。

（5）节温器

节温器有胀筒式和蜡式两种，一般装在气缸盖出水口附近的水道中。

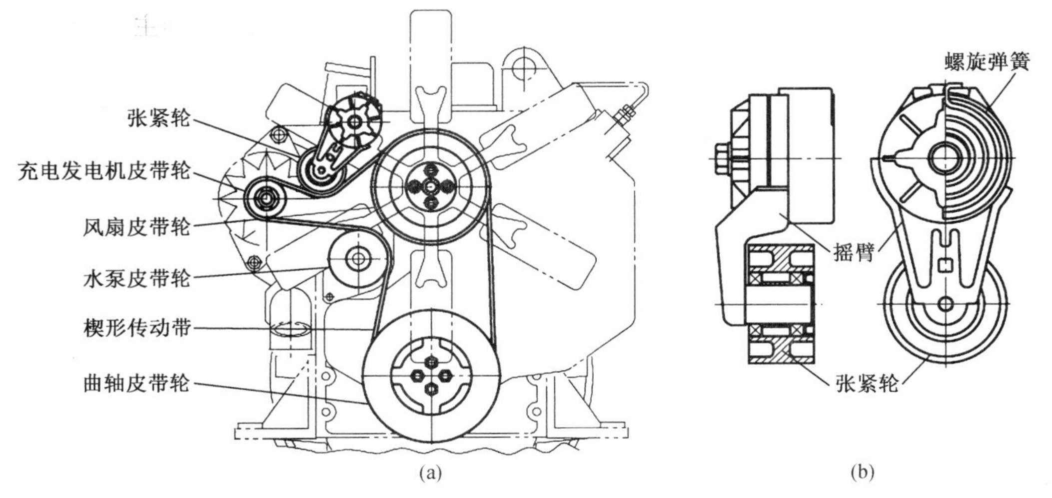

图 2-47　风扇的传动和张紧轮

胀筒式节温器由支架、胀筒、主阀门和旁通阀门组成，如图 2-48(a)所示。

当内燃机冷却液温度低于规定值时，胀筒呈紧缩状态，主阀门关闭，旁通阀门开启。从气缸盖水道流出的冷却液只能经旁通阀门回到水泵入口处，实现冷却液的小循环；当冷却液温度高于规定值时，胀筒扩张到最高位置，主阀门全开，旁通阀门全闭。气缸盖水道流出的冷却液全部经主阀门流向散热器，冷却后再回到水泵入口处，实现了冷却液的大循环；在胀筒起作用范围的某一温度，胀筒处于某一对应高度位置，主阀门与旁通阀门则在中间某一开度，冷却液一部分实现小循环，一部分实现大循环。

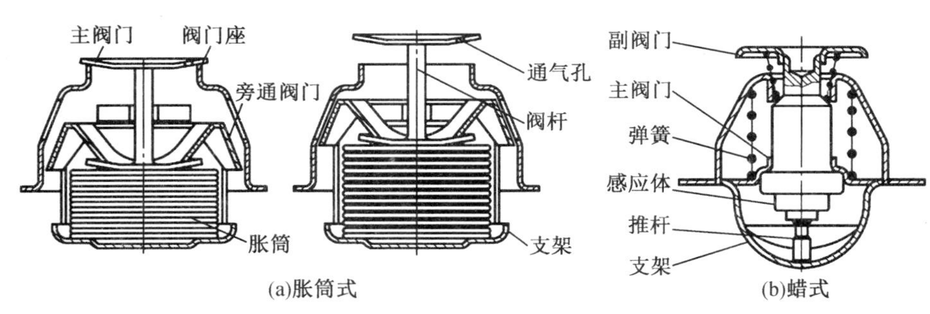

图 2-48　节温器

胀筒式节温器借胀筒内易挥发液体的蒸气压力开、闭阀门，它随冷却系的工作温度而变化，强度低，易损坏，成本高，因而逐渐被性能更好的蜡式节温器代替。

蜡式节温器由推杆、主阀门、副阀门、支架、弹簧和感应体等组成，如图 2-48(b)所示。推杆一端固定在支架中心处，另一端插入感应体中心孔中。感应体内装有低熔点特种石蜡，冷却液温度升高时，石蜡由固态熔化为液态，体积随之增大，从而产生开阀动力。此时感应体即以推杆和支架为支点，带动主、副阀门同时外伸。主阀门外伸开通大循环水道，副阀门外伸关闭小循环水道；冷却液温度降低时，石蜡冷凝收缩，弹簧带动主、副阀门同时内收。主阀门内收关闭大循环水道,副阀门内收开通小循环水道。由于节温器主、副阀门随冷却液温度的变化开闭,因此实现了冷却水循环路线变化,完成了冷却强度的调节。

(6)放水开关

在机体水道、水泵、散热器和出水管的最低处均装有放水开关,用于冬季放水,以防止冻裂。放水应待水温降低后进行,放水时应打开散热器盖和全部放水开关,以防止残留。

(7)冷却液温度表和冷却液温度的监视

冷却液温度表用于指示冷却液温度,有胀管式、电热式和电磁式三种。采用胀管式仪表时,温度表与冷却系统出水管以乙醚毛细管连通;采用电热式和电磁式仪表时,仪表与传感器以导线相连。

(二)风冷系统

用空气作冷却介质的系统称为风冷系统。风冷内燃机以空气作冷却介质,由风扇产生高速流动的空气直接将高温零件的多余热量带走,使内燃机在适宜的温度下工作。

1. 风冷内燃机特点

与水冷内燃机相比,风冷内燃机具有以下特点:

(1)不用冷却液,无漏水、穴蚀、冰冻、结垢等故障,使用维修方便。

(2)零件少,结构简单,质量小。

(3)因其工作温度较高,缸套的平均温度一般为 150 ~ 180 ℃,内燃机与空气之间传热温差较大,散热能力对大气温度变化不敏感。因此,风冷内燃机在严寒、酷热和缺水地区使用具有很大的优越性。

(4)起动后暖机时间短。

(5)由于没有水套吸音,再加上高速风扇的噪音以及散热片和导风装置震动的噪声,运转时噪声较大。

(6)由于金属与空气的传热系数大大低于金属与水的传热系数,风冷内燃机热负荷较高,不如水冷内燃机工作可靠。

(7)由于热负荷较大,充量系数较低,风冷内燃机输出的有效功率受到影响。

军用及在高原干旱地区使用风冷内燃机较多。

2. 风冷系统类型

根据内燃机气缸排列方式,风扇结构类型和安装位置有多种布置方式。

(1)采用离心式风扇的风冷系统

采用离心式风扇的风冷系统多用于小型汽油机。离心式风扇布置在曲轴一端,有些是风扇与飞轮铸在一起。如图 2 - 49(a)所示。空气由风扇进风口轴向进入,沿风扇蜗壳和导风罩吹向气缸体和气缸盖。这种布置简单、紧凑、气流阻力小、风扇噪声低。

(2)采用轴流风扇的风冷系统

道依茨系列风冷柴油机均采用齿形带或齿轮传动的轴流风扇冷却,图 2 - 49(b)所示为 BF8L413F 风冷柴油机的冷却系统。轴流式风扇布置在气缸前端的两排气缸夹角之间,由曲轴功率输出端通过齿轮系统、弹性联轴器及液力耦合器传动。空气被风扇增压后,沿导风罩进入风压室,再由风压室流过各个需要冷却的零部件表面。在气缸盖和气缸体的背风面设有挡风板,用来调节风量的分配。由于各个零部件的通道阻力不同,因此流过的风量有多有少,以保证其适度而可靠的冷却。

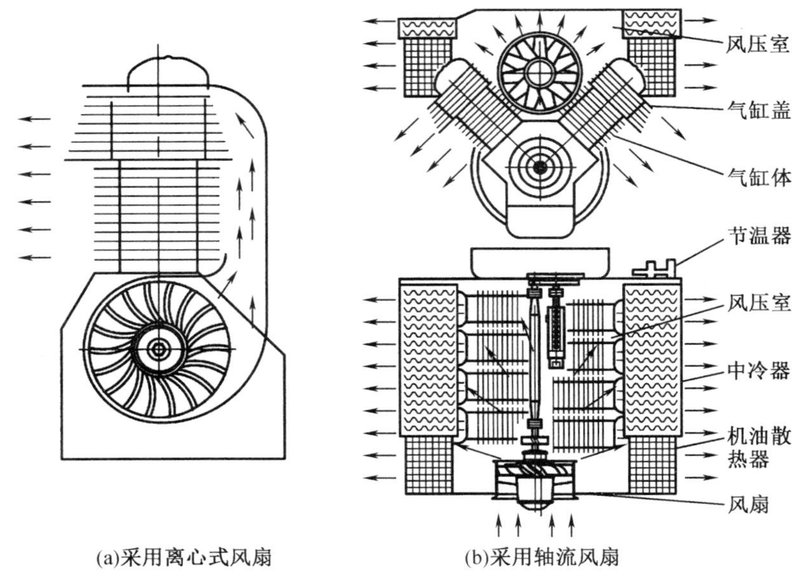

(a)采用离心式风扇　(b)采用轴流风扇

图 2-49　风冷系统

3. 风冷系统部件

风冷系统主要由轴流风扇、导风罩、风扇皮带报警装置和冷却强度调节装置等组成。

(1)轴流风扇

图 2-50(a)所示为 FL912/913 柴油机采用的前置齿形带传动压风式轴流风扇。风扇由静叶轮、动叶轮、风扇皮带轮、中心轴套和轴承等组成,通过螺钉安装在风扇支架上端。

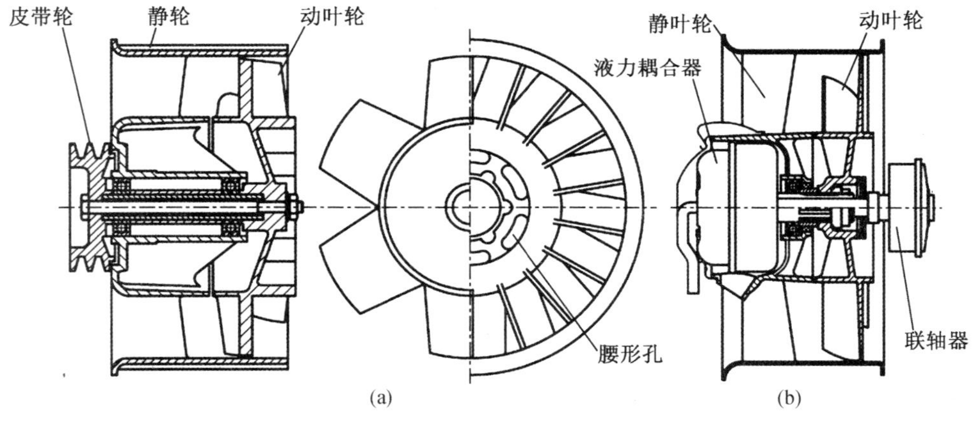

(a)　(b)

图 2-50　风扇

风扇通常安装在风扇支架上或齿轮室上方。风扇支架采用铝合金铸造,为空心骨架结构，用螺钉安装在齿轮室前端，用于支撑风扇和张紧轮，同时封闭齿轮室前端开口。

B/FL413F 柴油机采用齿轮传动的轴流风扇与 FL912/913 柴油机采用的风扇结构基本相同，但在静轮轮毂内装有液力耦合器，与节温器配合自动调节风扇转速，以实现冷却强度的自动调节，其结构如图 2－50(b)所示。

(2)导风罩

导风罩总成由上导风罩、下导风罩、前导风板、后导风板、缸盖导风板、缸体导风板、推杆护管挡板和密封垫等组成。导风罩的各部分分别通过螺钉和搭扣连接在一起，组成包绕各缸高温机件、机油散热器和风扇出风口的风压室空间。

导风罩安装在气缸周围，用于增强冷风压力，使各缸散热片散热强度均匀一致，以使各气缸和机油散热器得到适当而均匀的冷却，并对风扇起防护作用。

(3)风扇皮带报警装置

风扇皮带报警装置主要由张紧轮和报警开关等组成，如图 2－51 所示。张紧轮摇臂尾端有一缺口，报警开关的触动按钮抵在缺口内。工作中一旦风扇皮带断裂，张紧轮靠螺旋片簧预紧力和自身重力作用外张，摇臂尾端旋转，缺口将报警开关触动按钮顶起，报警开关即接通报警电路。此时，柴油机报警保护电路动作，点亮报警指示灯，同时通过停机电磁铁拉动调速器停机手柄使喷油泵停止供油，从而使柴油机保护停机，防止了因风扇不转而烧机。

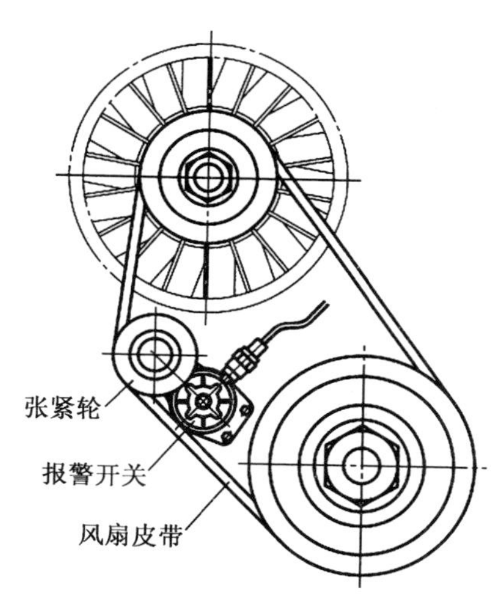

图 2－51　风扇皮带报警装置

(4)冷却强度调节装置

小型风冷机一般不设置冷却强度调节装置，或只在风扇进风口加装简单的挡风板，可人为地根据内燃机温度变化调整进风口的大小，且仅在冬季使用。

B/FL413F 柴油机采用节温器和液力耦合器调节风扇转速，以实现冷却强度的自动调节。

近年来开发的电子－液压温度调节系统可进一步提高风冷内燃机的温度调节功能。该系统在气缸盖、机油主油道等处装有电子温度传感器，将温度信号汇集到电子温度调节器中进行计算比较，然后向布置在风扇液力耦合器进油路中的电磁阀下达指令，调节进入液力耦合器的机油量,从而改变风扇转速,以满足不同工况下对内燃机冷却系统的不同要求。通过对内燃机的温度的多点监测、电子控制,使内燃机冷却强度的调节更及时、更准确。

十、起动系统

为了使内燃机由静止转入工作状态,必须先用外力驱动曲轴旋转,使内燃机连续成功地完成进气、压缩和首次着火,内燃机才能进入自行运转。从内燃机的曲轴在外力作用下开始转动到内燃机开始自行运转的全过程,称为内燃机的起动过程。

完成起动过程的装置包括动力起动装置和辅助装置,统称为起动系统。起动装置用于克服起动阻力,辅助装置用于提高起动转速和机温,使起动轻便、迅速和可靠。内燃机常用的起动方式包括人力起动、直流电动机起动(简称电起动)和压缩空气起动等方式。

(一)起动条件

内燃机在一定的环境条件下,要成功起动必须满足以下几个基本条件:

1. 起动转速。起动转速是保证内燃机工质必要的压缩压力和着火燃烧的重要条件。起动转速高,则压缩终了温度较高,柴油机才能顺利起动。对于汽油机,起动转速还对混合气质量和磁电机产生高压电的强度有重要影响。一般内燃机曲轴所需最低起动转速为:采用直喷式燃烧室的柴油机为 100 ~ 160 r/min、采用分隔式燃烧室的柴油机为 200 ~ 300 r/min、采用蓄电池点火的汽油机为 30 ~ 50 r/min、采用磁电机点火的汽油机为 150 ~ 600 r/min。起动转速是起动装置克服起动阻力转矩后达到的,所以起动装置要有一定的起动功率。

2. 气缸内能够连续获得较浓的混合气。对于柴油机,要求低压油路供油充足、连续,无漏油渗气,喷油器能正常喷油;对于汽油机,则要求燃油系统在冷起动时提供极浓混合气,在热起动时提供浓混合气。

3. 气缸内有良好的压缩。

4. 气门正时开闭,喷油器正时喷油,或火花塞正时点火且火花足够强。

5. 有一定的机温。机温较低时,压缩终了温度低,混合气不易着火。机油黏度增大,起动阻力增加。采用电起动的内燃机因蓄电池容量不能完全释放而使起动功率下降。所以,只有在一定的机温条件下,内燃机才能顺利起动。汽油机在 -5 ℃以下、柴油机在 5 ℃以下气温条件下起动时,即应采用辅助装置预热后再起动。

(二)起动装置

1. 人力起动装置

人力起动装置可分为无回绕人力起动装置和可回绕人力起动装置两类。

(1)无回绕人力起动装置

无回绕人力起动有手摇起动和拉绳起动两种形式。手摇起动是通过外附摇柄和安装于曲轴前端的起动爪,利用人力直接摇转曲轴起动;拉绳起动是将外附拉绳盘绕在安装于曲轴前端的起动索轮上,利用人力直接拉转曲轴起动。无回绕人力起动装置简单,但每次转动曲轴都要插入摇柄或盘绕拉绳,操作不便。

(2)可回绕人力起动装置

可回绕人力起动装置有手压起动、脚踏起动和拉索起动三种形式。可回绕人力起动装置有多种结构，均由驱动装置和单向离合器组成，在此基础上加装自动回绕装置，即可组成弹性回绕人力起动装置。现以弹性回绕拉索人力起动装置为例，介绍其结构和工作过程。

装置由绕有拉索的索轮、单向离合器和回绕弹簧等组成，如图 2－52 所示。起动时沿拉索孔轴向拉动拉索，索轮即通过单向离合器带动曲轴旋转起动，同时旋紧回绕弹簧；释放拉索后，回绕弹簧伸张，带动索轮反转，收回拉索，此时单向离合器将索轮与曲轴分离。

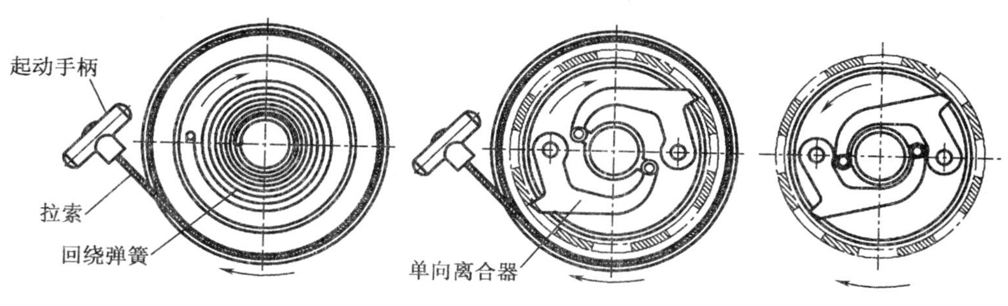

图 2－52　弹性回绕拉索人力起动装置

可回绕人力起动装置易操作，没有外附的摇柄和拉绳，在小型内燃机上广泛采用。

2. 电起动装置

15 kW 以上内燃机广泛采用蓄电池和起动机组成的电起动装置。它以蓄电池作为电源，以电动机作为原动机，驱动曲轴旋转，起动内燃机。工作电压为 12 V 或 24 V。电起动装置结构简单，操作方便，起动迅速可靠，并能远距离操纵，但是起动时要求供给的电流大（200 A 以上），每次连续工作时间不应超过 15 s，否则会损坏起动机或蓄电池。

电起动装置包括蓄电池、起动机和起动继电器，这里仅介绍起动机和起动继电器，蓄电池将在第四章介绍。

（1）起动机

起动机由串励式直流电动机、电磁开关和传动机构组成，其结构如图 2－53 所示。

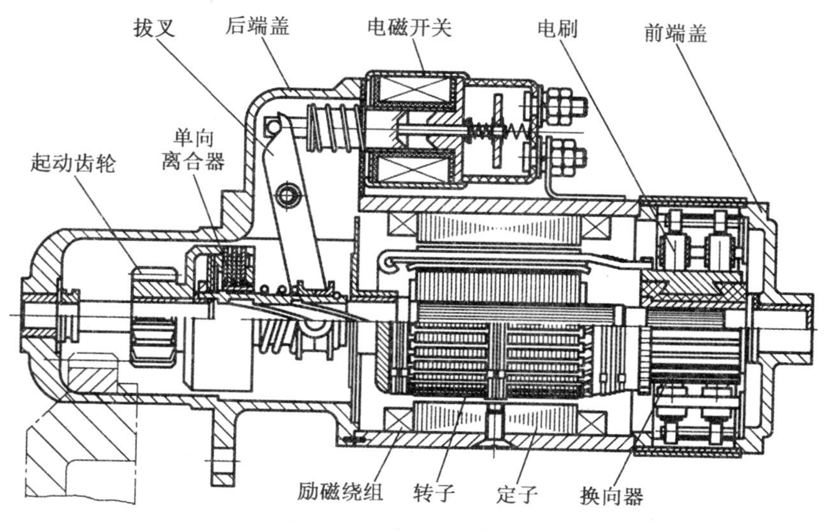

图 2－53　起动机

①串励式直流电动机

串励式直流电动机是将蓄电池的容量转换成起动转矩的原动机，主要由定子（磁极）、转子（电枢和换向器）、电机端盖和电刷装置等组成。

当电机与蓄电池接通后，电流通过定子磁极上的励磁绕组，然后经电刷和换向器进入转子电枢绕组。由于换向器的作用，任意时刻同一磁极下电枢绕组内电流方向不变，从而使电机转子电枢在磁场内受力方向恒定，电机连续旋转。

励磁绕组和电枢绕组采用扁铜条绕制而成，可以通过大电流。刚起动时，内燃机起动阻力很大，电机转速较低，通过绕组的电流很大，故电机输出转矩也很大，有利于提高转速；电机转速升高后，电枢绕组切割定子磁极产生的反电动势增大，使电机绕组内电流减小，转矩逐渐减小，可以减小蓄电池容量损耗和电机本身的发热。

②电磁开关

电磁开关用于控制起动电源的通断，并通过拨叉控制传动机构与飞轮齿圈的啮合与分离，如图 2－54 所示，它由铁芯、吸动线圈、保持线圈、衔铁、接触盘和接线柱等组成。

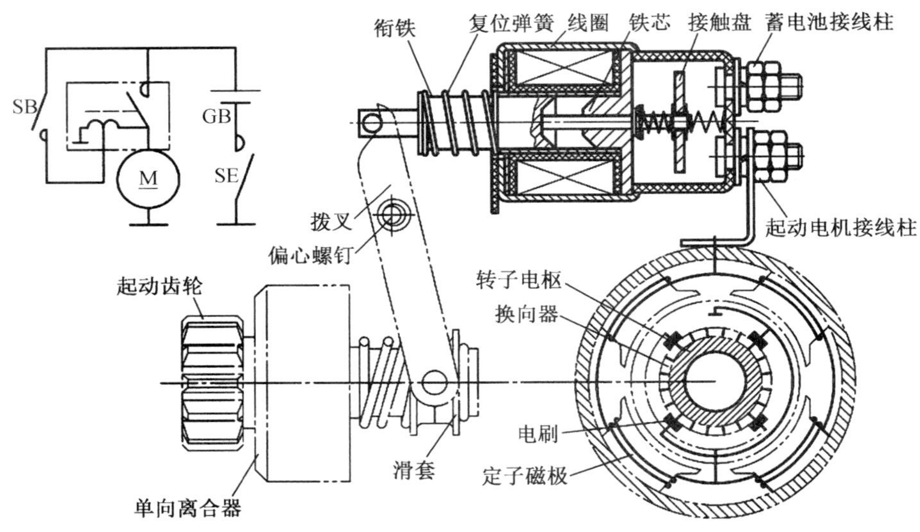

图 2－54　电磁开关

起动时，通过开关 SB 将电磁开关接通电源，电磁开关的吸动线圈和保持线圈同时通电，铁芯产生电磁力吸动衔铁右移。衔铁右端推动接触盘，使两接线柱短接，起动主电路被接通；衔铁左端通过拨叉带动传动机构左移，使传动机构的起动齿轮与飞轮齿圈啮合。此时，直流电动机通过传动机构带动飞轮齿圈旋转，实现起动；接触盘将接线柱短接后，吸动线圈被短接，停止工作，衔铁位置由保持线圈产生的电磁力保持，减少了线圈的发热。

断开开关 SB 后，保持线圈断电，衔铁在复位弹簧作用下向左复位，接触盘向左复位使起动主电路断开，电机停止工作。同时衔铁通过拨叉带动传动机构右移，使起动机齿轮与飞轮齿圈脱离啮合。

③传动机构

传动机构套装在电动机后轴伸花键上，用于起动时使驱动齿轮与飞轮齿圈啮合、起动后脱离啮合，以在起动时将电动机的电磁转矩通过单向离合器传递给内燃机曲轴，使内燃机起动。单向离合器装在驱动齿轮后端，用于实现转矩的单向传递。

传动机构由拨叉、滑套、单向离合器和驱动齿轮等组成。未起动时，起动齿轮与飞轮齿圈处于分离状态；起动时，电磁开关通过拨叉拨动滑套，滑套通过缓冲弹簧使传动机构沿电机花键轴后移，起动齿轮与飞轮齿圈啮合，驱动飞轮旋转，实现起动；起动后，若因误操作尚未松开起动按钮，飞轮齿圈将拖动起动齿轮高速旋转，从而拖动电机超速。此时单向离合器自动分离，使起动齿轮空转，而不能拖动起动电机，实现保护。

(2)起动继电器

起动继电器用于起动电路的中继控制，以减小起动时通过起动开关的电流。

起动继电器主要由触头组件、支架、电磁铁、电容和外壳等组成。触头组件由静触头和动触头组成。静触头固定在支架一端，动触头铆装在触头臂上。触头臂用弹性铜片制成，通过绝缘板安装在衔铁上。动触头、触头臂和衔铁组成可在支架上摆动的活动触头组件，通过尾端的拉簧使动触头与静触头分离，从而组成动合触头组；电磁铁由铁芯、衔铁和励磁线圈等组成。起动继电器串联在起动控制电路中，起动开关接通后，励磁线圈通电，衔铁及动触头被铁芯吸下，使动合触头闭合，起动电路接通。断电后，拉簧使衔铁上行复位，常开触头断开，起动电路停止工作。

触头组件通常并联电容器，以避免线圈自感电动势烧蚀触头。

3. 压缩空气起动装置

利用压缩空气直接推动活塞或通过气起动机驱动飞轮齿圈，使曲轴旋转，起动内燃机。其优点是起动转矩大，但装置较复杂，主要用于大中型柴油机。

直推式压缩空气起动装置由高压储气瓶、起动阀、气体分配器、起动空气阀和压力管路组成，如图2－55所示。起动空气阀每缸一个，安装在气缸盖上，用于输入压缩空气，防止缸内气体外泄；气体分配器用于将压缩空气分配至正在进行做功冲程的气缸，起动时由曲轴通过传动装置驱动，与曲轴同步旋转；高压储气瓶和起动阀分别用于储存和控制压缩空气。起动时打开起动阀，高压储气瓶内10 MPa的压缩空气即经气体控制器、气体分配器和起动空气阀充入正在进行做功冲程的气缸，推动活塞下行，带动曲轴旋转起动。

气起动机式压缩空气起动装置由高压储气瓶、气体控制阀、气起动机和压力管路组成。气起动机安装在飞轮壳前端相当于起动机的位置，起动时打开气体控制阀，高压储气瓶内的压缩空气即驱动气起动机旋转，带动曲轴旋转起动。

(三)辅助起动装置

在寒冷地区和严寒季节起动内燃机时，由于机油黏度增加、起动阻力矩增大，燃料气化性能变坏、混合气的形成质量不好，蓄电池容量降低等，使内燃机起动困难。柴油机低温起动时，由于压缩终了的温度和压力低，柴油的雾化质量差使起动更为困难。因此，常采用各种辅助起动装置，通过减小起动阻力和改善着火条件来改善起动性能，使内燃机在低温环境下起动轻便、迅速、可靠。柴油机主要采用预热进气、炽热点燃、减压增速、预热冷却液和加注起动液等措施;汽油机主要采用预热进气和增加起动时混合气浓度等措施。

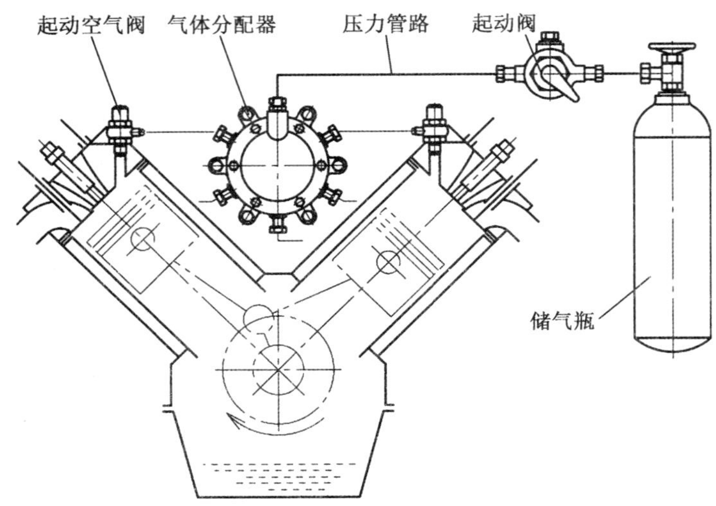

图 2-55　直推式压缩空气起动装置

1. 减压机构

起动时通过减压机构打开排气门,使其保持常开状态,气缸内的气体不能被压缩,从而减小了起动阻力,提高了起动转速。待飞轮具有较高转速后,手动或自动控制减压气门正常开闭,柴油机恢复了压缩过程,即可顺利起动。

2. 预热进气

冷起动前利用火焰加热塞向进气管喷射火焰,预热进气后,使柴油机压缩终了温度提高,进而达到容易着火起动的目的。

预热进气装置有多种形式,图 2-56 所示为道依茨风冷柴油机普遍采用的预热进气装置。预热进气装置由火焰加热塞、燃油电磁阀和预热控制器等组成。火焰加热塞安装在柴油机进气管内,由燃油电磁阀供给燃油,蓄电池供给电源,预热按钮控制其工作,预热控制器按温度控制触头开闭来显示加热时间或自动切断预热电源。

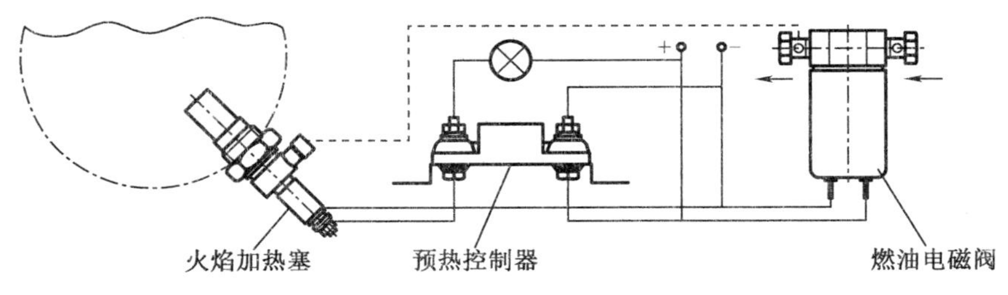

图 2-56　预热进气装置

3. 炽热点燃

对于分隔式燃烧室柴油机,在缸盖预燃室或涡流室内装有电热塞,如图 2-57 所示,起动时产生 900 ℃高温，一方面成为燃料喷雾的着火源，另一方面提高燃烧室内的空气温度。有些直喷式燃烧室柴油机，也在缸盖上安装电热塞，低温起动时使用，利用电热塞产生的高温促进柴油混合气的形成并点燃混合气。

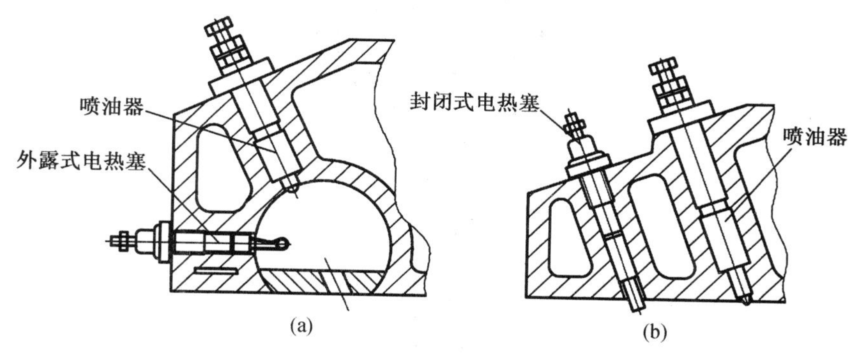

图 2－57 电热塞炽热点燃装置

柴油机起动前，先接通电热塞的电路，电热丝通电后，迅速将发热体钢套加热到红热，使气缸内的空气温度升高，喷入气缸的柴油加速蒸发，并被炽热的电热塞点燃。柴油机起动成功后，应立即将电热塞断电。若起动失败，应停歇 1 min，再将电热塞通电，进行第二次起动，否则将降低电热塞的使用寿命。

4. 起动液加注装置

对于柴油机，起动时利用起动液加注装置将低自燃点的起动液喷入进气管，使其随进气一同进入燃烧室，在喷油器喷油时自燃，首先形成火焰中心，进而点燃喷油器喷射的柴油，使柴油机迅速起动。

起动液加注装置如图 2－58 所示。低温起动时，先推拉手柄向储液杯内压注空气，杯中起动液即在压缩空气作用下经输液管和喷嘴喷入进气管。起动液是以乙醚为主的罐装低自燃点混合溶液，起动前按使用说明注入储液杯即可。没有罐装起动液时，可用同类溶液替代。

5. 冷却液加热器和冷风加热器

冷却液加热器用于水冷柴油机在－10 ℃以下的气温条件下，起动前对冷却液和机油进行预热。加热器由电动输油泵、轴流风扇、雾化罩、电热塞、燃烧室和水套等组成，如图 2－59(a)所示。接通点火电热塞电源后，点火电热塞加热燃烧室内空气；接通风机电源后，轴流风扇和锥形雾化罩旋转；接通输油泵电源后，输油泵将柴油经油管泵送到旋转的锥形雾化罩上，使柴油喷散雾化，并迅速蒸发，被电热塞点燃。火焰加热燃烧室周围水道内的冷却水，并与内燃机冷却水道内冷却液热流循环，实现冷却液的加热。再利用燃烧后的废气加热油底壳，使油底壳内机油温度升高，黏度变小，以利于起动，如图 2－59(b)所示。

冷风加热器用于风冷柴油机在－10 ℃以下的气温条件下，起动前对曲轴箱内空气进行预热。其结构和工作原理与冷却液加热器类同。不同点在于其燃烧室周围为加热风道，由离心式风扇将空气送入加热风道内，加热后再从热风出口送往曲轴箱，如图 2－59(c)所示。

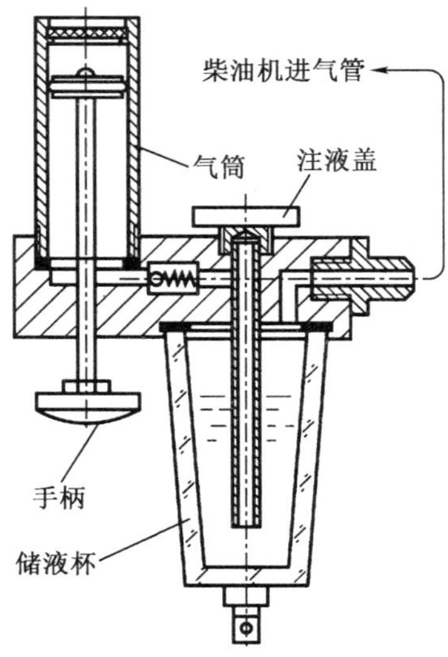

图 2－58 起动液加注装置

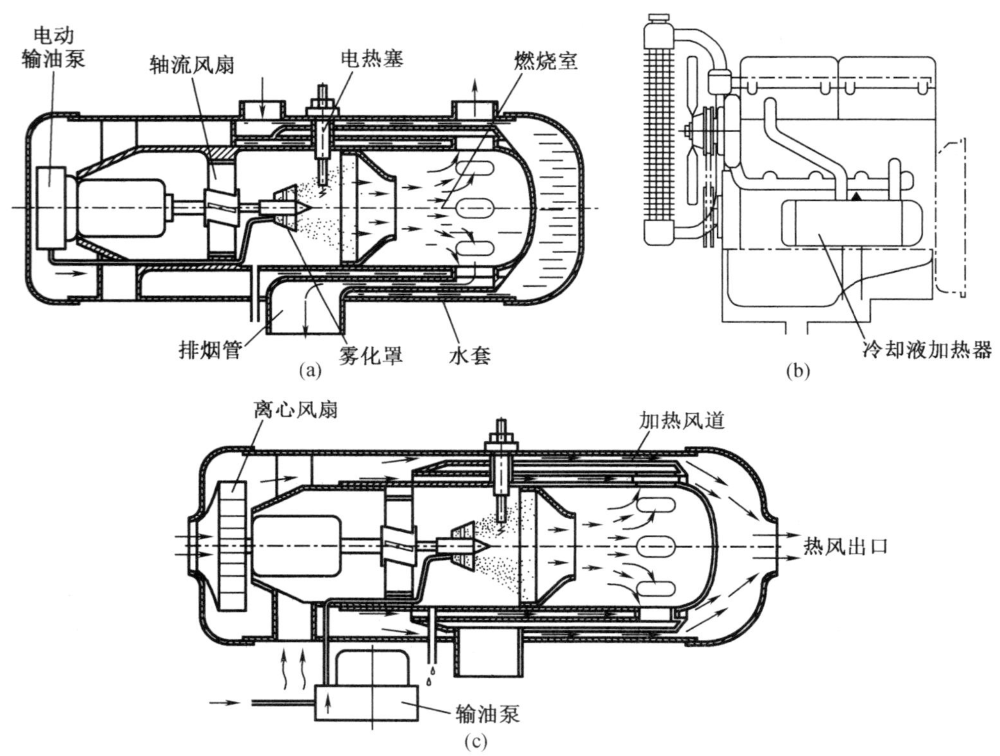

图 2－59 冷却液加热器和冷风加热器

第三节　内燃机电站电气系统

内燃机电站的电气系统由发电机、控制箱的线路和电器以及内燃机直流电系统组成。电气系统的功用是将内燃机的机械能转换成一定规格的电能，并在操作人员的控制下安全、稳定地输出。

一、发电机

发电机用于将内燃机提供的机械能转换成一定规格的电能。内燃机电站用主发电机以中、小型交流同步发电机为主，这里主要介绍同步发电机的基本结构和工作原理。此外，简单介绍一下充电发电机，内燃机正常工作后，充电发电机向蓄电池提供一定规格的直流电进行充电，以补充蓄电池的容量，同时向系统内其他用电设备供电。

（一）同步发电机

同步电机是根据电磁原理进行机械能和电能相互转换的旋转电机。同步电机是可逆的，既可作为发电机，也可作为电动机，还可作为调相机运行，但主要用作发电机。内燃机电站用交流发电机均为中、小型卧式开启风冷同步发电机。

1. 同步发电机基本结构

同步发电机主要由定子、端盖、转子、滑环、电刷装置、风扇和联轴器等组成，如图 2－60 所示。

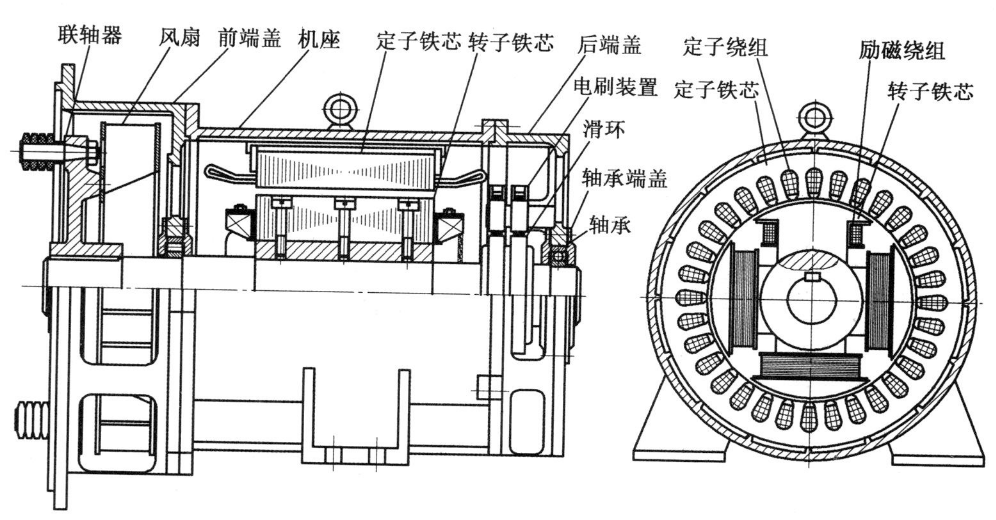

图 2－60　同步发电机基本结构

（1）定子

定子是同步发电机静止的部分，主要由机座、定子铁芯和定子绕组组成，是实现机电能量转换的中枢，故称为电枢。

机座为一带地脚的圆筒形零件，用于承装电机各零部件，并借助地脚将电机固定在机架上。机座多采用铸铁、铝合金材料铸造，或采用钢板卷制。其座孔内轴向布置有多条凸棱(筋)，用于提高机座强度，并与定子铁芯之间形成冷却风道。定子铁芯与凸棱过盈配合，压装在机座内。机座前后两端通过螺栓与电机端盖连接，以端口的凸缘止口结构实现定位。较大的电机机座上方装有吊攀，以方便拆装电机。机座外侧布置有出线盒，出线盒内装有绝缘的端子板，电机各绕组引线均由此与外部相连。有些小型电机将励磁整流器安装在出线盒端子板上，有些小型电机不设出线盒，仅在机座顶部或侧面留一出线口，电机各绕组引线由此引出，并通过接插件与外部相连。

定子铁芯是用硅钢片冲片和紧固件叠成的圆筒形部件，用于构成电机的磁路和嵌装电枢绕组。采用硅钢片冲制冲片，可减少铁芯剩磁。每张硅钢片冲片厚度为0.3~0.5 mm，各片之间涂有绝缘漆，以减少铁芯的涡流损耗。冲片内圆冲有半闭口槽，以便于嵌放绕组；各冲片以扣片叠压紧固或氩弧焊接整装，其内孔表面即形成了轴向嵌线槽，槽内嵌放着定子绕组(或称电枢绕组)，绕组导线终端从接线盒引出。定子铁芯冲片、定子铁芯及其槽内嵌绕的定子绕组如图2-61所示。

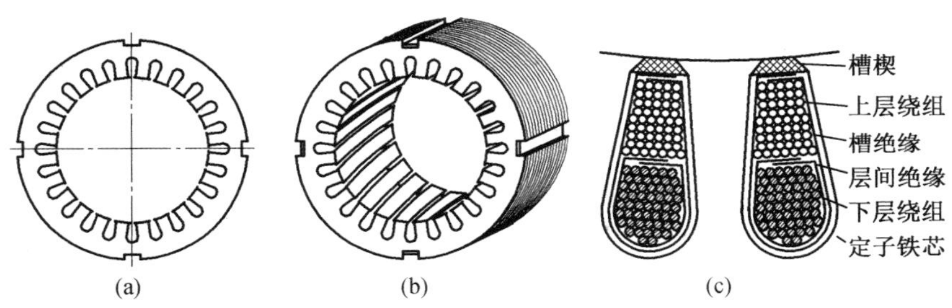

图2-61　定子铁芯冲片、定子铁芯及其槽内绕组

定子绕组用于产生感应电动势，由嵌放在定子铁芯槽内的多匝相互绝缘的线圈(绕组元件)按一定规律连接而成。绕组元件用高强度绝缘漆包铜线绕制，与铁芯槽以绝缘材料隔离，分单层或多层布置，铁芯槽口用绝缘槽楔压紧固定。各线圈端接部分彼此用绝缘材料隔离，尼龙绳捆扎。根据电机结构的不同，绕组可以是一套，也可以是两套或多套；绕组可以相互差120°电角度做三相对称布置，也可以布置成单相。不同的绕组具有不同的功用。一般将向受电器提供负载功率的绕组称为主绕组，把向电机提供励磁功率的绕组称为辅助绕组或副绕组。定子绕组嵌入定子铁芯后，经浸漆强化绝缘处理，构成不可分解的电枢元件。浸漆处理增强了铁芯和绕组的机械强度和绝缘介电强度，提高了绕组导热性和绝缘介质的耐热性，提高了防潮防霉能力。

(2)端盖

定子机座前后两端装有端盖，通过其中孔内的轴承支承电机转子。端盖多采用铸铁材料铸造加工成开启式结构，周面和端面均匀分布多个开口，形成冷却风孔，各孔以薄板冲制的防滴式护罩封闭。端盖中孔与转子轴承过渡配合，轴承两端以轴承端盖封闭，以实现转子的轴向限位，并形成储放润滑脂以润滑轴承的油室。为保证转子与定子同心，端盖与定子机座间采用凸缘止口定位，螺钉连接。

为简化结构，缩短电机轴向尺寸，有些电机采用单轴承结构。仅用后端盖轴承支承转子后端，转子前端则通过刚性联轴器或锥轴连接，支承在内燃机飞轮上。

(3)转子

转子是同步发电机工作时旋转的部分，主要由转轴、转子铁芯、励磁绕组和滑环等组成。转子铁芯和励磁绕组所组成的电磁铁是发电机的磁极，用于产生工作主磁场。

转轴用中碳钢车制，用于承装转子各零件。转轴两端过盈装配着两个滚动轴承，分别支承在两个电机端盖上。通常后端轴承采用滚珠轴承，以此实现电机转子的轴向限位；前端轴承采用滚柱轴承，以提高抗冲击载荷能力。转轴中段铣有长键槽，通过长键安装磁轭或转子铁芯。转轴后端固装着与转轴绝缘的滑环。有些转子在铁芯与滑环之间加装一圆环（平衡环），环上用螺钉固定一些平衡金属块或钻出平衡孔，以实现转子总成的动平衡。转轴前端伸出机座以外，称为轴伸端。轴伸端铣有键槽，装有风扇和联轴器，风扇用于工作时降低电机温度；联轴器用于传递原动机输出的转矩。

转子铁芯用于构成电机的磁路。根据铁芯形状的不同，可分为凸极式和隐极式两种结构形式。凸极式用于转速为 1 500 r/min 的电机，隐极式用于转速为 3 000 r/min 的电机。凸极式转子铁芯呈 T 形，由 0.3 ~ 0.5 mm 厚的低碳钢片叠制而成，通过螺钉固定在圆柱形磁轭上，磁轭通过长键套装在转轴上，如图 2－62(a)所示。铁芯朝向定子的一端称为极靴，朝向磁轭的一端称为极身。隐极式转子铁芯为圆形，由 0.3 ~ 0.5 mm 厚的硅钢片叠制而成。铁芯外表面冲有用于嵌放励磁绕组的半闭口槽，中间冲有与转轴连接的中孔和键槽，如图 2－62(c)所示。铁芯通过长键直接套装在转轴上。

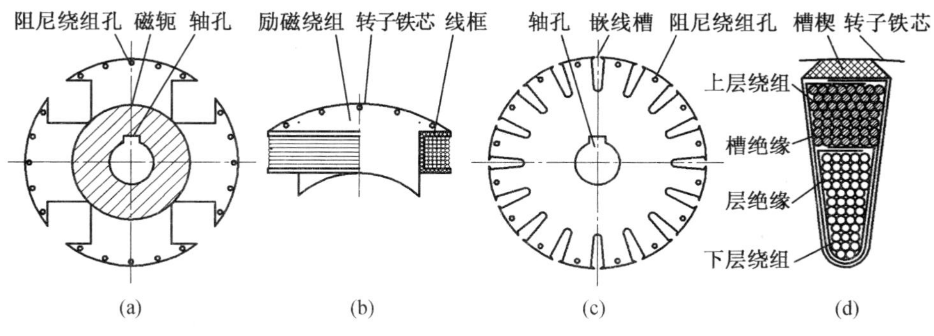

图 2－62　转子铁芯与励磁绕组

励磁绕组为直流串联绕组，用于在转子铁芯产生电机工作磁场，由高强度绝缘漆包圆铜线或扁铜线绕制的多个绕组元件串联而成。凸极式转子励磁绕组绕制在线框上，通过压板等零件套装在铁芯极身周围，如图 2－62(b)所示。隐极式转子励磁绕组嵌装在铁芯槽内，铁芯槽口用绝缘槽楔压紧固定，各线圈端线彼此用绝缘材料隔离，如图 2－62(d)所示。励磁绕组引线端连接在转轴后端的两个滑环上。经电刷和滑环向励磁绕组通入一个直流励磁电流，便可在转子铁芯上产生磁场，形成磁极。励磁电流大小变化时，磁场强度将做相应变化。采用不同的铁芯形状和绕组结构,可得到不同的磁极对数。励磁绕组布入转子铁芯后,经浸漆强化绝缘处理,构成不可分解的转子磁极。

滑环固装在转轴后段,用于与电刷装置配合,将励磁电流输入到旋转的转子励磁绕组。联轴器用于传递内燃机转矩,实现动力输入。风扇用于工作时降低电机温度,电机工作时,空气从后端盖进风孔吸入,冷却绕组和铁芯后,由风扇将其从前端盖出风孔甩出。

(4)电刷装置

按有无电刷装置,同步发电机可分为有刷机和无刷机两类。

如图 2-63 所示,电刷装置由电刷、刷杆、刷握和压指等组成,用于与滑环配合,将励磁电流输入旋转的转子励磁绕组。刷杆一端固定在电机后端盖上,另一端固定着刷握。电刷装在刷握内,可上下滑动,由压指以一定的弹力将电刷下端压在滑环上。电刷上端(刷尾)引线从电机出线盒引出。

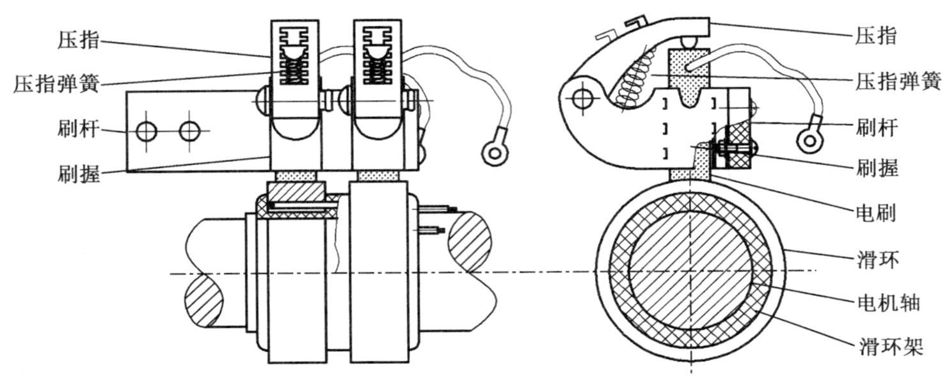

图 2-63　电刷装置

前面介绍的基本结构为有电刷装置的旋转磁场式同步发电机,其主要技术特征为通过电刷装置向发电机转子励磁绕组供给励磁功率。由于电刷和滑环的存在,将在滑环和电刷之间产生火花,降低了运行安全性和可靠性,增大了对无线电设备的干扰。电刷的磨损和滑环表面的氧化还将导致发电机故障。

采用特殊的电机结构可实现无电刷,利用交流励磁机和旋转整流器向发电机转子励磁绕组供给励磁功率,制成没有滑环和电刷装置的单电枢无刷发电机和多电枢无刷发电机,提高发电机运行可靠性和安全性。

2. 同步发电机工作原理

同步发电机根据电磁原理进行机械能和电能的相互转换,并通过内燃机转速的控制保证输出频率的稳定,通过励磁调压电路调节发电机励磁电流保证输出电压的稳定,通过各种保护和监控电路对发电机及重要元器件提供各种保护和监控。

(1)频率与转速的同步关系

原动机拖动发电机恒速旋转,经电刷和滑环向转子励磁绕组通入直流励磁电流,转子就产生固定对数的磁极。转子各磁极轮流切割定子绕组,在定子绕组内就感应出方向交替变化的交流感应电动势。感应电动势的大小与绕组处的正弦磁通密度 B_m、切割磁通的导体

长度 l、导体切割磁通的线速度 v 有关，即

$$E_0 = B_m lv \sin \omega t$$

当转子磁极对数为 p 时，转子每旋转一周，定子电动势就交变 p 次。电动势频率随转子转速同步变化。转子转速为 n 时，定子电动势交变的频率即为

$$f = pn(\mathrm{r/min}) = \frac{pn(\mathrm{r/s})}{60}$$

由于频率和转速存在着确定的同步关系，故称为同步发电机。

(2)发电机端电压的稳定

同步发电机向负载供电时，电机定子绕组内即有负载电流通过，并在电机内产生一个转速与电机转子转速相同的电枢磁场，直接影响着转子磁极的主磁场。一方面使转子增加电磁制动力矩，迫使原动机增加功率输出；另一方面使转子主磁场减弱，导致发电机端电压下降。负载越大，这种影响越强烈。

为保证同步发电机端电压稳定，发电机配置有励磁调节电路（AVR，也称为励磁调压电路或电压调节器），随着发电机端电压的变化，自动调节励磁电流的大小，使转子磁场强度随之相应变化，从而使发电机端电压保持稳定。

(二)充电发电机

充电发电机由内燃机驱动，用于向蓄电池充电并向其他用电设备供电。为了满足蓄电池的充电和向用电设备供电的要求，发电机的输出应是电压恒定的直流电。因此，充电发电机与调节器配套使用，通过自动调节发电机励磁电流来稳定其输出端电压。充电发电机结构形式包括转枢式直流发电机和输出端带硅整流器的转场式交流发电机两种，后者称为硅整流充电发电机，应用最多，在此仅介绍其结构及工作原理。

1. 硅整流充电发电机结构

硅整流充电发电机由定子电枢、转子、电刷装置、端盖、整流元件板和电压调节器等组成。其结构如图 2－64 所示。

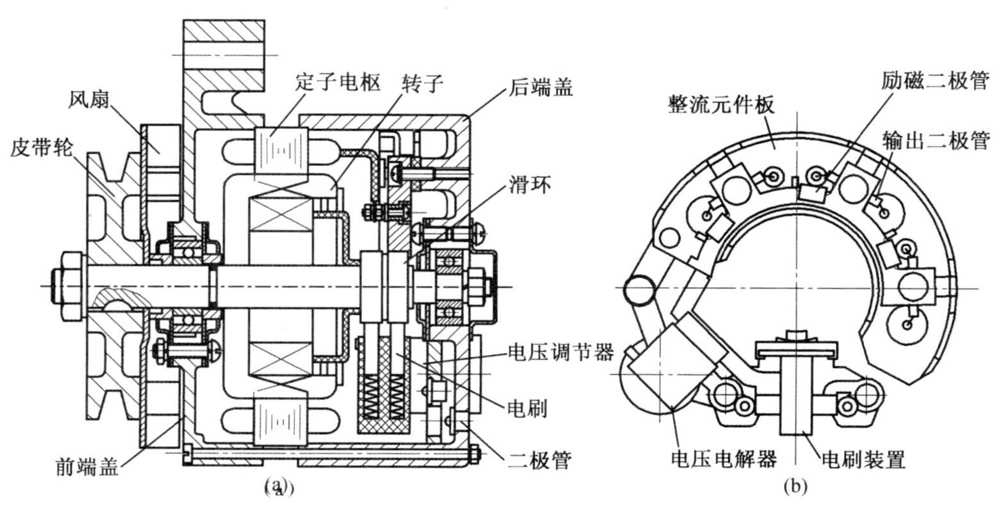

图 2－64　硅整流充电发电机

定子电枢是电机静止的部分，由铁芯和绕组组成，用于产生交流感应电动势。电枢绕组浸漆后与电枢铁芯固化为一个整体，安装在前、后端盖内。

转子是电机的旋转部分，主要由转轴、爪形磁极铁芯、励磁绕组和滑环等组成，用于组成磁极，产生工作磁场，并由此输入机械能。

电刷装置主要由刷握盒、电刷和压紧弹簧组成，用两根螺栓固定在与转子滑环位置对应的后端盖上。刷握盒由绝缘材料制成，单面敞口，内部以隔板分成两个刷握空间，刷握内安装着可上下滑动的电刷，利用刷握底部的弹簧，将电刷压紧在滑环上。

电机前、后端盖分别装在定子电枢的两端，三者通过螺钉和止口安装在一起，两端通过两个悬臂法兰挂装在内燃机前端一侧。前、后端盖通过其中孔滚动轴承支承电机转子。后端盖底部装有电刷装置、整流元件板、电压调节器和出线插座。

整流元件板由主板和副板组成，主板上装有3只引线端为阳极的大功率二极管和3只普通小功率二极管，副板上装有3只引线端为阴极的大功率二极管。主板与副板通过绝缘垫片叠装在一起，6只大功率二极管连接成三相全波整流桥，用于将交流电源整流成直流输出，3只小功率二极管连接成三相半波整流电路，用于将交流电源整流成直流供给励磁。内燃机工作后，曲轴通过皮带轮和皮带拖动电机旋转，经电刷和滑环向励磁绕组通入直流励磁电流后，转子形成6对爪形磁极，切割定子电枢绕组，产生交流电动势，经二极管三相全波整流后向外电路供给直流电源。

硅整流充电发电机调节器为内置电子式，主要由分压模块、控制模块和功率输出模块组成。各模块及其分离元件封装在一个绝缘盒内，与电刷装置的刷握盒组装为一体，通过自动调节励磁电流稳定硅整流充电发电机输出端电压。

2. 硅整流充电发电机工作过程

硅整流充电发电机和电压调节器电路如图2－65所示。内燃机起动时，带动发电机旋转工作，发电机借助蓄电池电源起励建压。蓄电池电源经起动开关SA、充电指示灯HL、端子D＋、发电机励磁绕组和调压器构成起励回路。发电机转子磁场形成，定子电枢建压发电。由于发电机输出端电压较低，此时没有电能输出，充电指示灯承受较高电压而点亮。

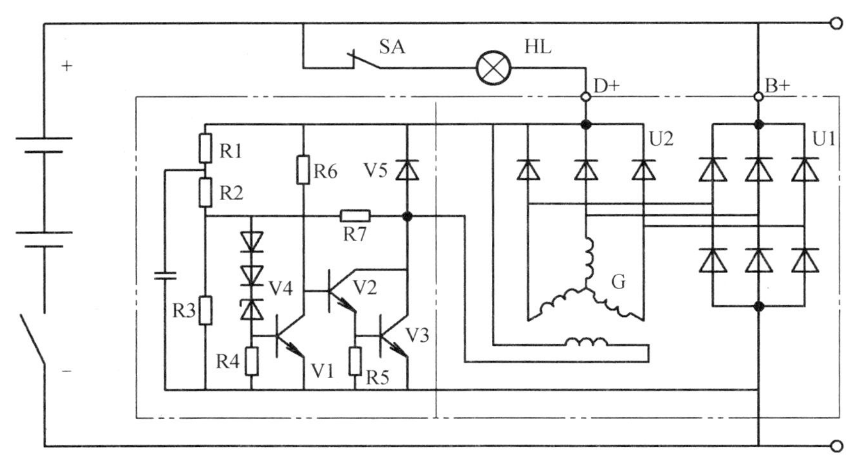

图2－65　充电发电机和电压调节器电路

内燃机起动后，硅整流充电发电机转速增加，输出端电压升高。三相交流电动势经整流器 U2 三相半波整流后，经三极管 V3 向励磁绕组供给励磁电流。发电机输出端电压超过限额电压时，电阻 R3 两端电压升高，稳压管 V4 导通，使三极管 V1 导通、V2 和 V3 截止。此时，励磁回路串入电阻 R7、R3，励磁电流减小，发电机输出端电压降低；发电机输出端电压低于限额电压时，电阻 R3 两端电压降低，稳压管 V4 截止，使三极管 V1 截止、V2 和 V3 导通。此时，整流桥 U2 再次经三极管 V3 向励磁绕组供给励磁电流，发电机输出端电压回升。这样就使发电机输出端电压稳定在限额电压之内。V5 为续流二极管，用于提高励磁电流平均值，减小脉动。R7 为正反馈电阻，以加强三极管 V2 和 V3 的开关速度。

三相交流电动势在供给励磁的同时，经整流器 U1 全波整流后经端子 B + 输出，向蓄电池充电并供给其他电器直流电源。由于发电机输出端电压高于蓄电池电压，充电指示灯 HL 承受较低电压而熄灭。

二、电气系统器件

电气系统由电器和线路连接组成。这些电器和线路均为低压电器和低压电路，其交流额定电压低于 1200 V、直流额定电压低于 1500 V，统称为电气系统器件。

电气系统器件集中布置在控制箱内、外，用于完成电路的通断、调节、保护和控制。对电气系统器件的要求是：动作准确可靠，操作频率高，并有足够的热稳定性和电动稳定性。根据功能的不同，电气系统器件可分为连接器件、开关器件、控制器件、晶体管、电感器件、电容器件、电阻器件和指示器件等。随着新技术、新工艺和新材料在低压电器中的应用，低压电器的质量和性能日益提高，各种新产品相继问世，正在向电子化、智能化、组合化、模块化、小型化、高性能和高可靠性方向发展。

（一）控制箱

控制箱为一薄板折弯组焊制作的电器机箱，用于布置电气系统器件。采用落地安装时称为控制屏，多用于固定电站和分室操作的汽车电站；通过减振装置安装在机组上时称为控制箱，广泛用于各种移动电站；为减少机组振动对控制箱的影响，有些小型机组采用分离布置的控制箱，使用时以电缆将机组与控制箱连接起来，这种控制箱也称作控制盒。

控制箱一般由箱体、面板和减振器等组成，其结构如图 2 – 66 所示。箱体是控制箱的主体，为一前端敞口的箱式结构，通过减振器和鞍形支架安装在发电机上方。各种接线端子板、元件板、电器和线路布置在箱体内；面板是控制箱的箱门，通过合页和手动螺母固定在箱体前端面。监控机组运行状态的各种仪表和指示灯、控制电站运行的开关器件等布置在面板表面；自耦变压器、移相电感器、调压变阻器等大型电器通常布置在控制箱外；控制箱与发电机、内燃机和输出插座的连线通常从箱体下方或后侧引出。

（二）连接器件

连接器件主要包括导线、接线端子、插接件等。

1. 导线

导线可分为裸线、电磁线和绝缘导线三类。裸线是没有绝缘层的导线，在内燃机电站的电气系统中，仅用于距离小于 15 mm 的端子连接；电磁线是带有高强度绝缘漆膜的导线，主要用于电机和电感器件的绕组;绝缘导线由金属线芯和绝缘护套组成,电气系统各电器的电气连接主要采用绝缘导线。

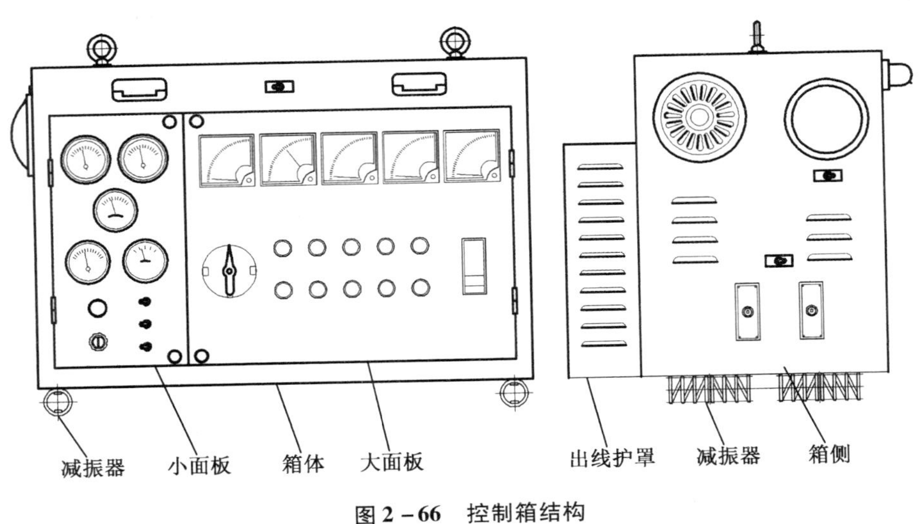

图 2-66　控制箱结构

电气系统器件通常采用多股铜芯绝缘软导线连接。导线两端通常焊接或压接着线尾,以方便接线。线尾与导线绝缘包皮接缝处套有塑料标号管,以标写线号、便于查找导线和器件,并增强该处机械强度和绝缘。同一根导线两端的线号是相同的。导线通过电流的能力与线芯有效截面积和材料有关,应根据导线内可能通过的最大电流来确定导线的线径。

2. 接线端子

导线与导线、导线与器件的连接通常采用焊接、压接和螺纹连接等方式,这些连接点称为接线端子,它包括器件端子和专用端子。

焊接端子为固定端子,以锡焊为主,不经常拆装。

压接端子为活动端子,以便于更换器件或修理测试时的接线。压接端子分为螺钉压接和压板压接两种,通过压线螺钉或压线板压住导线,实现连接,如图 2-67(a)和(b)所示。压接端子导线拆装方便,且不需加装线尾。

螺纹连接端子为活动端子,包括螺栓连接和螺钉连接两种方式,连接原理相同。螺栓连接端子通常以一套平垫、弹簧垫和螺母固定端子螺栓,以另一套平垫、弹簧垫和螺母固定导线,如图 2-67(c)所示。螺钉连接端子则以螺钉、弹簧垫和平垫固定导线。导线与螺纹连接端子的连接包括线尾连接和裸线连接两种方式,一般导线均采用线尾连接。采用裸线连接的导线端头没有焊接线尾,应加装碗形护线垫片,如图 2-67(d)所示。

通常将多个螺纹连接端子集中布置在一块绝缘底板上,称为端子板或接线板。有时导线间连接关系需根据电路工作状态的不同进行转换调整。经常转换的部位均通过组合开关或继电器进行,不经常调整的部位通常在端子板上加装短路片,通过改变短路片的安装位置来实现,如图 2-67(c)所示。

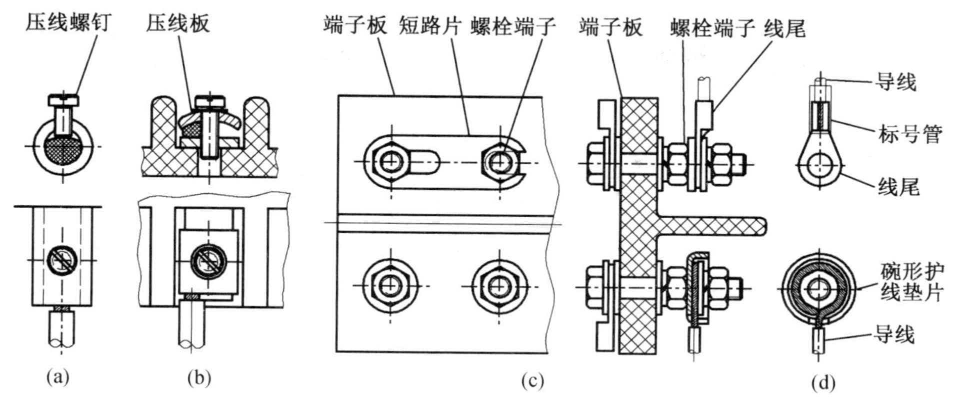

图 2－67　螺纹连接的端子

3. 插接件

插接件由插座和插头配对组成。插座固装在控制箱一侧或控制箱周围，插头则装在电缆两端，用于实现电路多根导线的同时快速连接。

插接件品种很多，按外壳形状可分为圆形和矩形，除印制板与控制电路的连接采用矩形插接件外，其他电路的连接均采用圆形插接件；按固定方式可分为固定式和移动式，安装在控制箱或基座上的插接件采用固定式插座，安装在电缆端的插接件采用移动式插头；按电极结构可分为弹性销孔式和线簧孔式，弹性销孔式插接件价格低，用于多数电站，线簧孔式插接件连接可靠性高，用于少数要求较高的电站。

插座和插头主要由电极、绝缘体、定位板和外壳等组成，其典型结构如图 2－68 所示。插接件电极用于实现电路的对接，可分为柱形（插针）和孔形（插孔）两种，插针和插孔配对组成插接件。绝缘体又称为绝缘安装板，用于隔离各电极，保证各电极间和电极与外壳间有足够的绝缘介电强度；定位板用于对绝缘体进行旋转限位，从而保证电极相序或极序正确。外壳是插接件的基座，用于完成插座和插头外壳端口正确而可靠的对接，同时有束线和保护作用。较大的插座和插头端口均带有护盖，以保护插座和插头。

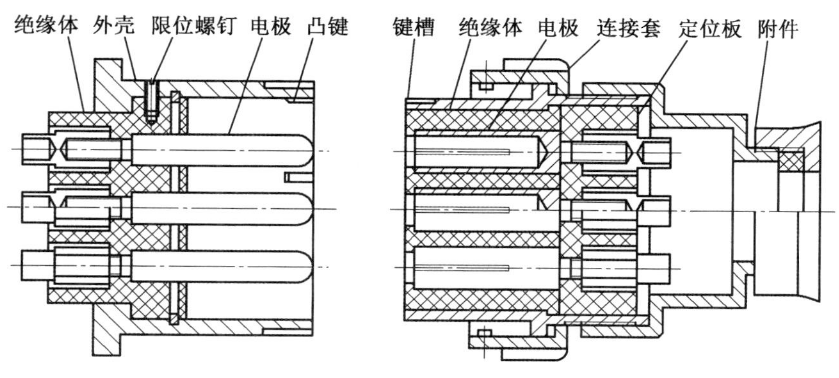

图 2－68　插头和插座

(三)开关器件

开关器件用于通断、选择、隔离和某些保护的控制,主要包括断路器、转换开关、钮子开关、按钮开关和钥匙开关。

1. 自动空气断路器

自动空气断路器主要由基座、触头组件、灭弧罩、操纵机构、热脱扣器和电磁脱扣器等组成,其结构如图 2-69 所示。

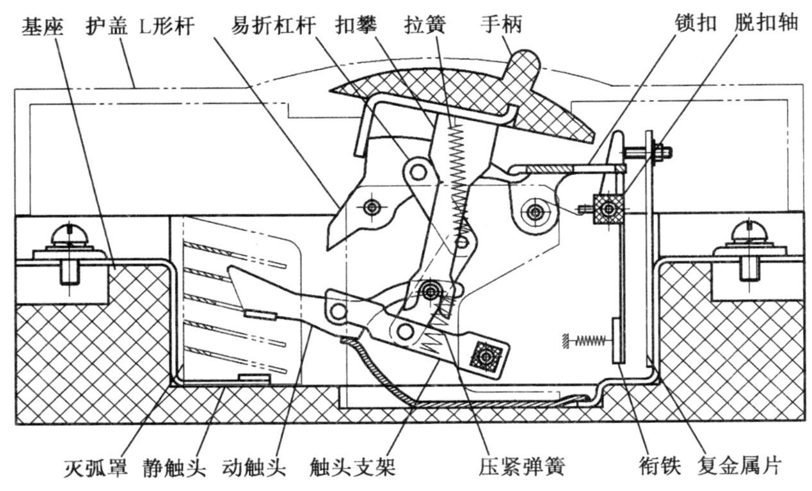

图 2-69 自动空气断路器

自动空气断路器为一具有断路(跳闸)保护功能的大电流开关,按极数可分为单极、双极、三极和四极。自动空气断路器由于动、静触头之间的灭弧介质是空气,故而得名,通常又称为空气开关,主要用于通断不频繁的输出电路和市电输入电路的通、断控制。自动空气断路器通常装有热脱扣器和电磁脱扣器,分别用于过载保护和短路保护,当电路中发生超过允许极限的过载或短路时,能够自动分断电路;自动空气断路器可以加装短路断相继电器,使其具有短路和断相保护功能,当电路中发生短路和断相时自动分断电路;自动空气断路器还可以加装合闸电磁铁和分闸电磁铁,成为通过按钮进行远端通断控制的电动空气断路器,或称为电动空气开关。

2. 转换开关

转换开关用于电路状态的多路转换、远距离控制和通断控制。转换开关品种很多,内燃机电站电气系统采用较多的主要有组合开关和万能转换开关。转换开关层次多,触头多,接线复杂。通常以开关分层状态图表示各层开关的状态和接线关系。分解时应边分解边绘制或校对开关分层状态图,结合时则应认真按图组装。

(1)组合开关

组合开关为手动旋转操作叠片式开关,由导板式加速限位装置和 3~10 层旋转操作的叠片式开关同轴组成。旋转手柄时,加速限位装置和各开关同步动作,各开关同时完成各自状态的转换,如图 2-70(a)所示。

组合开关层次多，触头多，连接关系复杂，需要分解时，应边分解边绘图记录开关的连线与各层触头关系，绘图记录内容应包括手柄与端盖铭牌的相对位置（挡位）、各静触头接线的线号、每层开关各静触头与动触头的相对位置，如图 2－70（b）（c）所示。组装时，应按照记录图认真装配，并在组装后进行检验。

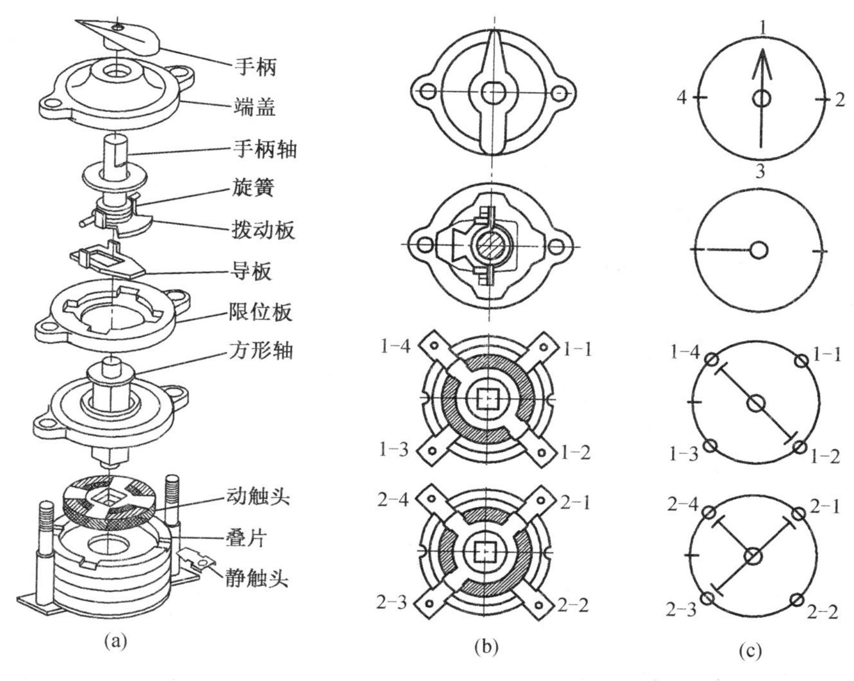

图 2－70　组合开关

（2）万能转换开关

万能转换开关为手动旋转操作凸轮式开关，由手柄、方形轴、棘轮式限位装置、1～10 层凸轮式开关和外壳等同轴组装而成，由旋转操作的手柄和方形轴统一带动各凸轮式开关和棘轮式限位装置同步旋转，实现电路状态的转换，如图 2－71 所示。

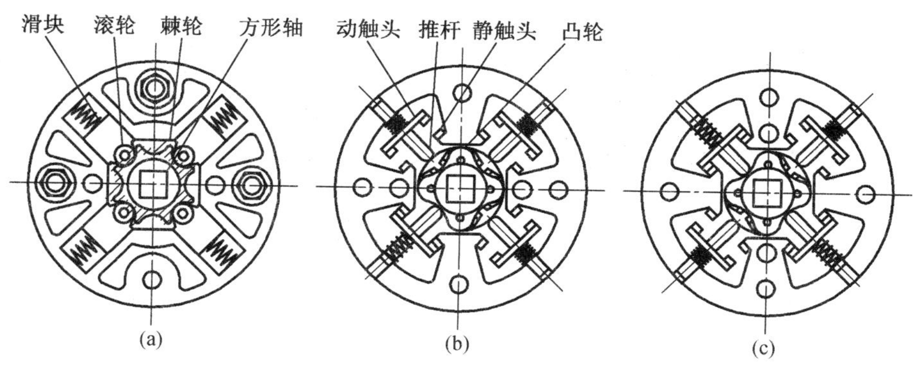

图 2－71　万能转换开关结构示意图

3. 钮子开关、按钮开关和钥匙开关

(1)钮子开关

钮子开关为小功率低压开关,分为双刀单投和双刀双投两种。开关由静触头、动触头、加速限位弹簧、手柄和外壳等组成,其结构如图 2-72(a)所示。双刀单投开关是两极单向通断控制开关,用于直流或单相电路的通、断控制,如灭磁开关、照明开关等;双刀双投开关是两极双向通断控制开关,用于单回路状态的转换或选择,如调压器转换开关、电压表转换开关等。

(2)按钮开关

按钮开关是用人力操作、可以储能复位的小功率开关电器。按其复位方式可分为释放后弹性返回、解锁后弹性返回两类,用于电器和控制线路的通、断控制。释放后弹性返回的按钮开关通常具有常开和常闭两组触头,一般由按钮帽、复位弹簧、桥式动触头、动合静触头、动断静触头和外壳等组成,如图 2-72(b)所示。解锁后弹性返回的按钮开关主要用于急停按钮,按其结构可分为摆臂动触头和桥式动触头两类,如图 2-72(c)所示。按钮帽外端面通常采用微凹球面,以便于手指操作,并在其内部布置指示灯,可制成带指示灯的按钮开关,以指示按钮的通、断状态,如图 2-72(d)所示。

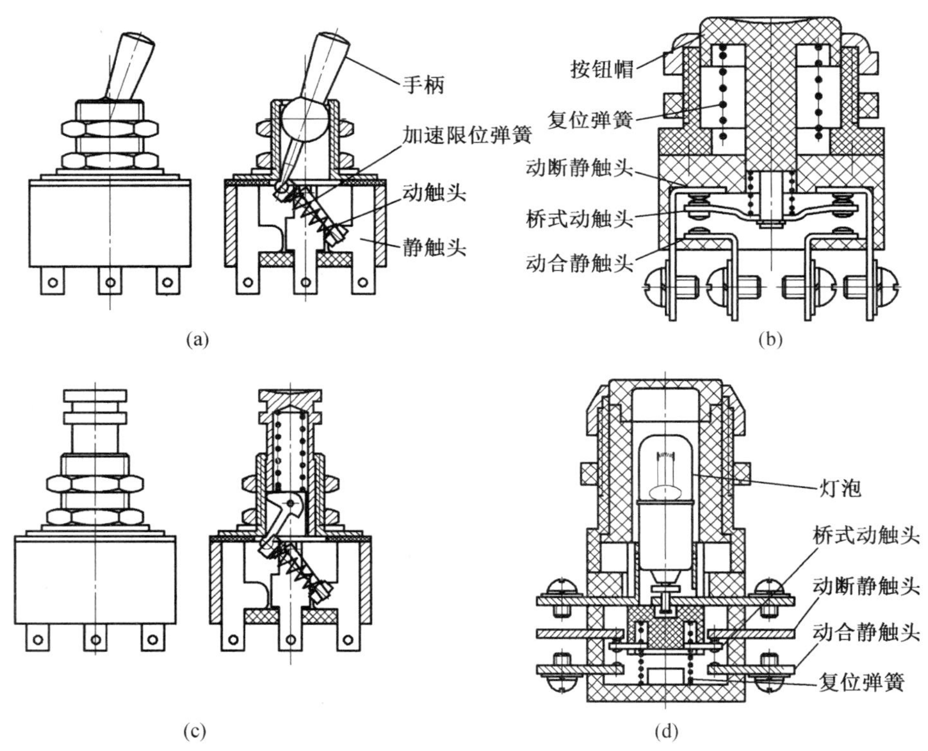

图 2-72　钮子开关和按钮开关

(3)搭铁开关

搭铁开关为一大功率解锁后弹性返回的按钮开关,用于蓄电池搭铁端的手动通、断控制。搭铁开关主要由按柄、卡板、复位弹簧、桥式动触头、压紧弹簧、动合静触头和外壳等组成,如图 2-73 所示。

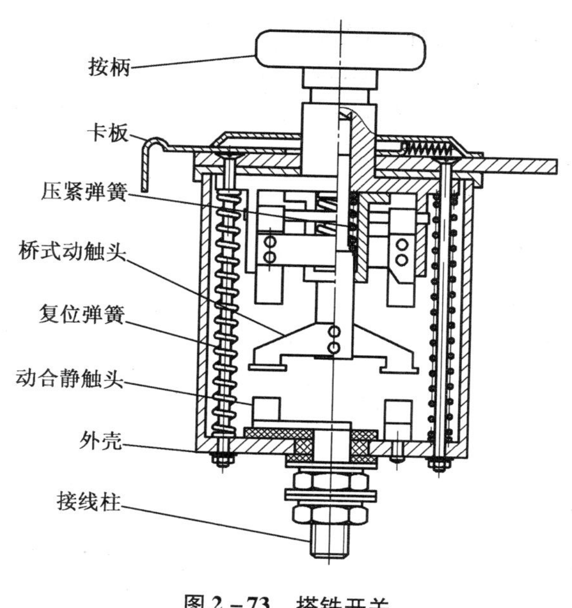

图 2-73　搭铁开关

(4)钥匙开关

钥匙开关又称为电钥匙,为多端多挡旋转操作开关,用于起动电路、预热电路、点火电路和直流供电电路的控制。

4. 交流接触器

交流接触器用于频繁通断的交流电力回路的远端通、断控制,按其电磁铁结构可分为直动式和转动式两类;与热继电器串联后,可实现发电机的过载保护;其控制电路与保护继电器串联后,可实现多种中继控制和继电保护。

(四)保护与控制器件

1. 热继电器

热继电器与交流接触器配合使用,用于交流 500 V 电压以下电路的过载保护。

热继电器由复金属片、传动机构、触头和外壳等组成,其结构如图 2-74(a)所示。

复金属片上端用螺钉固定在调整板上,下端为自由端。与主电路串联的一段扁平裸导线包绕在复金属片上,电路过载后,复金属片受热弯曲,向左依次推动导板、温度补偿复金属片和推杆,即可使常闭触头打开,由此断开与之连接的外电路;按下再扣复位按钮或复金属片冷却后,常闭触头将恢复闭合;转动电流整定旋钮,可改变推杆支承轴位置,从而改变热继电器保护动作的延时时间。

由交流接触器、热继电器和按钮组成的保护控制电路如图 2-74(b)所示。交流接触器 KM 的三对常开主触头与热继电器 FR 串联在主电路中,通路(启动)按钮 SB1 与 KM 的一组常开辅助触头并联,并与断路(停机)按钮 SB2、FR 常闭触头和 KM 励磁线圈串联成控制电路。按下 SB1，则 KM 吸合，主电路接通；释放 SB1，由 KM 的辅助触头继续保持通路；过载或按下 SB2，均可使控制电路分断，使 KM 断电复位，主电路分断。

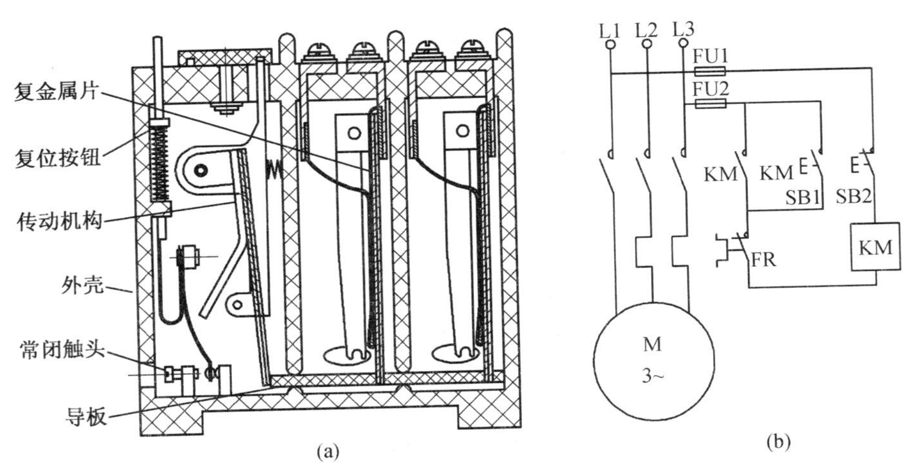

图 2－74　热继电器及其过载保护控制电路

2. 控制继电器

控制继电器是一种自动电器，种类很多，其输入信号可以是电压、电流、时间、速度和温度。按其动作原理可分为电磁式、磁电式、感应式、静电式、电子式、双金属式和机械式等多种。内燃机电站的电气系统所采用的控制继电器除时间继电器和热继电器外，主要为电压控制的电磁式继电器，用于电路的中继控制。在指令信号（继电器励磁电源）控制下，通过多组常开和常闭触头的开、闭动作，实现多路同步控制或信号放大，如内燃机工况自动转换、电路状态自动转换、故障声光同步报警和保护等。

3. 时间继电器

时间继电器用于电路的中继延时控制。在指令信号（输入端的通、断）实时控制下，两组常开和两组常闭触头按设定值延时开、闭动作，实现电路状态的自动延时控制，如启动后和停机前的怠速运行时间控制、自动电器短时乱码（误输出）的旁路稳定等。时间继电器有空气式、电动式、电磁式、晶体管式和数字式等多种，内燃机电站的电器系统所采用的主要为数字式时间继电器。

4. DDJ 短路断相继电器

DDJ 短路断相继电器为一组合电器，主要由变压器、电路板、封装外壳和执行电磁铁组成，用于在短路和断相发生时触动自动空气断路器的脱扣轴，使其跳闸，实现断路保护。如图 2－75 所示，输出电路未发生短路或断相时，测量变压器 TC 原边为一直流，副边没有感应电流；当输出电路发生短路或断相时，测量变压器 TC 副边即感应出较大的脉冲电流，脉冲电流向电容器 C1 充电，使 U_{C1} 达到单结晶体管 V5 峰点电压而导通，触发可控硅 SCR，导通后的 SCR 接通了装在自动空气断路器 QF 内的分励脱扣电磁铁，衔铁吸合时使脱扣轴翻转动作，QF 自动跳闸，实现了短路和断相的断路保护。

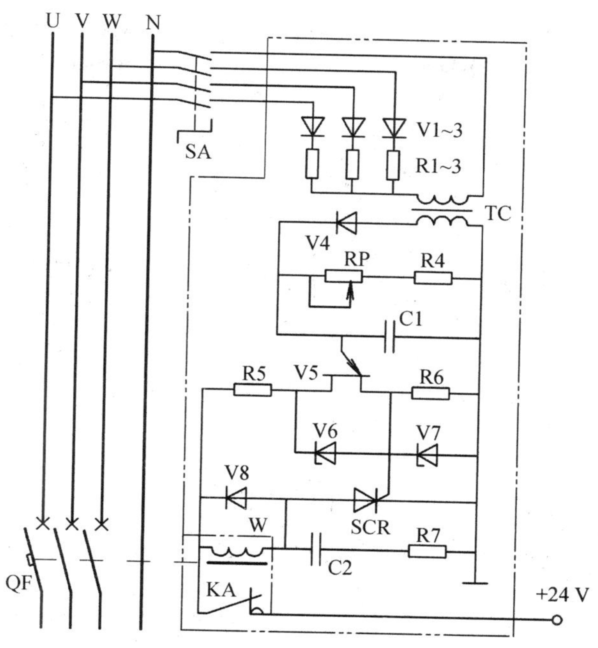

图 2－75　DDJ 短路断相继电器原理图

5. CJ－600A 差动低限保护器

CJ－600A 差动低限保护器为多个电器集中布置而成的组合电器，用于直流发电机与蓄电池共母线的直流供电系统，当其输入端（发电机端）电压高于输出端（蓄电池端）电压时接通，低于输出端电压时断开，以防止在发电机输出端电压突然降低时发生蓄电池逆流。

6. 熔断器

熔断器是利用低熔点金属作为熔体，附加便于快速拆装的连接装置而制成的电器。熔断器串联于电路中，主要用于 500 V、200 A 以下电路的短路保护和过载保护。在短路或过载电流通过熔体时，利用过电流导致的热效应使其自身熔断，从而分断电路，实现保护。熔断器结构简单，分断能力高，使用方便，体积小，价格低，更换时拆装容易，但只能一次性使用，更换需要一定的时间，因此恢复供电时间相对较长。

常用的熔断器主要有以熔片为熔体的管式熔断器，以铜丝为熔体的螺旋式熔断器、封闭管式熔断器和翻转式熔断器，其结构分别如图 2－76（a）（b）（c）（d）（e）所示。

7. 接地装置

内燃机电站均采用外壳接地、中性点不接地的保护方式。当输出电路因绝缘损坏而碰壳时，由于外壳接地，使外壳对地电压大大降低。当人体触壳时，外壳与大地间形成两条并联支路，电站接地电阻越小，则通过人体的电流也越小，所以可以防止触电。

接地装置由接地棒和接地线组成。接地棒为顶端尖锐的长杆，靠外力（锤击）插入土中。接地电阻与土壤类型和接地棒入土深度有关，要求不大于 50 Ω。接地棒应打入潮湿的地面，打入深度应大于棒长的 2/3，接地线应连接可靠。地面干燥时，应经常向接地棒喷洒盐水，以减小接地电阻。

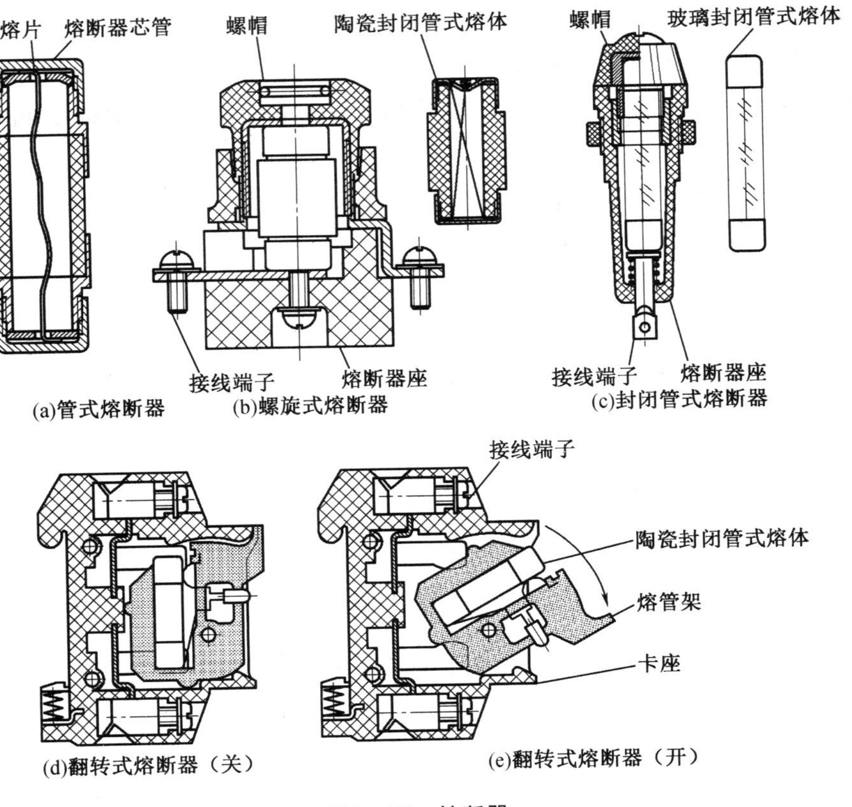

图 2－76　熔断器

(五) 电感器件

电感器件包括变压器和互感器等，均为按电磁变换原理工作的器件。

1. 电源变压器

电源变压器由原边绕组、副边绕组和铁芯组成，用于将发电机端电压转换成控制电路所需的工作电压，其图形符号如图 2－77(a)所示。

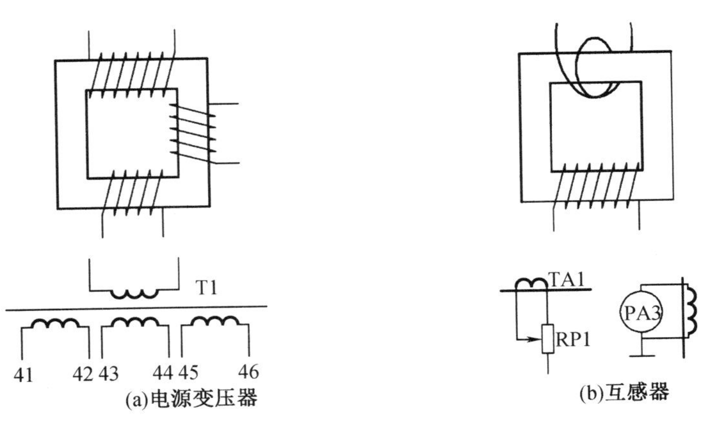

图 2－77　电感器件

2. 互感器

互感器是电力系统中用于测量和保护的器件，可分为电流互感器和电压互感器两种类型，其结构与变压器类同，均由原边绕组、铁芯和副边绕组组成。其图形符号如图 2－77(b)所示。

电流互感器用于扩大交流电流表量程或产生复励电流。电压互感器主要用在高压电力回路中作扩大电压表量程之用。

（六）显示器件

显示器件包括仪表、指示灯、讯响器和电子显示器件等，主要用于显示内燃机电站运行参数和状态参数，以便于操作人员及时掌握电站运行状态。多数显示器件只具有一种功能，随着电子技术的发展，可同时显示多个参数、具有多种显示功能的组合仪表也开始应用，如 T－P 表、电站监控器等。

1. 仪表

仪表为电量测量、电量传递、机械显示的显示器件，用于实时显示内燃机电站运行参数。仪表按其测量机构的工作原理可分为磁电式、电磁式和电动式三类。同一形式的测量机构配以不同的附件，可组成多种用途和多量程仪表。如磁电式测量机构既可制成电压表，也可制成电流表。

仪表指示值与被测量实际值存在着误差。若允许误差为满标值的 $B\%$，则仪表的精度等级即为 B 级。仪表精度等级分为 0.1、0.2、0.5、1.0、1.5、2.5 和 5.0 七级，内燃机电站用仪表通常为 2.5 级。

（1）磁电式仪表

磁电式仪表由永久磁铁、转子铁芯及线圈、表轴、游丝弹簧和校正器等组成，其结构如图 2－78 所示。

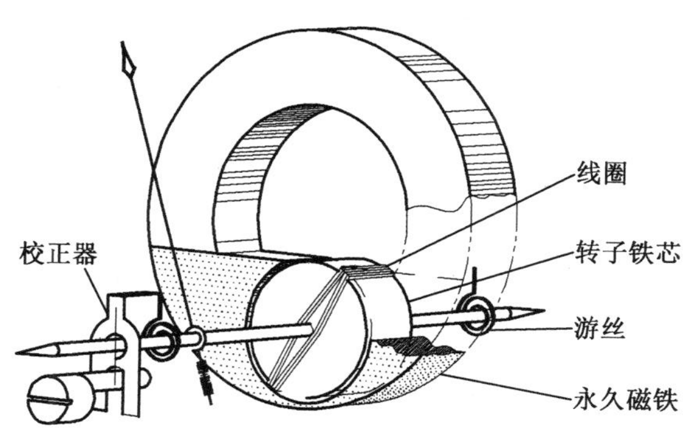

图 2－78　磁电式仪表

转子铁芯上绕有线圈，线圈的两端分别接在两个游丝弹簧上。游丝弹簧既可作线圈电流的通路，又可用来产生所需的反抗转矩。露在外壳上的校正器则用于校准指针零位。

当处于永久磁场中的线圈内有直流电流通过时，线圈两有效边导体受电磁力作用，产生驱动转矩，带动表针偏转，且偏转角与通过线圈的电流成正比；当驱动转矩与游丝的反抗转矩相等时,线圈即停止偏转;线圈中通过交流时,因电流方向不断交变,使线圈平均转矩为零,指针无法偏摆。所以磁电式仪表不能测量交流。

电磁式仪表可并联在直流电路中测量电压,或串联在直流电路中测量电流。为扩大表的量程,作电压表时通常串联降压电阻;作电流表时通常并联由锰铜板制成的分流器。

(2)电磁式仪表

电磁式仪表由线圈、衔铁和铁芯等组成,有推斥式和吸引式两种结构。

图 2-79(a)所示为电磁推斥式仪表,当线圈内有电流通过时,线圈中产生磁场,将衔铁和铁芯同时磁化,且二者极性相同,互相推斥,使衔铁带动表针偏转。电磁式仪表的线圈是固定的,不需要利用游丝弹簧连通线圈电路,所以产生反抗转矩的装置可以是游丝弹簧,也可以是空气阻尼器。

图 2-79(b)所示为电磁吸引式仪表。片形衔铁在弹簧游丝作用下处于线圈内部一侧,当线圈内有电流通过时,线圈中产生磁场,将衔铁向线圈中央吸引,使衔铁带动表针偏转。线圈另一侧拧有一个小螺钉,起铁芯作用,调整螺钉拧入深度即可调整仪表准确度。

电磁式仪表指针偏转角近似地与线圈电流平方成正比。线圈通过直流时,衔铁与铁芯磁场极性相同,线圈通过交流时,衔铁与铁芯磁场极性同时随电流方向交变,因此既可以测量直流,也可以测量交流,但主要用于交流电量的测量。为扩大量程,作电压表通常串接电阻或电感,作电流表通常并联电流互感器。

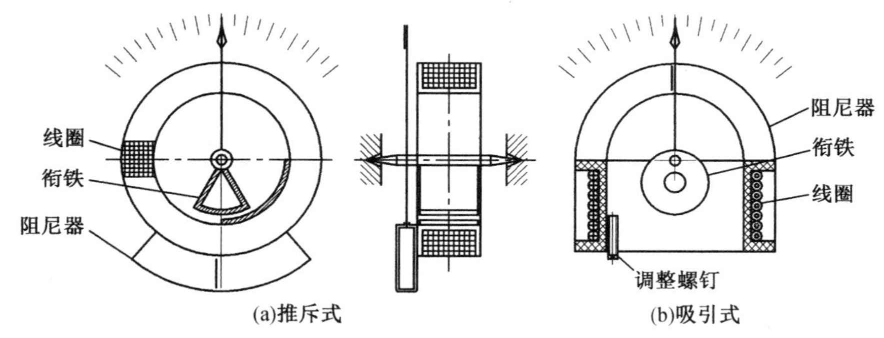

图 2-79　电磁式仪表

2. 讯响器

讯响器又称为电喇叭或电笛,用于故障报警和操机的指挥联络。

3. 电子显示器件

电子显示器件包括发光二极管、真空荧光显示屏、液晶显示屏等多种,具有反应速度快、准确度高、显示内容直观等特点,是组合仪表常用的参数显示器件。

(七)内燃机组合仪表

内燃机组合仪表(TRI-PANEL,简称 T-P 表)是通过微机控制,实现内燃机多种运行参数和工况监控的组合仪表,具有显示内燃机运行参数(转速、油压、水温、蓄电池电压、充电状态和累计运行时间)、内燃机的自动控制(起动、工况转换和停机)、故障自检、故障预警、报警和保护停机等功能。其技术参数如表 2-1 所示。

表 2-1　T-P 表技术参数

项目	数据与功能
电源及功耗	电压：直流 8～32 V；维持电流：20 mA；操作电流：570 mA
保护	熔断器：5 A；瞬态和逆变保护；输入正/负反接保护；输出短路或过流保护
输入	转速信号可由充电发电机输出或感应式转速传感器提供
输出	可外接其他声光报警装置或其他先进系统，但负荷≯0.5 A、电压≯32 V
通信	带有用于遥控 RS485 通信接口
外形尺寸	宽 280 mm；高 118 mm；厚 60 mm

1. 组成

T-P 表主要由表内电路、显示控制面板和接线与设置面板等组成。表内电路是 T-P 表的核心，由印制板及其外围器件组成微型计算机控制系统；显示控制面板在 T-P 表的正面，是信息显示和控制操作部分，面板上布置有显示器和控制操作器件，如图 2-80 所示；接线与设置面板在 T-P 表的背面，面板上布置有仪表接线插座和设置按钮。T-P 表通过外壳封装为一体。

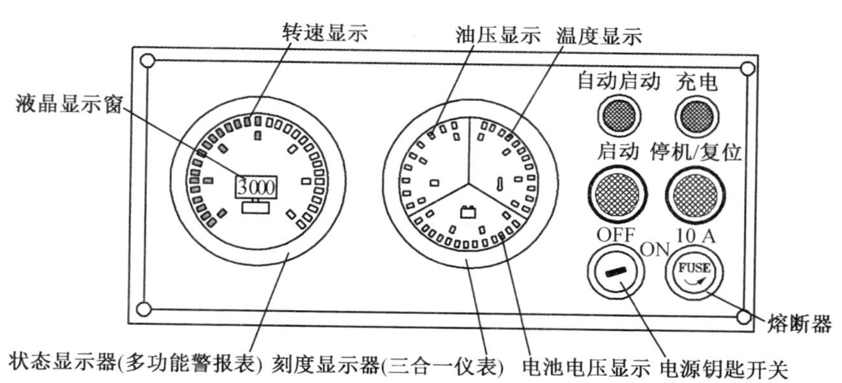

图 2-80　前面板

2. 显示控制面板

(1)控制操作部分

控制操作部分位于显示控制面板右侧，包括电钥匙、起动按钮（绿色）和停机/复位按钮（红色）。电钥匙用于控制电源输入，起动按钮用于起动内燃机，停机/复位按钮用于停机和复位。控制面板右侧还布置有熔断器（FUSE）、自动起动指示灯（黄色）和充电指示灯（红色）。自动起动指示灯在自动起动时点亮，充电指示灯在正常充电时熄灭。

(2)状态显示器

状态显示器位于显示控制面板左侧，为一多参数综合显示器，包括转速显示刻度环和液晶显示窗两部分。

(3)刻度显示器

刻度显示器位于显示控制面板中央,为三参数综合显示器。采用双色发光二极管组成显示刻度环,分三段布置在显示器表盘圆周,分别显示内燃机温度、机油压力和蓄电池电压。内燃机运行参数正常时显示颜色为绿色;运行参数不正常或有报警发生时显示颜色将变为红色;传感器失效或连线开路时红绿交替闪烁。

3. 接线与设置面板

接线与设置面板上设有设置按钮和接线插座。各按钮配合操作可完成对内燃机监控参数种类和数值的设置。T-P 表的设置在生产厂装机调试时进行,有些参数禁止用户自行设置,可设置的参数只能在内燃机停机状态时改变,内燃机一旦起动所有参数将被锁定。

(八)电气参数组合仪表

电气参数组合仪表(ELCONTROL,简称 E-C 表)是通过单片计算机控制实现电气运行参数组合监控的仪表,具有显示电气系统运行参数、故障报警和保护输出等功能。

1. 组成

E-C 表主要由表内电路和显示控制面板等组成。表内电路是 E-C 表的核心,由印制板及其外围器件组成单片计算机控制系统;显示控制面板是信息显示和控制操作部分,如图 2-81 所示,面板上布置有液晶显示屏和控制操作按钮;E-C 表通过外壳封装为一体,外壳的上下两端布置有两组接线端子。

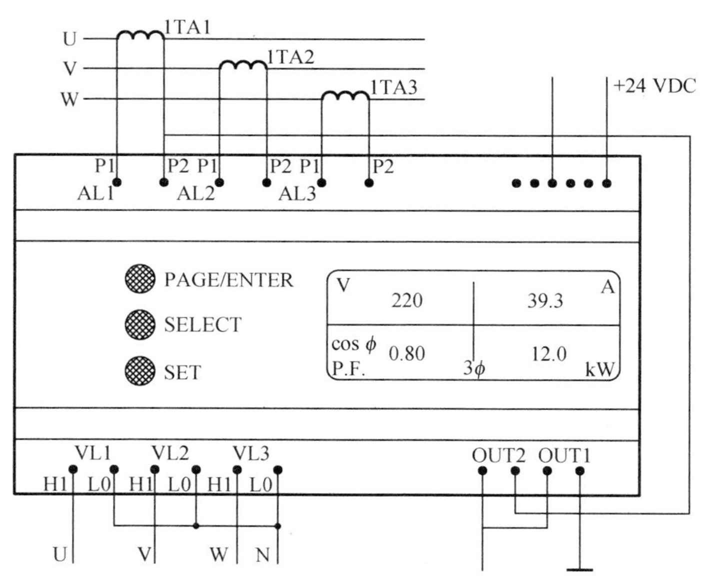

图 2-81　E-C 表显示控制面板

2. 显示控制面板

显示控制面板左侧设有 PAGE/ENTER(翻页/确认)、SELECT(选择)和 SET(设置)等 3 个上下布置的按钮,右侧布置有液晶显示屏。

3. E-C 表的接线

E-C 表外壳上下两端布置的接线端子主要包括:

(1)电源接线

E－C 表工作电源由蓄电池供给,从 E－C 表上端的电源端子和⊥端子接入。

(2)电压信号接线

发电机组输出电路三相火线的电压信号经过三个熔断器引入,零线的信号不经熔断器直接引入,从 E－C 表下端 VL1、VL2、VL3 和 N 端子按 Y 形接法接入,用于测量发电机组输出端电压。

(3)电流信号接线

发电机组输出电路三相电流信号经过三个电流互感器引入,电流互感器的副边从E－C 表上端 AL1、AL2 和 AL3 的 P1 端子分别接入,并由 AL1、AL2 和 AL3 的 P2 端子引出,经转换开关 SA9 供给普通电流表测量电流。

(4)保护控制接线

E－C 表两路输出从 E－C 表下端 OUT1 和 OUT2 共 4 个端子引出。E－C 表测量的电压、电流值如超过规定限值,OUT1 和 OUT2 端子就会发出保护控制信号(由常开转为闭合),并通过外置继电器进行保护控制。

4. E－C 表的显示操作

(1)E－C 表的电气参数显示

E－C 表通电后,液晶显示屏将分四个区域显示所测的电压(V)、电流(A)、功率因数($\cos\phi$)和功率(kW)等电气参数。

(2)E－C 表的主菜单显示

按住 PAGE/ENTER(翻页/确认)按钮 3 s 后,E－C 表液晶显示屏上出现主菜单列表。主菜单分别是 MEAS. PAGES(测量页)、COUNTS(统计)、DEMAND(要求)、SET－UP PAGES(设置页)菜单,再次点按 PAGE/ENTER(翻页/确认)按钮可选择某菜单,再按SELECT(选择)按钮可进入该菜单。

(3)测量页菜单

测量页有 11 页,按 PAGE/ENTER(翻页/确认)按钮可从第 1 页翻到最后页。要退出"测量页"菜单,则按住 PAGE/ENTER(翻页/确认)按钮 3 s 即可。各测量页中显示的内容如表 2－2 所示。

表 2－2　测量页显示的内容

页数	显示内容	页数	显示内容
1	三相线电压(V)、电流(A)、功率因数(P. F.)、有功功率(W)	7	相有功功率(W)
2	三相无功功率(var)、视在功率(VA)、频率(Hz)	8	相无功功率(var)
3	三相平均无功功率(var)、平均视在功率(VA)、规定检测时间、平均有功功率(W)	9	相视在功率(VA)
4	相电压(V)	10	相尖峰系数(C. F.)
5	相电流(A)	11	日历和时钟
6	相功率因数(P. F.)		

(4)统计页菜单

按 SELECT(选择)按钮从“统计” 菜单进入统计,要退出“统计”菜单,则按住 PAGE/ENTER(翻页/确认)按钮 3 s 即可。按 PAGE/ENTER(翻页/确认)按钮可显示三相无功功率小时(kV · A · h)、三相有功功率小时(kW · h)、每相有功功率小时(kW · h)统计值。

(5)要求页和设置页菜单

要求页和设置页菜单主要为 E - C 表设置内容,E - C 表的参数在出厂前已设置,不允许随意更改设置。

5. E - C 表的保护输出

E - C 表在电气系统运行过程中监控电气系统运行状态,每隔 5 s 对电气系统运行参数进行一次检测。如发现线电压大于或等于额定电压的 130% 、小于或等于额定电压的 70% 、输出电流大于或等于额定电流的 120% 、单相对地短路、两相或三相间短路等情况的任意一种时,OUT1 和 OUT2 端子就会自动接通外置保护继电器的电源,并通过保护继电器同时接通外置电故障指示灯、报警讯响器和保护断路装置,使电故障指示灯点亮,报警讯响器鸣响,输出电路断路器分断,机组不再输出电源,从而实现声光报警和保护断路。

三、内燃机电站电气系统分析方法

与机械装置不同,电气系统用导线连接各个电器和元件、用电路图描述各器件相互关系。内燃机电站电气系统的设计、调试、故障分析和维护一般从电路图分析入手。

(一)电路图

电路图是将图形符号并按其工作顺序排列,详细表示电路、设备或成套装置全部基本组成和连接关系,而不考虑其实际位置的一种简图,供详细了解作用原理、分析和计算电路特性之用。

内燃机电站电气系统用电路图描述,电路图就是过去所称的电原理图。

对内燃机电站进行电气装配时使用的实际接线图,是由原理电路图派生的工艺用图。它是根据控制箱结构、系统各器件轮廓、安装孔位和实际端子位置确定线路走向和分布,按其安装顺序排列,详细表示电路、电器和端子的全部基本组成、实际位置和连接关系的一种简图,供电装生产时详细了解安装位置、接线方法之用。实际接线图与电路图(原理电路图)的电路结构和原理完全相同。

1. 内燃机电站电路图的特点

内燃机电站电路图是对其电气系统全面详细的描述,它具有以下特点:

(1)电路图中各元器件连接关系及次序与实际电路完全相符,各导线线号与实际接线完全一致。这一特点表明,可以根据电路图中各元器件连接关系和导线线号,在电站实物上查找元器件、分析和排除电气故障。

(2)电路图不考虑元器件实际位置,有时可能将同一器件的各部分散布在多处表示,如组合开关、继电器触头和接线端子板等。这一特点使电路图更为简明,更便于对电路原理或电路故障进行分析。由于散布多处的同一器件均有字符明确的标注,所以并不影响查线准确性。

如代号为 KA2 的继电器，共有三组触头同步动作，三组触头在图中分散绘出，代号分别为 KA2－1、KA2－2、KA2－3，分别表示继电器 KA2 的第一组触头、第二组触头和第三组触头。

(3)电路图包含了电气系统的全部结构关系和特征。如电站的工作方式、发电机的建压方式、励磁调压方式、各种保护方式、开关机时各开关的操作顺序等。通过对电路图的详细分析，可以得出正确的操作步骤。

2. 内燃机电站电路图的组成

由于内燃机电站的电路图全面详细地描述了电气系统，所以内燃机电站电路图的组成即是其电气系统的组成。通常它包括以下几个部分:

(1)发电机。发电机是电路图的核心，系统中全部电路都是围绕其展开的。在电路图中，通常明确标出发电机各绕组及其相互连接关系。

(2)输出电路。输出电路是从发电机输出端起，到电站输出插座或端子止的一段电路，是电气系统的一次回路。

(3)市电输入电路。市电输入电路是具有市电输出或变频发电功能的电站引入市电的电路，是从市电输入端子(插座)经断路器到工作状态(能源)转换装置的一段电路。

对于在市电输出方式下工作的电站，市电输入电路用于将市电并入输出电路；对于在变频发电方式下工作的电站，市电输入电路用于将市电引入变频电机。

(4)指示电路。指示电路由仪表和指示灯电路组成，用于指示电站的各种运行参数。

指示电路主要为电压表、频率表、电流表、发电指示灯、输出指示灯和绝缘监视灯等支路；随着电子技术的发展，许多新型组合监控器件用于内燃机电站，以实现内燃机工况和参数的综合监控、电机运行参数和保护的综合监控，成为指示电路的一种重要模式。

(5)励磁电路。励磁电路是连接励磁电源和励磁绕组的电路，用于向发电机励磁绕组供给励磁电源。通常包括励磁主回路(交流侧、直流侧)、续流电路和起励电路。

(6)调压电路。调压电路由串联或并联在励磁电路中的执行元件(功率晶体管或可变电抗)及其控制电路(AVR)组成，AVR 用于根据发电机端电压的变化控制执行元件，调节励磁电流，以使发电机端电压恒定。调压电路和励磁电路通常合称为励磁调压系统。

(7)保护装置。保护装置用于对机组、发电机、负载和电气系统中的重要元器件实施保护，以保证电站和负载安全运行。保护装置包括各种保护电路和保护器件，其保护手段包括限制、断路、灭磁和停机。

(8)直流电系统。直流电系统以内燃机直流电系统为主体，包括机组照明电路、讯号电路和某些直流供电电路的直流系统，主要用于完成电站启动、充电、电子调速、内燃机电器控制和向直流电器供电。

由于各种内燃机电站的功率大小不一，所配装的内燃机和发电机结构类型也不尽相同，其电气系统繁简程度也有很大差别，所以并不是所有内燃机电站都具备上述各组成部分。另一方面，由于设计师的个人风格不同，相同功率且采用相同型号内燃机和发电机的电站，其电气系统也会有一定的差别。

3. 电路图常用符号

电路图是用行业内通用的工程语言表达设计信息的技术文件，为便于技术交流，让使用各种语言的工程技术人员不加翻译地看懂电路图,电路图就必须使用统一的符号。本着工程语言国际化的原则,我国对以前的电路图标准进行了修订。修订后的电路图标准(GB 4728.1—85)所规定的电路图符号采用了国际电工委员会(IEC)标准的符号,具有很好的通用性、实用性、科学性和先进性,更便于计算机绘图和技术交流。

电路图常用电器符号包括图符和字符两个部分,图符以抽象的图形表示器件和连线,字符以字母和数字组合表示并区分器件。如以×HL 表示指示灯,以×EL 表示照明灯等。

电路图常用电器符号如表 2-3 所示。

表 2-3　电路图常用电器符号

图形符号	文字符号	器件名称	图形符号	文字符号	器件名称	图形符号	文字符号	器件名称
	R	电阻	G	G	发电机		Q	电力开关（常开）
	RP	电位器	M	M	电动机		S	控制开关（常闭）
	FU	熔断器	PA	PA	电流表		QF	断路器
	W	绕组	PHz	PHz	频率表		S	可弹性返回触头
	TA	自耦变压器	PV	PV	电压表		SB	按压操作开关
	TC	控制变压器	PP	PP	压力表		SA	旋转操作开关
	TA	电流互感器	PT	PT	温度表	KA	KA	继电器
	C	电容	PS	PS	计时器	KM	KM	接触器
	V	二极管		EL HL	照明灯 指示灯	KT	KT	时间继电器
	V	发光二极管		HA	讯响器	YA	YA	电磁铁
	V	稳压管		SL	液位传感器	YV	YV	电磁阀
	SCR	可控硅		SP	压力传感器		X	可拆卸端子

表 2-3(续)

图形符号	文字符号	器件名称	图形符号	文字符号	器件名称	图形符号	文字符号	器件名称
	V	三极管		SR	转速传感器		XT	端子板
	V	单结晶体管		ST	温度传感器		XB	短路片
	U	整流器		FR	热效应元件		XS	插座
	RS	分流器		EH	加热元件		XP	插头
A	A	电压调节器		GB	蓄电池		E	接壳、搭铁

(二)内燃机电站电气系统基本分析方法

电气系统基本分析方法包括系统分解、单元分析、器件分析、特征点参数分析和系统综合分析。系统分析时可首先将系统分解成单元电路,再对各单元电路逐个分析,同时结合器件和特征点参数的分析,最后达到掌握电路结构和原理的目的。

1. 系统分解

将电气系统(电路图)分解为发电机、输出电路、指示电路、励磁电路、调压电路、保护装置和直流电系统等单元电路,逐个进行分析。许多简单的电气系统,在完成系统分解后,整个电气系统的结构和原理便已一目了然。

2. 单元分析

对分解出的各单元电路的形式、工作原理进行分析。为简化分析过程,对电路中的器件和模块电路可只了解功能,而暂不做详细研究。

3. 器件分析

当器件发生故障时,需对其进行详细分析,以决定修复方法。主要分析内容包括器件功能、结构或等效电路、原理、正常状态下性能参数范围、各引出端电参数等。进行器件分析时通常需辅以仪器仪表测量、查阅相关的技术资料(使用说明书、手册)等手段。有时需确定器件在控制箱中的实际位置,可根据使用维护说明书中给出的控制箱展开图、元器件位置图等技术资料确定。仅有电路图时,可根据元器件技术特征、在图中位置和线号等信息确定其实际位置。

4. 特征点参数分析

当排除具体故障时,需对涉及故障的电路和器件的特征点参数进行详细测量,以判定故障准确部位。主要测量内容包括器件阻值范围、加电后端电压等参数。进行特征点参数分析时,通常需查阅相关的技术资料(使用说明书、手册)、测量正常电路或器件特征点参数进行比较。

5. 系统综合分析

在完成各单元电路分析后，对各单元电路之间的联系进行综合分析，明确信号传递、电器联动等关系，最终掌握整个电气系统的结构和原理。

四、电气系统基本单元电路

电气系统基本单元电路包括输出电路、指示电路、励磁电路、调压电路、保护装置和直流电系统等。将这些电路简化后即可得到如图 2－82 所示的基本电路模型，它反映了内燃机电站电气系统的基本组成和各电路的相互关系。

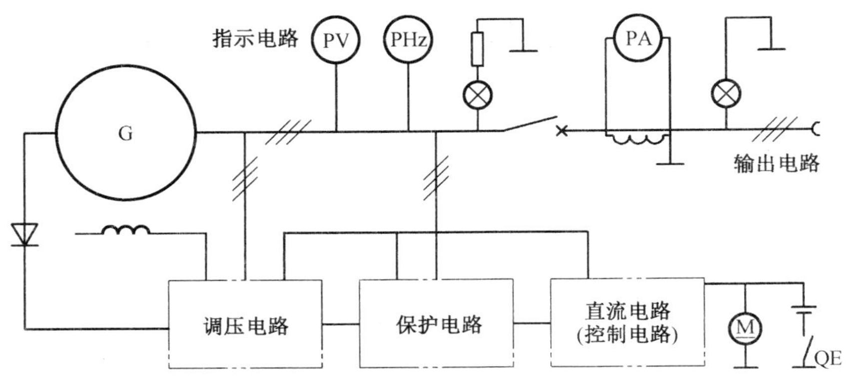

图 2－82　电气系统基本电路模型

(一)输出电路

输出电路是从发电机输出端起，到电站输出插座或端子止的一段电路，是电气系统的一次回路。输出电路均布置有断路器和保护断路装置，有些输出电路还根据电站的使用特点选装滤波装置、防雷击保护装置、工作方式转换装置和输出方式转换装置。

1. 断路器和保护断路装置

输出电路中间串联断路器，控制电源输出；输出电路中间串联保护断路装置，在短路、过载或其他故障发生时断开输出电路，实现保护。多数输出电路采用具有保护断路功能的自动空气断路器作为断路器，集输出控制和保护断路功能于一体，如图 2－83(a)所示；少数电路采用具有继电控制功能的交流接触器作为断路器，如图 2－83(b)所示，由通、断按钮 SB1 和 SB2 控制电源输出，在短路、过载或其他故障发生时由保护电路通过继电器 KA 控制交流接触器，断开输出电路，实现保护；少数小型机组以多层并联的组合开关作为断路器，电路末端串联熔断器作为保护断路装置，以实现短路和过载时的保护断路，如图 2－83(c)所示。

输出电路的通、断控制操作主要在电站的控制箱面板上完成，采用电动空气断路器或交流接触器作断路器时，还可以实现远端(如负载端)或多端(如电站端和负载端同时控制)的输出控制，以使供电操作更加方便。

2. 滤波装置和防雷击保护装置

有些发电机输出电压波形较差，如采用串联可控硅整流调压的单枢有刷发电机、采用谐波自励的单枢有刷发电机。为滤除谐波分量，改善输出电压波形，这些电站的输出电路通常在其首端或末端并联电容器或串联穿芯电容，如图 2－83(a)(c)所示。有些输出电路还并联有压敏电阻，以在雷击发生时实现分流保护。

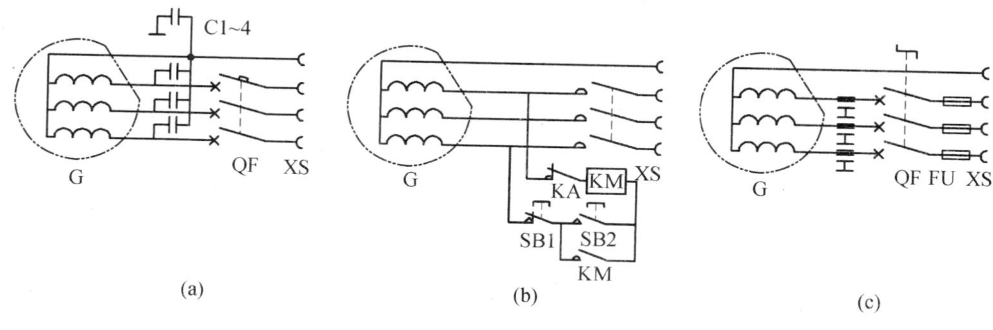

图 2－83　输出电路

3. 工作方式转换装置和输出方式转换装置

对于具有两种以上工作方式(本机发电、市电输出或变频发电)的电站，在发电机输出端和断路器之间加装组合转换开关或转换端子板作为工作方式转换装置，其主要功能是实现输出端在发电机和市电端子之间的转换，如图 2－84(a)(b)所示。工作方式转换装置采用组合转换开关时，应注意防止操作手误操作；采用转换端子板时则应注意防止错接、防止螺栓或短路片松动。

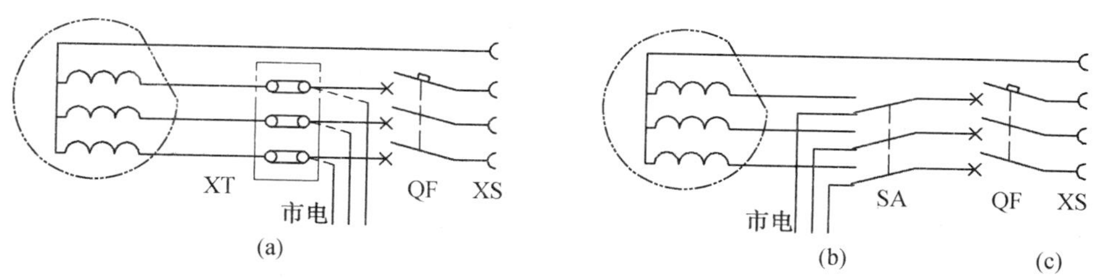

图 2－84　工作方式的转换

有的电站在输出电路末端并联自耦变压器，用于向受电装备同时提供两种电压的电源，如图 2－85(a)所示。自耦变压器通过接线端子板与输出电路并联，通过改变端子板的接线方式，可以将自耦变压器接入或切除，如图 2－85(b)(c)所示。

(二)市电输入电路

具有市电输出或变频发电功能的电站引入市电的电路称为市电输入电路。市电输入电路从市电输入端子起，到工作方式转换装置止，中间串联断路器。断路器多采用交流接触器或自动空气断路器。

对于在变频发电方式下工作的电站，市电输入电路用于将市电引入变频电机；对于在市电输出方式下工作的电站，市电输入电路用于将市电并入输出电路。

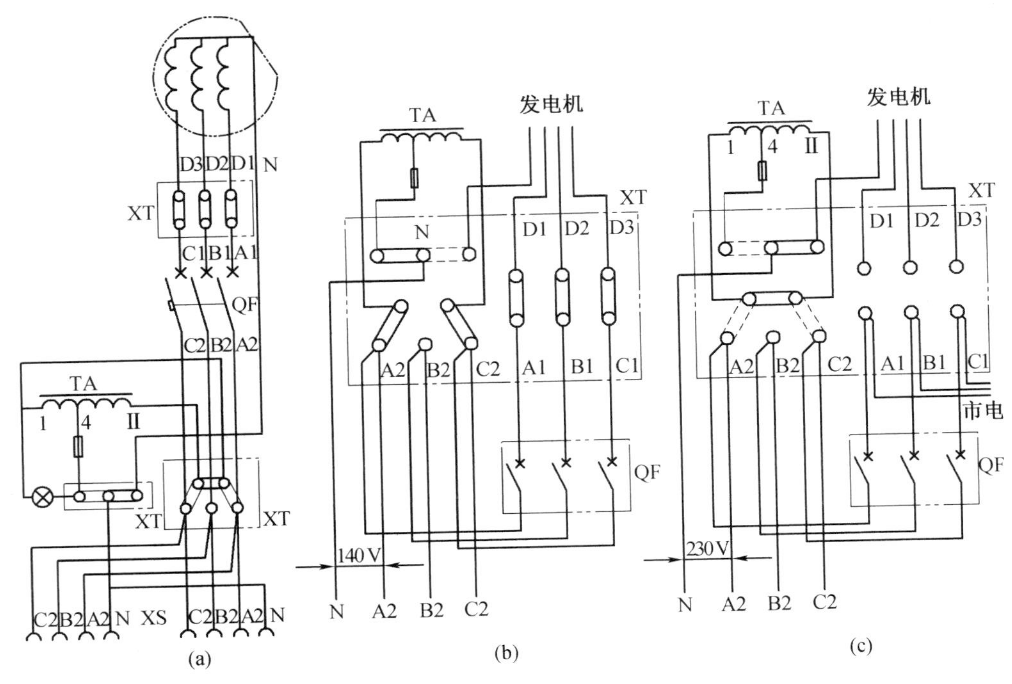

图 2-85　自耦变压器的接入与切除

(三)指示与报警电路

为随时了解机组运行状态,内燃机电站均设置指示电路,利用仪表和指示灯指示电站运行参数和状态。配置较高的电站还设有报警电路,利用指示灯和讯响器,对内燃机电站运行中所发生的异常情况进行声光报警,提示故障种类和部位,以方便操作人员及时处置。

1. 指示电路

指示电路由仪表和指示灯电路组成,用于指示电站的各种运行参数和状态。指示电路主要为电压表、频率表、电流表、发电指示灯、输出指示灯和绝缘监视灯等支路。

电压表并联在输出电路的断路器之前。三相电站的电压表通常经组合开关并联在输出电路,利用组合开关的转换实现各线电压和相电压的测量;单相电站和直流电站的电压表直接并联在输出电路。

频率表直接并联在输出电路的断路器之前。对于双电源电站,由于产生两种电源的电机同轴同步运行,所以通常只配置一块频率表。

电流表通常串联在输出电路的断路器之后。小功率电站电流表直接串联在输出电路;大功率电站电流表通过互感器连接在输出电路。有些电站还在励磁电路中直接或通过分流器串联励磁电流表。

发电指示灯和绝缘监视灯均并联在输出电路的断路器之前。由于绝缘监视灯已具有发电指示功能,所以配置绝缘监视灯后即不再配置发电指示灯;输出指示灯并联在输出电路的断路器之后,安装在控制箱面板上。采用多路输出的电站还在输出插座旁安装输出指示灯,以便于电缆连接时的安全操作。大型内燃机电站在机组顶部安装输出指示灯,可在负载端了解机组的输出状态。发电指示灯和输出指示灯均为白炽灯,绝缘监视灯则采用氖灯。指示灯多与电阻串联使用。

指示内燃机运行参数和状态的仪表(水温表、油压表、油温表、缸温表、充电电流表和油量表)也都安装在控制箱上,但只有与直流电系统有联系的电磁式、热电式和电热式仪表才绘入电路图。

随着电子技术的发展,内燃机运行参数监控组合仪表、电力参数监控组合仪表已应用于内燃机电站,其品种繁多、性能各异,成为指示电路的一种重要模式。如内燃机参数监控组合仪表(T-P表)可用于完成内燃机油压、油温、水温、油量、充电电流和转速等参数的指示与报警,通过预设定可实现内燃机工作状态(预热、起动、怠速、额定转速和停机)的自动转换,可实现内燃机故障报警与停机保护;电力参数组合仪表(E-C表)用于完成电气系统的电压、频率、电流、功率等参数的指示,通过预设定可实现电气系统工作状态(起励、发电和灭磁)的自动转换,以及电气系统故障报警与灭磁保护、电站工作时间计时。而小巧简洁、集T-P表和E-C表实用功能于一体的机组控制器则更有发展前景。

2. 报警

自动化程度较高的内燃机电站多配置报警电路,通过传感器、继电器和声光器件,对转速过高、油压过低、油温过高、过电压、欠电压、过载、短路、过频和欠频等异常状态进行声光报警。当上述异常状态发生时,相应的指示灯(发光二极管)点亮,讯响器鸣响,以提示故障的发生和部位。对于危及机组安全的故障,还配置相应的停机保护装置。

(四)励磁调压系统

励磁调压系统包括励磁、续流、起励和调压四个单元电路,用于向发电机供给励磁电源,并根据发电机端电压的变化自动调节励磁电流,以使发电机端电压恒定。

励磁电路是连接励磁电源和励磁绕组的电路,用于向发电机励磁绕组供给励磁电源。将功率二极管与发电机励磁绕组反向并联即构成续流电路。发电机励磁绕组与电机以外的直流电源或剩磁电动势通过按钮并联即构成起励电路。调压电路由串联或并联在励磁电路中的控流元件(功率晶体管)及其控制电路(励磁调节器AVR)组成,用于根据发电机端电压的变化控制控流元件,通过对励磁电流的调节,使发电机端电压恒定;为提高调压电路工作可靠性,有些电站配置双套调压电路,两套调压电路结构和工作原理完全相同,通过转换开关实现切换。

除永磁发电机外,所有电站都具备励磁和调压电路,仅仅是结构类型不同;而续流和起励电路则是根据励磁的需要进行配置的。

(五)保护

保护是在内燃机电站发生危险情况时利用各种装置自动实现接地、限制、断路、灭磁或停机,以隔离故障,防止事故发生或蔓延的一种措施。实现这一措施的装置即为保护装置。为保护机组、重要元件和用电设备的安全,不同的内燃机电站设有不同的保护装置,应根据不同的情况采取相应的保护措施。内燃机电站的保护措施可分为接地保护、限制保护、断路保护、灭磁保护和停机保护。这些保护措施所针对的故障现象包括漏电、断相、雷击、过载、短路、过电压、欠电压、欠频、油压过低、水温过高、缸温过高和超速(过频)。

1. 接地保护

为保证人身安全,防止触电事故发生,将电气设备金属外壳与接地装置连接,称为保护接地;将电气设备金属外壳与零线连接,称为保护接零。内燃机电站的发电机中性点与机壳绝缘,各分机(内燃机、发电机和控制箱)和各主要电器的外壳均以导线与机架相连。开机时将机架经接地线与接地棒连接即构成保护接地,即接地保护,如图 2-86 所示。采用接地保护后,若某相绝缘损坏而碰壳,当人体触及带电外壳时,因人体电阻远大于接地极电阻,几乎没有电流通过人体,从而保证了人身安全。内燃机电站接地保护的另一个作用是防止燃油箱的静电危害,配置避雷装置还可构成旁路雷电的回路。

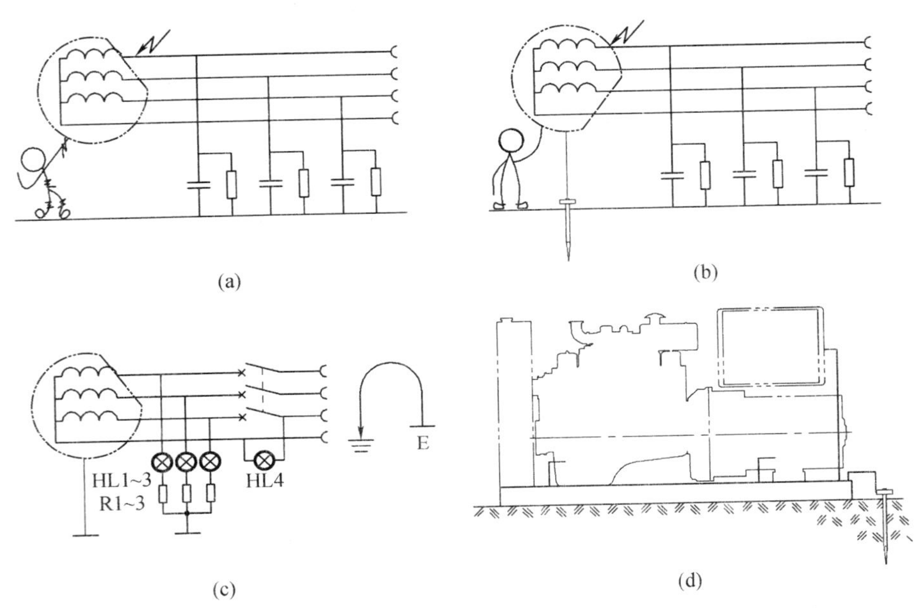

图 2-86　接地保护

有些内燃机电站在输出电路并联有压敏电阻,俗称避雷器,以在雷击发生时实现分流接地保护,如图 2-87 所示。压敏电阻又称为氧化锌阀片,是在氧化锌材料内添加少量氧化钴或氧化锰后高温烧结而成。压敏电阻在系统运行电压下呈高阻状态,流过的电流仅为 1 mA左右;在雷电高电压下呈低阻状态,可以通过大电流,残压也很低,且放电后能恢复如初。当雷电高电压作用到输出电路时,压敏电阻低阻导通,将雷电高电压经机架和接地棒引入大地,从而起到电气系统雷电过电压的接地保护。

2. 限制保护

限制保护主要用于过电压状态的保护。当过电压发生时,限压保护电路动作,将电压限制在一定的数值内,以防止高电压危及负载和机组自身。图 2-88 所示为一串联可控硅(半控桥)整流调压电路,限压保护电路由电位器 RP1、整流桥 V1 ~ V4、电容器 C1、电阻 R1 ~ R3、稳压管 V21 和三极管 V31 组成。当发电机端电压升至额定电压的 120% 时,三极管 V31 导通,通过电阻 R3 将可控硅触发单元的稳压管 V25 旁路,从而限制发电机端电压使其不再继续升高。

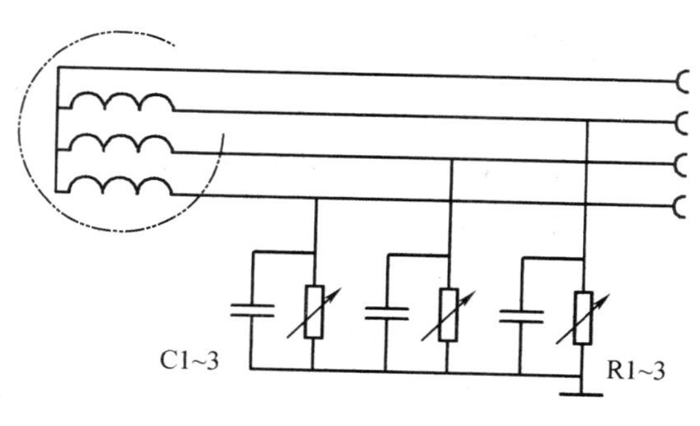

图 2-87　雷击保护

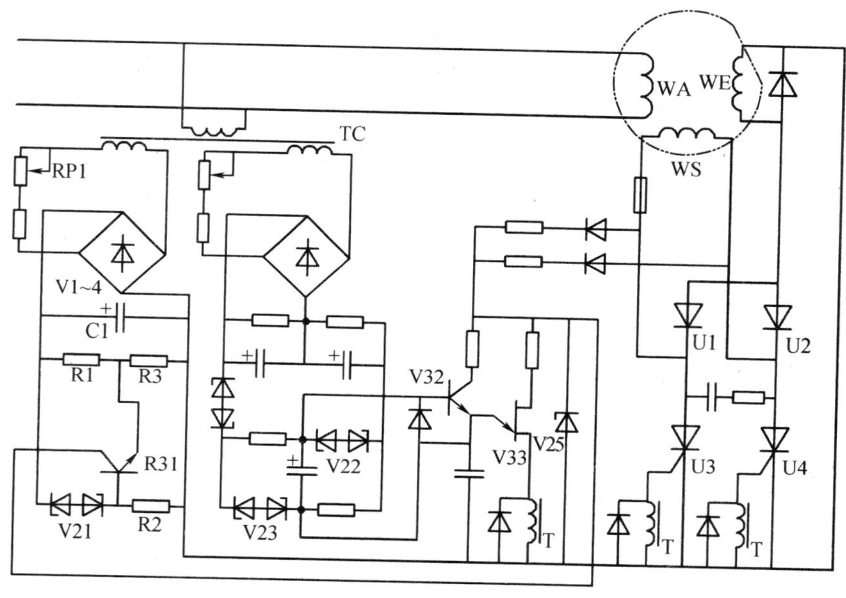

图 2-88　限压保护电路

3. 断路保护

断路保护主要用于过载和短路的保护。电站输出电流大于1.25倍额定电流即为过载；电站输出电流大于3倍额定电流即为短路。由于过载和短路的发生主要是由负载端故障引起的，所以在过载和短路发生后，切断输出电路即可切除故障，从而实现保护。过载和短路对电站和受电装备均十分有害，严重时甚至可能损坏电站整机。所以所有内燃机电站都配置过载保护和短路保护装置，在过载和短路发生时，保护装置自动断开输出电路。

从过载和短路发生时起，到保护装置自动断开输出电路止，通常需要一定的动作反应时间，称为延时。电站发生短暂过载（如启动电动机）时，过载保护应不动作。所以过载后的断路动作应有较长的延时（长延时），长延时时间一般为15~20 s，且延时时间应随电流的增大而减小；短路发生时，保护装置应立即动作（短延时），以迅速切断输出电路，短延时时间一般为0.2~0.4 s。

实现过载保护和短路保护的装置主要有串联在输出电路的熔断器、自动空气断路器、短路断相继电器和热继电器等。

4. 灭磁保护

灭磁保护主要用于过电压、欠电压、过频、欠频和低速强励的保护。发电机端电压高于或低于额定电压的10%即为过电压或欠电压,发电机输出电源频率高于或低于额定频率的10%即为过频或欠频。电机在低于额定转速下发电运行时,调压电路为维持发电机端电压将自动增大励磁电流,即低速强励。对于励磁电路串接可控硅的电站,此时可控硅容易因电流过大而损坏。当这些异常情况发生时,相应的保护电路驱动串联继电器或开关三极管切断励磁电路或切断调压器电源,从而实现灭磁,使发电机停止发电,实现保护。通常灭磁与断路保护同时动作,有些电站则只切断励磁电路。

5. 停机保护

停机保护用于内燃机机油压力过低(低油压)和转速过高(超速,或称飞车)等情况。当内燃机的机油压力低于40 kPa或转速超过额定转速的15%时,保护装置动作,同时完成断路、灭磁和停机,实现停机保护。

停机保护实现的途径分为电磁阀断油停机和停机电磁铁拉停机手柄停机。电磁阀断油停机适用于机械调速器和电子调速器,对因调速器卡滞导致的超速也能可靠完成保护停机。停机电磁铁拉停机手柄停机仅适用于机械调速器,对于调速器卡滞导致的超速能否可靠动作、完成保护停机还值得商榷和试验。

所有内燃机电站都配置接地线与接地棒,开机前都必须人为操作完成保护接地;断路保护普遍用于各种内燃机电站,而限制保护、灭磁保护和停机保护并不是所有内燃机电站都配置的。

(六)直流电系统

内燃机电站的直流电系统是以内燃机直流电系统为核心、扩展了控制电器供电电路、机组照明电路和讯号电路而组成的系统电路,主要用于完成蓄电池的充电、内燃机电器的供电、机组直流电器的供电等。

习题与思考题

1. 简述内燃机的工作原理和总体构造。
2. 简述曲柄连杆机构的组成与功用。
3. 简述气门组件的功用与组成。
4. 简述柴油机燃油系统的功用与组成。
5. 简述柴油机与汽油机工作时燃料燃烧的区别。
6. 内燃机燃料和机油选择有哪些注意事项?
7. 内燃机水冷式和风冷式冷却系统各有什么优缺点?
8. 简述同步发电机的基本结构和工作原理。
9. 简述内燃机电站电气系统的基本分析方法。

第三章　电能变换设备

在武器装备电力系统中，存在着许多用电设备，这些用电设备所需的频率电压制式、电压等级等不尽相同，而发电系统发出电能的种类和数量却是相对固定的，因此，需要电能变换设备将发电系统产生的电能转换为用电设备所需的电能，以满足其正常工作需要。

本章主要介绍电能变换设备的种类和几种电能变换设备。

第一节　电能变换设备的作用及种类

一、电能变换设备的作用

电能变换设备的作用是：根据装备电力系统中用电设备需要，将发电系统供给的电能变换成各种交、直流电压分配给各用电设备。

二、电能变换设备的种类

在装备电力系统中，根据用电设备所需电能的情况，可将电能变换设备分为以下四类。

（一）直流线性稳压电源

直流线性稳压电源具有线路结构简单、工作可靠性高、成本较低的特点，因此在装备电力系统中得到了广泛应用。目前装备电力系统中应用的直流线性稳压电源的结构主要有以下几种形式。

第一种：交流输入电压经变压、整流、滤波后输出直流电压，如图 3－1(a)所示。

按照变压器变压后交流输出与交流输入的关系分为变压器升压和变压器降压两种方式；按照整流电路交流输入的相数分为单相整流电路和三相整流电路；按照整流电路采用器件的类型分为可控整流电路和不可控整流电路；按照整流电路的结构形式分为半波整流电路、全波整流电路、桥式整流电路和倍压整流电路；按照滤波电路的滤波方式分为电容滤波、电感滤波和电感电容滤波。

第二种：交流输入电压经变压、整流、滤波、稳压后输出直流电压，如图 3－1(b)所示。

按照稳压电路的稳压方式分为稳压管稳压电路、串联型线性稳压电路、磁饱和扼流圈稳压电路。其中，串联型线性稳压电路又可分为三端固定式集成稳压器电路、三端可调式集成稳压器电路和采用运算放大器作为比较放大器的线性稳压电路。

第三种：劳耶尔振荡器产生振荡输出方波脉冲，经变压、整流、滤波、稳压后输出直流电压，如图 3－1(c)所示。

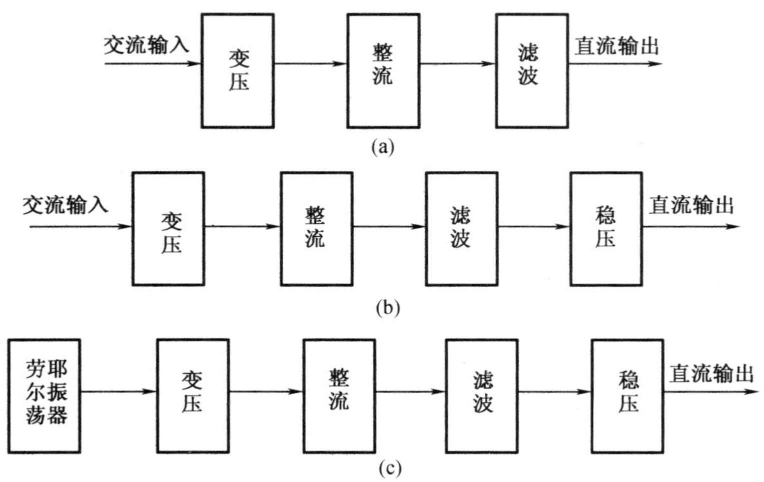

图 3-1　直流线性稳压电源结构

(二)直流开关稳压电源

直流开关稳压电源具有稳压范围宽、线性调整率高、功率损耗小、转换效率高、体积小、质量小、电路形式灵活多样等优点。装备电力系统中应用的直流开关稳压电源主要有以下两种形式。

第一种:交流输入电源经过变压、整流、滤波得到直流电压,脉宽调制式开关控制电路检测直流输出反馈信号控制斩波电路的功率开关管,对直流电压进行斩波,斩波后的电压经滤波后得到稳定的直流输出,如图 3-2(a)所示。

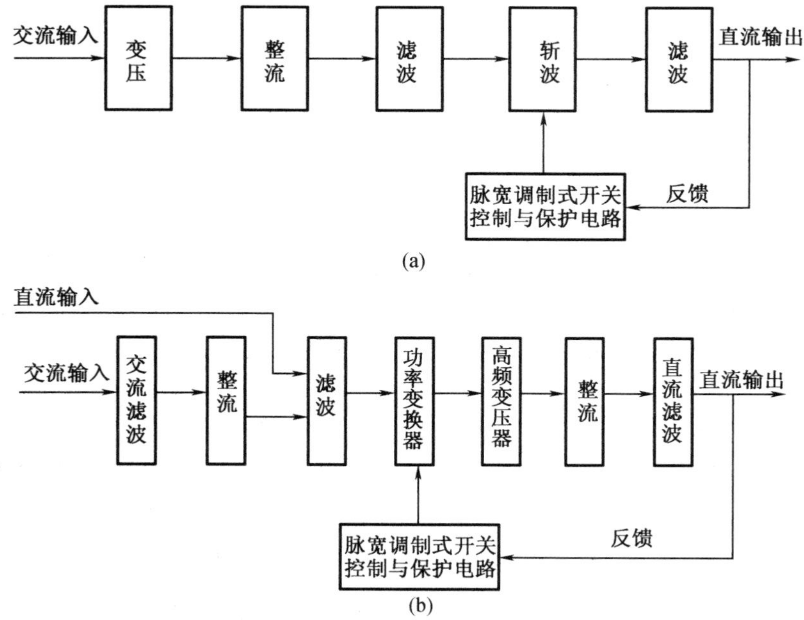

图 3-2　直流开关稳压电源结构

第二种：交流输入电源经过变压、整流、滤波得到直流电压（若为直流输入，则经过滤波后得到直流电压），脉宽调制式开关控制电路检测直流输出反馈信号控制功率变换器中的功率开关管，将直流电压变化成高频交流电压，再经高频变压器变压、整流、直流滤波后得到稳定的直流输出，如图 3－2(b)所示。

按照激励方式分为他激式和自激式两种方式；按照功率开关管的连接方式分为单端正激式、单端反激式、推挽式、半桥式、全桥式等形式。

（三）交流稳压电源

在装备电力系统中采用的交流稳压电源为精密净化交流稳压电源，它采用国际上先进的正弦能量分配器技术综合设计而成，集稳压与抗干扰功能于一体，稳压范围宽，精度高，能长期连续工作，适应各种性质的负载（阻性，感性，容性），并能有效地抑制电网各种噪声和尖峰电压，具有体积小、质量小、噪声小、效率高、可靠性高等优点。

精密净化交流稳压电源由调整电路、零脉冲产生电路、同步锯齿波发生电路、脉宽调制驱动放大电路、误差取样放大电路、直流稳压电源、过压保护电路等部分组成，如图 3－3 所示。零脉冲电路将输入的交流信号转换为脉冲信号，经同步锯齿波发生器变换后得到与交流信号相位相同的锯齿波；交流输出经误差取样放大后得到与交流输出成比例的直流信号；该直流信号与锯齿波信号经脉宽调制电路调制后，再经驱动放大控制调整电路中的双向可控硅，确保输出电压高精度稳定。过压保护电路实现交流输出过压保护。直流稳压电源为整个控制电路提供所需的直流电源。

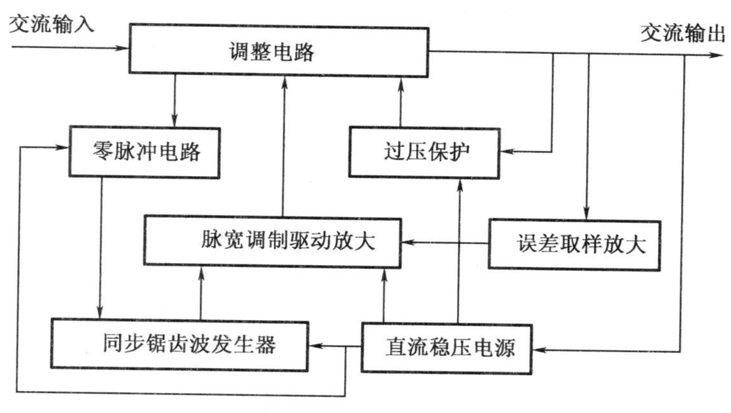

图 3－3　交流稳压电源结构

（四）交流静变电源

在装备电力系统中采用的交流静变电源，具有稳压性能好、输出电压波形质量高、负载适应性强、动态特性好、保护功能完善等方面的优点，被广泛用于火炮、雷达、无人机、导弹等装备。装备电力系统中应用的交流静变电源的结构主要有以下三种形式。

第一种：振荡电路由晶体振荡器及附属元件组成，产生 9.830 4 MHz 高频振荡脉冲信号，经二进制串行计数器组成的数字分频器分频后，产生 1.2 kHz 方波信号，分相电路由环形脉冲分配器组成，将 1.2 kHz 方波信号依次分配给 A、B、C 三相，产生三相对称 400 Hz 方波，然后经数字驱动器驱动、电平转换形成三相对称的方波，最后经功率放大和滤波输出三相 400 Hz 的正弦交流电压，如图 3－4(a)所示。

第二种：文氏电桥振荡电路输出 400 Hz 信号，经驱动放大后变成双端推挽信号，经功率放大后加到末级共射极推挽电路，射极负载为变压器的初级绕组，次级绕组输出所需的 400 Hz电压，如图 3－4(b)所示。

第三种：直流电压输入经直流滤波后，送入直交变换电路中将直流转换为交流，并经变压器升压后输出交流信号；交流信号再经整流、滤波得到直流电压，开关控制电路检测交流输出反馈信号控制功率变换器中的功率开关管，将直流电压变化成高频交流电压，再经交流滤波后得到稳定的交流输出，如图 3－4(c)所示。

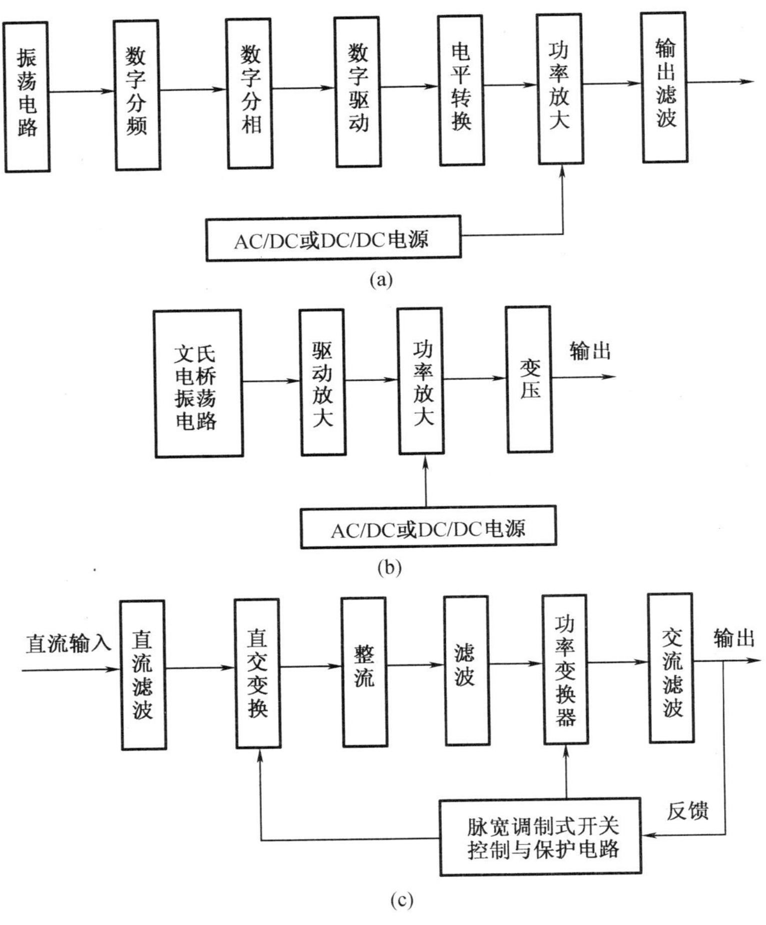

图 3－4　交流静变电源结构

第二节　27.5 VDC 电源变换器

一、27.5 VDC 电源变换器的结构及组成

27.5 VDC 电源变换器前面板上有把手、熔断器盒、输入组合和输出组合，内部结构如图 3－5 所示，主要包括功率主电路和控制电路两部分。功率主电路主要包括三相整流器 12VD1、电容滤波器 12C1 ～ 12C2、H 桥 12V1 ～ 12V4、主变压器 12T1、二次半波整流桥 12VD7 ～ 12V9、滤波器及电流传感器等。控制电路主要包括辅助电源组合、电源Ⅰ组合、电源Ⅱ组合、控制组合、驱动组合、显示组合、保护组合、故障诊断组合、故障显示组合等。

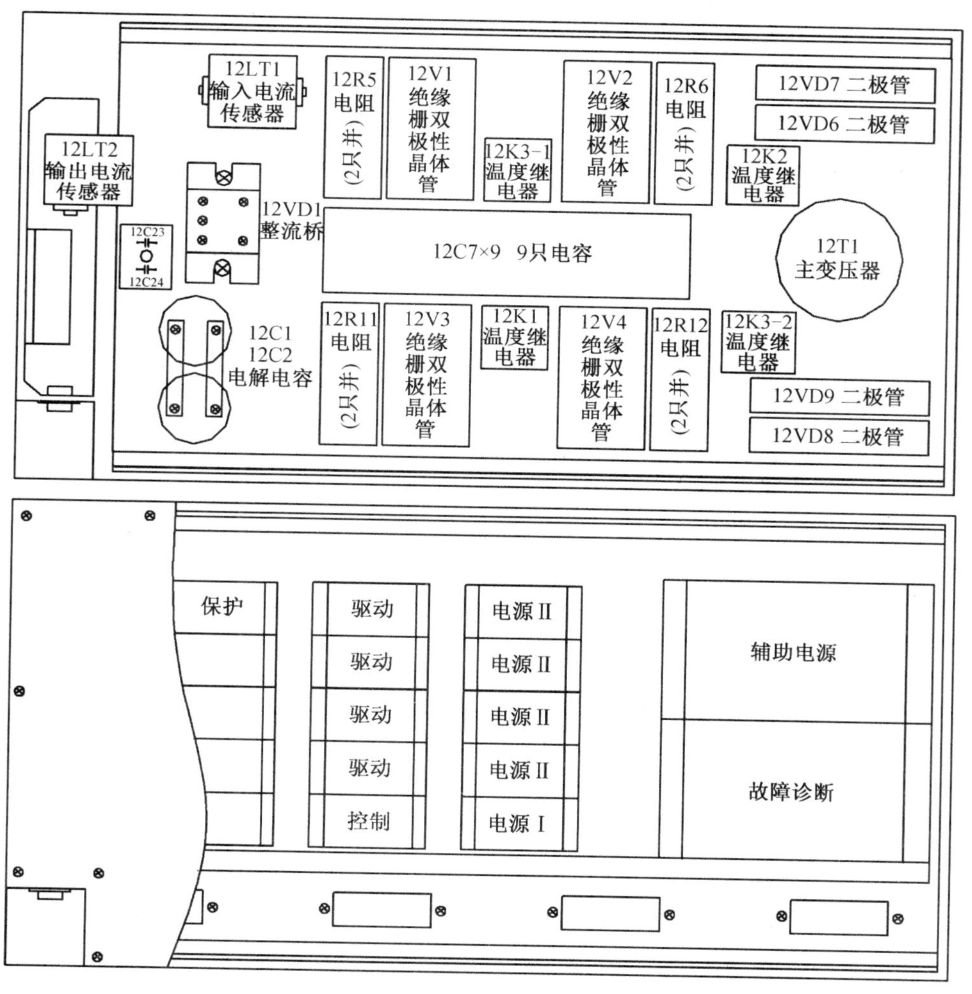

图 3－5　27.5 VDC 电源变换器组成

二、27.5 VDC 电源变换器工作原理

27.5VDC 电源变换器由功率主电路和控制电路组成。

(一)功率主电路工作原理

功率主电路主要完成交-直-交-直变换。

220 V/400 Hz 三相交流电经输入组合输入到电源变换器内部,经熔断器盒的 3 个刀式熔断器后进入三相整流桥 12VD1 中进行 AC/DC 变换,再经 12C1、12C2 两个并联电解电容滤波,得到直流电压,作为功率 H 桥的直流母线电压。H 桥由 12V1～12V4 绝缘栅双极性晶体管组成。12R5-12VD2-12C3、12R6-12VD3-12C4、12R11-12VD3-12C5、12R12-12VD5-12C6 分别组成 4 个 RCD 吸收电路,用于保护 4 个绝缘栅双极性晶体管。直流电压经 H 桥进行 DC/AC 变换,将直流电压变换为 PWM 双极性交流电压,经隔直电容 12C7 隔直后,送入主变压器 12T1 的初级绕组进行变压,在主变压器 12T1 的两个次级绕组上输出相同的交流电压,该交流电压经 12VD6、12VD7 和 12VD8、12VD9 组成的半波整流电路进行二次整流。整流后的直流电压经 12L1、12C12 和 12L2、12C13 滤波后并联。并联后的直流电压经 12C14～12C17 组成的电容滤波阵列、12L3 共轭电感、12C18 和 12C19 串联电路、12C20～12C22 滤波后,送到输出组合。

(二)控制电路工作原理

1. 辅助电源组合工作原理

辅助电源组合由输入检测电路和 DC/DC 变换电路组成,用于向电源变换器提供所需的直流电源。

(1)输入检测电路工作原理

输入检测电路用于检测 220 V/400 Hz 三相交流电输入是否正常,其电路如图 3-6 所示。

当 220 V/400 Hz 三相交流电输入正常时,由 XS22-9、XS22-11、XS22-13 输入的三相交流电经各自的单相半波整流、电容滤波后送入光电隔离器进行隔离,相应光电隔离器导通,使得 1V4、1V5 复合三极管导通,继电器 1KA1 线圈通电,其常开触头 1KA1-2 闭合,将蓄电池从 XS22-1 输入的 +27.5 V 电压由 XS22-2 输出,其另一个常开触头 1KA1-1 闭合,将 1VD7 短接。

当 220 V/400 Hz 三相交流电输入异常时,与上述情况相反,XS22-2 不能输出 +27.5 V电压。

(2)DC/DC 变换电路工作原理

DC/DC 变换电路用于将输入的直流电转换为电源变换器所需的直流电,其电路如图 3-7 所示。

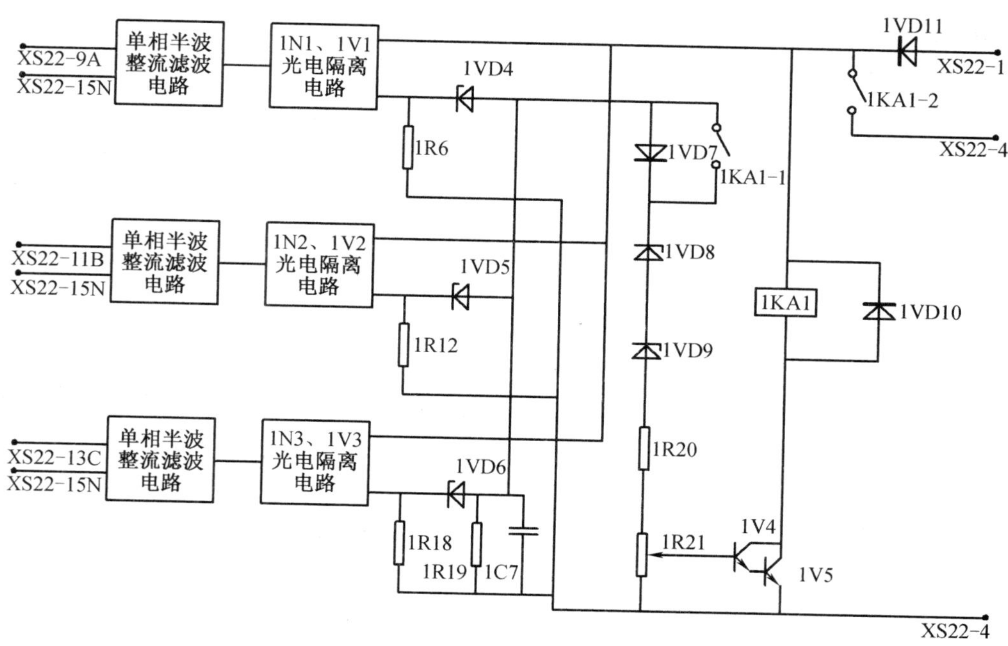

图 3-6　输入检测电路

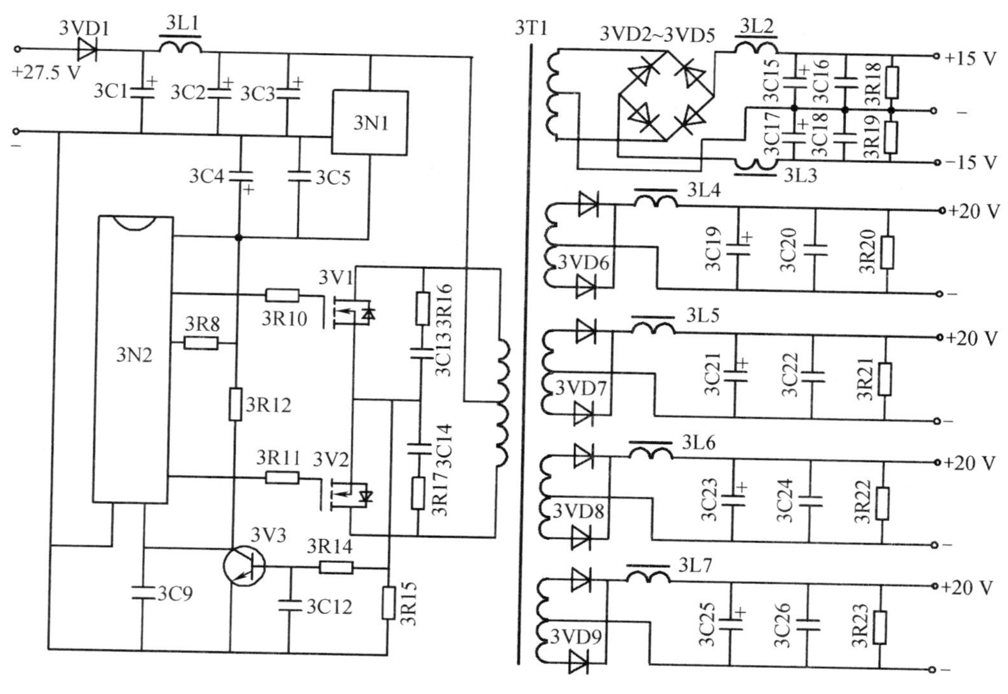

图 3-7　DC/DC 变换电路

由 XS22-2 输出的 +27.5 V 电压经 XS23-15 输入 DC/DC 变换电路，经电感 3L1 和电容 3C1 ~3C3 组成的 Π 型滤波器进行滤波后输出，一路作为推挽电路的电源，另一路经 3N1

(CW7815)稳压后为脉宽调制器 3N2(SAG1525)提供电源。脉宽调制器 3N2、场效应管 3V1、3V2 和变压器 3T1 初级绕组组成推挽电路,将输入的 +27.5 V 电压进行 DC/AC 变换,即将直流电压变换为 PWM 双极性交流电压,再经 3T1 变压后,在其次级绕组输出 5 路交流电压。第一路交流电压经 3VD2 - 3VD5 二极管组成的桥式整流器整流,电感 3L2 和 3L3、电容 3C15 ~3C18 滤波,再经 XS23 - 1、XS23 - 2、XS23 - 3 输出 +15V 和 -15V 电压;第二路交流电压经 3VD6 全波整流器整流,电感 3L4、电容 3C19 和 3C20 滤波,然后经 XS23 - 4、XS23 - 5输出 +20 V 电压;第三路交流电压经 3VD7 全波整流器整流,经电感 3L5、电容 3C21 和 3C22 滤波,然后经 XS23 - 7、XS23 - 8 输出 +20 V 电压;第四路交流电压经 3VD8 全波整流器整流,电感 3L6、电容 3C23 和 3C24 滤波,然后经 XS23 - 10、XS23 - 11 输出 +20 V 电压;第五路交流电压经 3VD9 全波整流器整流,电感 3L7、电容 3C25 和 3C26 滤波,然后经 XS23 - 13、XS23 - 14 输出 +20 V 电压。

2. 电源 I 组合工作原理

电源 I 组合用于对 DC/DC 变换电路输出的直流电进行稳压,其电路如图 3 - 8 所示。

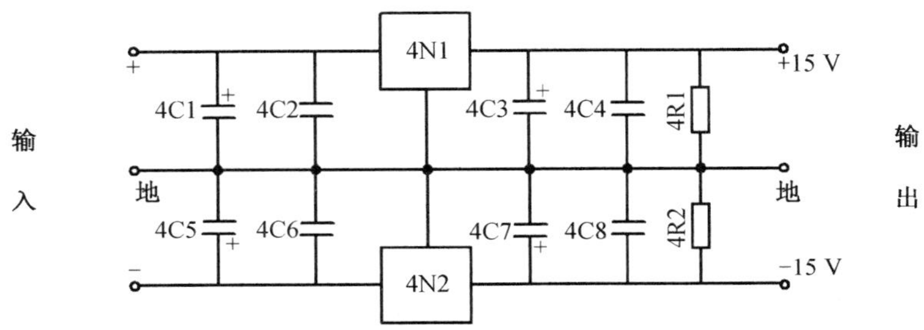

图 3 - 8　电源 I 组合电路

由辅助电源组合 XS23 - 1、XS23 - 2、XS23 - 3 输出的 +15 V 和 - 15 V 电压经 XS1 - 2、XS1 - 3、XS1 - 4 输入电源 I 组合,经各自三端稳压器 4N1(CW7815)、4N2(CW7915)稳压后,由 XS1 - 1、XS1 - 5、XS1 - 6 输出。

3. 电源 II 组合工作原理

电源 II 组合用于对 DC/DC 变换电路输出的直流电进行稳压,其电路如图 3 - 9 所示。

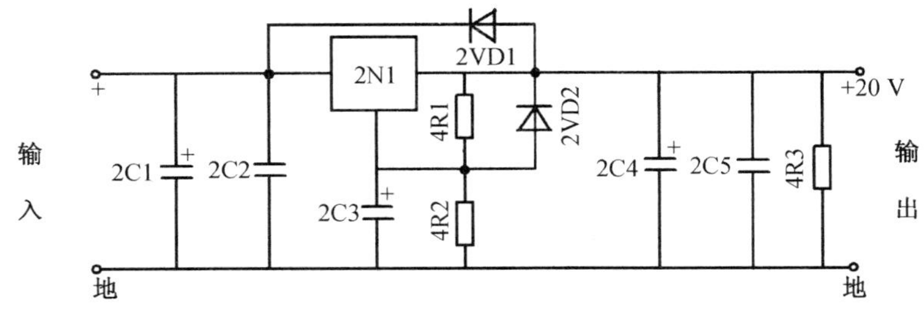

图 3 - 9　电源 II 组合电路

由辅助电源组合 XS23 - 4、XS23 - 5 输出的 +20 V 电压经 XS2 - 2、XS2 - 3 输入电源 II

组合，经可调集成稳压器 2N1（LM117）稳压后，由 XS2－1、XS2－5 输出。电源Ⅱ组合共有 4 个，其工作原理相同。

4. 控制组合工作原理

控制组合用于电源变换器的闭环控制，执行相应的控制率，输出 PWM 控制信号，并完成 IGBT 保护。控制组合电路如图 3－10 所示。

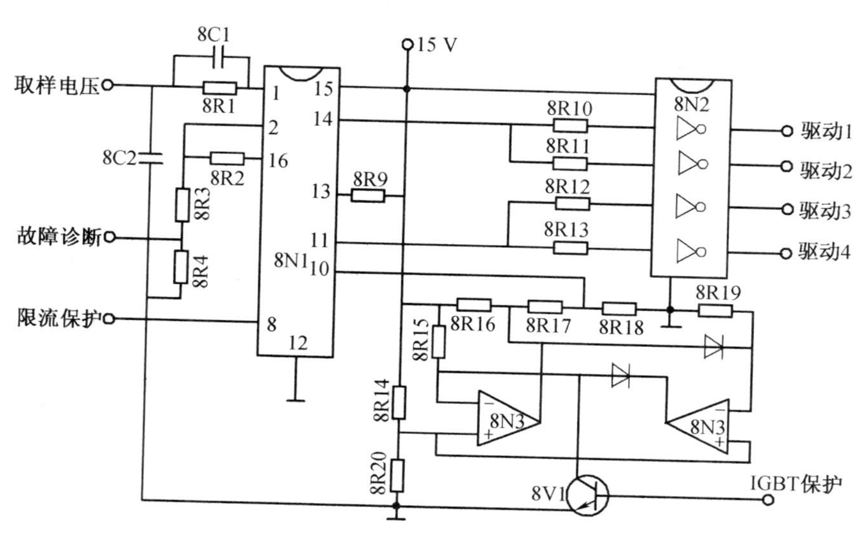

图 3－10　控制组合电路

从故障诊断组合输出的电压调节信号和输出电压取样信号经由 XS6－10 和 XS6－1 输入到控制组合中，通过 8N1（脉宽调制器 SG1525）进行 PI 调节后，由 8N1 输出两路互补的 PWM 控制信号，再经 8N2（六反相缓冲变换器 4049）分相、驱动后，输出 4 路 PWM 控制信号，由 XS6－2、XS6－3、XS6－4、XS6－5 端输出。由保护组合输入的 IGBT 保护信号经由 XS6－8 输入到控制组合，经由 8N3（比较器 LM193）与基准电压进行比较，若保护信号有效（低电平有效），则 8N3 比较器输出高电平，封锁 8N1 的 PWM 控制信号，电源变换器停止工作，起到保护作用。电压调节信号输入故障诊断组合，连接内设电位器，可设定输出电压。

5. 驱动组合工作原理

驱动组合用于对控制组合输出信号的驱动放大，检测绝缘栅双极性晶体管是否过流，并输出过流保护信号。驱动组合电路如图 3－11 所示。

从控制组合 XS6 输出的控制信号经由 XS7 输入到驱动组合中，经 5N1 驱动器（EXB841）进行驱动放大后，由 XS7－6、XS7－8、XS7－10 输出栅极、漏极、源极控制信号，驱动绝缘栅双极性晶体管工作。同时驱动组合检测绝缘栅双极性晶体管是否发生过流，当过流时，5N1－13 输出低电平，使 5N2 光电耦合器导通，从 XS7－9 输出过流保护信号（低电平）。驱动组合共有 4 个，其工作原理相同。

6. 显示组合工作原理

显示组合主要完成保护组合输出信号的反相。从保护组合 XS13、XS14、XS15 输出的指示信号经由 XS11、XS12 输入到显示组合，由 7N1 反相器（4049）反相后，经 XS11、XS12 输出到故障显示组合进行故障显示。显示组合共有 2 个,其工作原理相同。

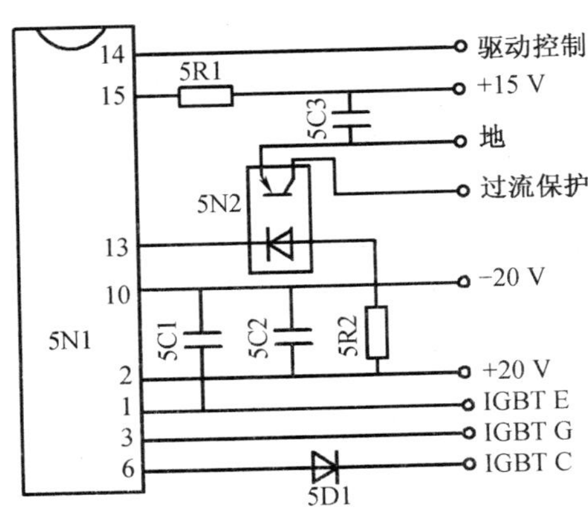

图 3-11　驱动组合电路

7. 保护组合工作原理

保护组合主要完成 IGBT 保护、过载保护、过压保护和欠压保护等。

保护组合中有 4 路相同电路,其工作原理也相同。从驱动组合输出的过流保护信号、故障诊断组合输出的过流过载信号和过压欠压信号、温度继电器 12K1、12K2 输出的过温信号,经由 XS13、XS14、XS15 相应端子输入到保护组合,经比较器(LM193)6N1 ~ 6N12 与基准值比较后输出相应的控制信号,经 XS13 输出到控制组合,实现绝缘栅双极性晶体管过流保护,同时经 XS13、XS14、XS15 输出到显示组合,实现故障显示。保护组合共有 3 个,其工作原理相同。

8. 故障诊断组合工作原理

故障诊断组合主要完成电源诊断、过载诊断、过压欠压诊断、缺相诊断、过温诊断,同时完成电源变换器给定电压调节和输出电压反馈,输出风机控制信号控制风机运转等功能。

由 XS21、XS20 输入的 A、B、C、N 相,经过二极管 10VD1、10VD2、10VD3 半波整流后,经 10N1、10N3 光电隔离器隔离,10N2、10N4 运放(LM124)比较后,输出故障诊断信号到故障显示组合进行故障显示。当交流电源输出电压正常时,不输出缺相信号;当交流电源输出缺相时,输出缺相信号。

从蓄电池输出的 +27.5 V 电压信号,经由 XS20 - 21、XS20 - 23 输入到故障诊断组合,经 10N8 稳压,为故障诊断组合提供电源,同时由 XS20 - 12 输出为故障显示组合提供电源。

从显示组合 XS11 - 7 输出的过载信号,由 XS20 - 25 输入到故障诊断组合,经 XS20 - 24 输入到故障显示组合进行过载显示,同时经 10N7 光电隔离器隔离后由 XS20 - 22 输出到 XS1 - 2。

从主变压器 12T1 次级绕组输出的触发信号经由 XS20 - 17、XS21 - 30 输入到故障诊断组合,经二极管 10 VD10 半波整流后,驱动 10V3 工作,经 12K3 温度继电器常闭触点,控制风机 12M1 ~ 12M8 工作。

从电流传感器 12LT1、12LT2 输出的过载信号经 XS21 - 42、XS21 - 39 输入到故障诊断组合,经电阻分压,三极管 10V1、10V2 驱动,然后由 XS21 - 41、XS21 - 45 输入到保护组合进行过载保护。

从电源变换器输出端引出的输出电压信号经由 XS21－40、XS21－43 输入到故障诊断组合，经电阻 10R49、10R50 分压后，经 XS21－44 输出给控制组合，作为输出电压反馈信号。

从控制组合 XS6－10 输出的电压调节信号，由 XS21－46 输入到故障诊断组合，经可调电阻器 10RP2 后接地，调节可调电阻器 10RP2 的电阻，就可调节控制组合 8N1 的给定电压，即可调节电压变换器的输出。

从电源Ⅰ XS1 输出的电压信号经由 XS20 输入到故障诊断组合，经 10N3 光电隔离器隔离，10N4 运放比较后，输出故障诊断信号给故障显示组合进行故障显示。当电源Ⅰ输出电压正常时，不输出故障信号；当电源Ⅰ输出电压异常时，输出故障信号。

从电源Ⅱ XS2、XS3、XS4、XS5 输出的电压信号经由 XS20 输入到故障诊断组合，经 10N5 光电隔离器隔离，10N6 运放比较后，输出故障诊断信号给故障显示组合进行故障显示。当电源Ⅱ输出电压正常时，不输出故障信号；当电源Ⅱ输出电压异常时，输出故障信号。

9. 故障显示组合工作原理

故障显示组合主要完成对电源变换器发生的故障进行相应指示。

从显示组合 XS11、XS12 和故障诊断组合 XS20、XS21 输出的信号经由 XP19 输入到故障显示组合中，当故障信号有效（低电平有效）时，故障指示发光二极管亮，进行相应故障显示。

第三节　3 kVA 交流稳压电源

一、3 kVA 交流稳压电源的组成

3 kVA 交流稳压电源由前面板、后面板和内部电路等组成。前面板上有电源开关、输出电压表、过压指示灯、电源指示灯和电压调节旋钮，后面板有输入组合和输出组合，稳压电源内部主要包括自耦变压器 T1、电感 L、电源变压器 T2、电阻板、电容组合、熔断器盒、SCR 模块、直流继电器 J1 和控制电路等，如图 3－12 所示。

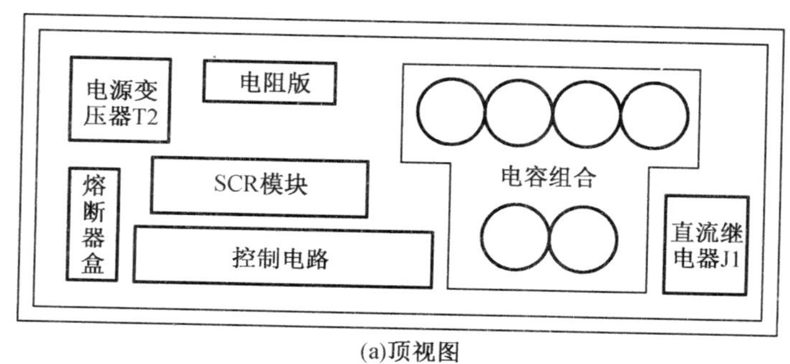

(a)顶视图

图 3－12　3 kVA 交流稳压电源内部结构

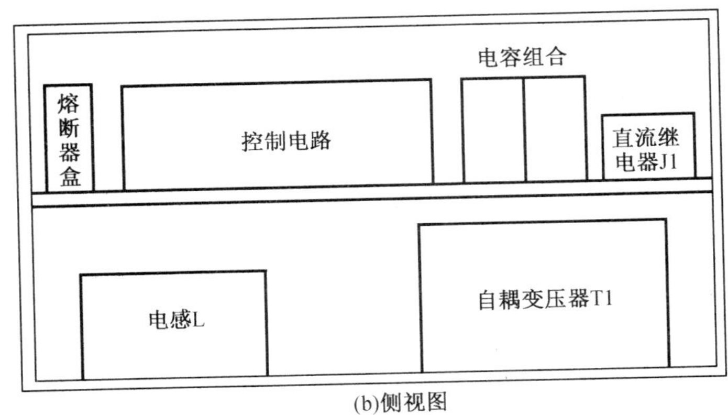

(b)侧视图

图 3-12(续)

二、3 kVA 交流稳压电源工作原理

3 kVA 交流稳压电源由功率主电路和控制电路组成。

(一)功率主电路工作原理

功率主电路主要完成输入电压或负载发生变化时输出电压的升降调整。

功率主电路由自耦变压器 T1、双向可控硅 SCR、电感 L1、电感 L3、电容 C1、电感 L5、电容 C2 和电容 C3 组成,用于在输入电压或负载发生变化时,对输出电压进行升降调整,以使其稳定。其电路如图 3-13 所示。

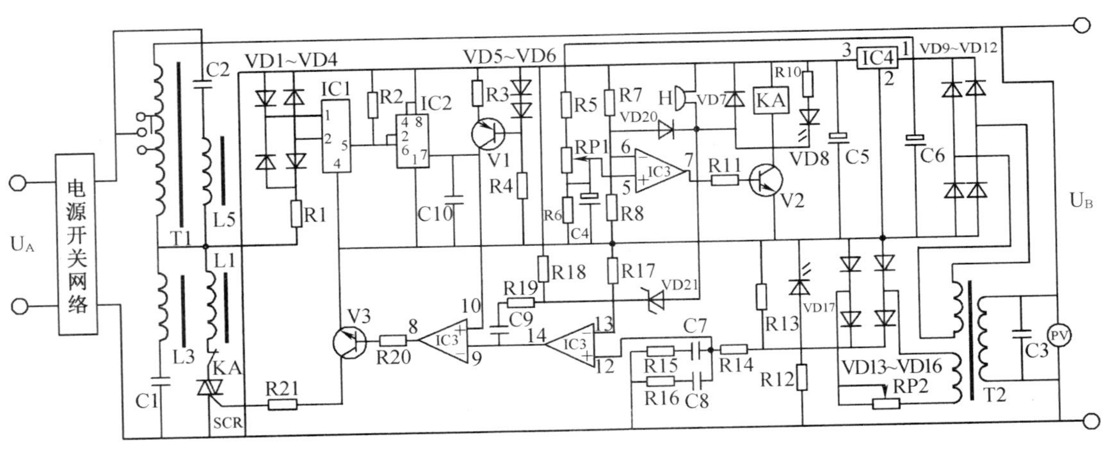

图 3-13　3 kVA 交流稳压电源电路

电感 L1 与双向可控硅 SCR 相串联,组成一个随 SCR 导通角(0°~180°)改变而改变的可变电感,电感 L1 与电感 L3、电容 C1 并联成一个可变电抗器。自耦变压器 T1 的次级与可变电抗器串联作为交流输入端,交流输出电压为输入电压与 T1 上段次级绕组电压的矢量和。电感 L3、电容 C1 的串联电路组成三次谐波滤波器,电感 L5、电容 C2 的串联电路组成五次谐波滤波器,自耦变压器 T1 上段次级绕组与电容 C3 组成输入输出滤波器。

当输出电压升高时，控制电路触发双向可控硅 SCR，使其导通角变小，使流过电感 L1 的电流减小，可变电抗器趋向于容性，此时自耦变压器 T1 的上段绕组电压与输入电压反相，使得交流输出电压下降。

当输出电压下降时，控制电路触发双向可控硅 SCR，使其导通角变大，使流过电感 L1 的电流增大，可变电抗器趋向于感性，此时自耦变压器 T1 的上段次级绕组电压与输入电压同相，使得交流输出电压上升。

（二）控制电路工作原理

如图 3－13 所示，控制电路由零脉冲产生电路、同步锯齿波发生电路、误差取样放大电路、脉宽调制驱动放大电路、直流稳压电源、过压保护电路等部分组成。用于根据输出电压的变化完成对双向可控硅 SCR 导通角的调节。

1. 零脉冲产生电路

电阻 R1 和 R2、二极管 VD1～VD4、光电耦合器 IC1（4N25）构成零脉冲发生电路。二极管 VD1～VD4 组成桥式整流电路，它将电感 L1 与双向可控硅 SCR 串联电路两端的 50 Hz 交流电压整流成 100 Hz 的单向脉动电压，输入到光电耦合器 IC1 的 1、2 脚，于是在 IC1 的 5 脚输出正向零脉冲电压到定时器 IC2（NE555）的 2、6 脚。

2. 同步锯齿波发生电路

定时器 IC2、电阻 R3 和 R4、三极管 V1、二极管 VD5 和 VD6、电容 C10 组成同步锯齿波发生电路。在定时器 IC2 的 2、6 脚输入过零脉冲前，IC2－7 脚呈高阻态，由 V1、VD5、VD6、R3、R4 组成的恒流源电路对电容 C10 进行充电，使得电容 C10 上的电压线性上升；当 IC2 的 2、6 脚输入过零脉冲时，IC2－7 脚呈低阻态，电容 C10 经 IC2－7 脚放电，零脉冲过后 IC2－7 脚又呈高阻态，电容 C10 再次充电，从而在 IC2－7 脚产生与零脉冲同步的锯齿波。

3. 误差取样放大电路

变压器 T2、二极管 VD13～VD16、电位器 W2、电阻 R13 和 R14、电容 C7 和 C8、电阻 R15 和 R16 组成取样电路。由变压器 T2 次级绕组输出的电压取样信号，经二极管 VD13～VD16 桥式整流、电阻 R13 和 R14 分压、电容 C7 和 C8 和电阻 R15 和 R16 滤波后，输出一个与交流输出电压成正比的误差信号电压至运算放大器 IC3－12 脚同相端进行放大。

4. 脉宽调制驱动放大电路

运算放大器 IC3、三极管 V3、电阻 R20 组成脉宽调制驱动放大电路。由定时器 IC2－7 脚输出与零脉冲同步的锯齿波至运放 IC3（LM324）－10 脚，IC3－9 脚输入误差取样放大的直流信号，IC3－8 脚输出相位受控的脉冲电压经三极管 V3 放大后触发双向可控硅 SCR，控制 SCR 的导通角大小。

5. 直流稳压电源

变压器 T2、二极管 VD9～VD12、电容 C5、C6、三端稳压器 IC4（7812）、电阻 R12、发光二极管 VD17 组成直流稳压电源。变压器 T2 次级绕组输出的单相交流电，经二极管 VD9～VD12 组成的桥式整流器整流、电容 C6 滤波、三端稳压器 IC4 稳压后，输出＋12 V 电压，给相关电路提供 12 V 电源。电阻 R12 和发光二极管 VD17 组成电源指示电路。

6. 过压保护电路

电阻 R5 和 R6、电位器 W1、电容 C4、运算放大器 IC3、三极管 Q2、继电器 KA、过压指示灯 VD8、蜂鸣器 H 等组成过压保护电路。当电源输出电压高于极限值(约 246 V,通过 RP1 可微调)时,由 R5、R6、W1、C4 组成的分压电路输入到运算放大器 IC3 同相端 5 脚的电压高于 6 V,IC3 - 7 输出高电平,三极管 V2 导通,继电器 KA 吸合,常闭触头断开,切断了双向可控硅 SCR,使输出电压比输入电压下降约 40 V,同时发出声光报警,这时 VD20 将 IC3 - 6 的电压嵌位在 0.6 V 左右以确保 V2 的导通。只有关机几秒后重新开机,才能恢复到正常工作状态。

第四节　50 Hz 静止变流器

一、50 Hz 静止变流器的组成

50 Hz 静止变流器由前面板、左面板、后面板和内部电路组成,如图 3 - 14 所示。

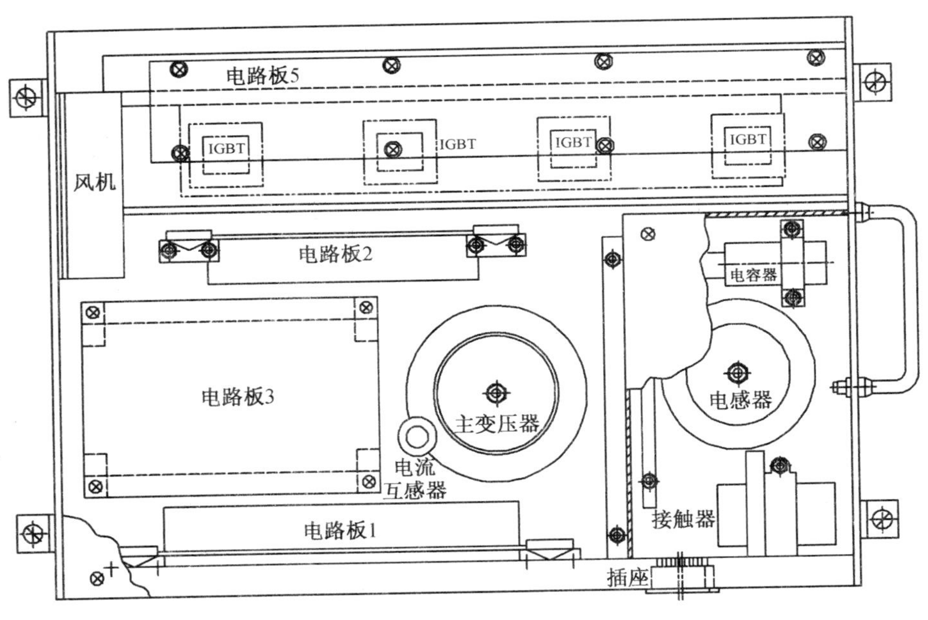

图 3 - 14　50 Hz 静止变流器组成

前面板上有把手、保险器、过流指示灯、过压指示灯。左面板上有输入组合 11XS01 和输出组合 11XS02,其中 11XS01 的 1 端接 27.5 V + 输入,2、3 端并联连接 27.5 V + 输入,4、5 端并联连接 27.5 V - 输入;11XS02 的 2、4 端和 3、5 端分别并联,作为 50 Hz 静止变流器的输出。后面板上有 1 个轴流风机,用于 50 Hz 静止变流器散热。内部电路包括印制电路板 1 ~ 6、直流接触器、主变压器、电流互感器、直流滤波电感器、滤波电容器、轴流风机、2 块安装有三极管的散热器等。

二、50 Hz 静止变流器工作原理

50 Hz 静止变流器由功率主电路和控制电路组成。

（一）功率主电路工作原理

功率主电路主要完成直－交－直－交变换。

27.5 V 直流电源经输入组合 11XS01－2、3 脚和 11XS01－4、5 脚输入到静止变流器内部，经直流接触器 11K01 的常开触头，电感 11L01、电容 11C01～11C04 组成的滤波电路进行滤波后，加到轴流风机 11M 上，使其运转，进行散热；同时加到主变压器 11T02 的初级绕组，作为推挽电路的电源电压。

推挽电路由三极管 11V10～11V13、主变压器 11T02 及开关电源控制器 11N04（SG1525）组成，11N04 根据给定信号与输出电压反馈信号的差值信号，经比例放大后，输出 PWM 控制信号，驱动三极管 11V10～11V13 工作，在主变压器 11T02 的次级绕组输出交流电压，实现 DC/AC 变换。推挽电路输出的交流电压经二极管 11V14～11V17 桥式整流后，再经滤波电感 11L06、电容 11C30～11C36 组成的滤波电路滤波，然后输出直流电压，实现 AC/DC 变换。

功率 H 桥由功率三极管 11V22～11V25 和与其并联的二极管 11V45～11V48 组成，由整流滤波电路输出的直流电压作为功率 H 桥的直流母线电压。直流母线电压经 H 桥进行 DC/AC 变换，将直流电压变换为 PWM 双极性交流电压，实现 DC/AC 变换。H 桥输出的交流电压经滤波电感 11L07 和 11L08、电容 11C45～11C48 和 11C56 组成的滤波电路滤波后，从输出组合 11XS02 的 2、4 端和 3、5 端输出 220 V/50 Hz 单相交流电。

（二）控制电路工作原理

控制电路由主控电路、驱动电路、保护电路、辅助电源电路等组成，用于对主电路的驱动、控制与保护。

1. 主控电路工作原理

主控电路主要由单片机 11D01（8031）、地址锁存器 11D02（373）、程序存储器 11D03（2732）、数字脉宽调制器 11D04（SLE4520）、晶振 11CT 组成，用于实现频率给定、输出 PWM 控制信号、进行故障保护等功能。

单片机 11D01、地址锁存器 11D02 和程序存储器 11D03 组成单片机最小系统。11D03－2脚与 11D03－3 脚之间接 12 MHz 晶振 11CT。11D03－28 脚接到 11D01－18 脚，使二者时钟保持同步。11D03－23 脚与 11D01－9 脚的供电复位电路的输出端相连，保证开机时以相同的状态开始工作。11D01 的 P0 口与 11D04 的 P0～P7 相连，作为数据总线。11D04 的四路输出口（14、16、17、18 脚）接到驱动电路，以输出 PWM 脉冲信号。11D03－27 脚接 11D01 的 P1.0 口，由 11D01 控制 11D04 内部的三个可预置计数器，使其同时启动。11D03－19脚接保护电路，当发生故障时，通过该端将对 11D04 的四路输出信号进行封锁。11D03－26 脚接 11D01 的 P1.2 口，实现 11D01 对 11D04 的片选控制。11D01 的 P1.3 口与 11N03－3 脚连接，实现二者同步。

当数字脉宽调制器 11D04 接通电源并引入外部参考时钟后，由单片机 11D01 输出的包含频率信息的 8 位数字量（PWM 脉宽数据），通过编制程序，分别写入 11D04 的 3 个 8 位数

据锁存器，同时控制 2 个 4 位控制寄存器工作，在 SYMC 端输入触发脉冲信号后，三相脉宽数据同步装入减法寄存器，并开始减法计数，在 11D04 的四路输出口（14、16、17、18 脚）形成 PWM 脉冲信号，输送给驱动电路。

2. 驱动电路工作原理

驱动电路主要由驱动器 11N05 ~ 11N08（图中仅画出 11N05）、电阻 11R39 ~ 11R46、二极管 11V18 ~ 11V21、电阻 11R35 ~ 11R38 等组成，用于完成对主控电路输出的四路 PWM 控制信号的驱动。

由数字脉宽调制器 11D04（14、16、17、18 脚）输出的 PWM 脉冲信号，分别送到各自驱动器的 14 脚，经隔离、驱动、放大后，去驱动各自的功率三极管 11V22 ~ 11V25 工作。

3. 保护电路工作原理

保护电路由 H 桥功率三极管过流检测电路、DC/AC 推挽变换过流检测电路、输出过压检测电路、直流母线过流保护电路、或门 11D06、与非门 11D05、驱动器 11D07、三极管 11V38 和 11V37、直流接触器 11K01 等组成，用于完成过流、过压保护。

（1）H 桥功率三极管过流检测电路

功率三极管过流检测电路主要由驱动器 11N05 ~ 11N08，光电隔离器 11V49 ~ 11V52，二极管 11V34、11V39、11V40、11V53，比较器 11N09，驱动器 11D07，发光二极管 11V41 等组成。当功率三极管（11V22 ~ 11V25）中的任一只管子发生过流时，与之相连的驱动器（11N05 ~ 11N08）的 5 脚输出故障信号（低电平有效），经光电隔离器（11V49 ~ 11V52）隔离，二极管（11V34、11V39、11V40、11V53）组成的与门相与后，输入到 11N09 – 7 脚，与基准信号比较后，输出故障信号。该故障信号经 11D07 驱动后，使 11V41 发光，进行故障显示；同时送到 11D06 – 4 脚。

（2）DC/AC 推挽变换过流检测电路

DC/AC 推挽变换过流检测电路主要由电路互感器 11T04 和 11T05、二极管 11V30 和 11V31、光电隔离器 11V27、比较器 11N09、驱动器 11D07、发光二极管 11V42 等组成。当 DC/AC 推挽变换电路发生过流时，电流互感器 11T04 和 11T05 检测过流信号，经二极管 11V30 和 11V31 整流、相与、11V27 隔离后，输入到 11N09 – 9 脚，与基准信号比较后，输出故障信号。该故障信号经 11D07 驱动后，使 11V42 发光，进行故障显示；同时送到 11D06 – 9、10 脚。

（3）输出过压检测电路

输出过压检测电路主要由取样变压器 11T03、整流桥 11U02、电容 11C50、电阻 11R49、11R50、比较器 11N09、驱动器 11D07、发光二极管 11V43 等组成。当输出过压时，经 11T03 变压、11U02 整流、11C50 滤波、11R49 和 11R50 分压后，输入到 11N09 – 5 脚，与基准信号比较后，输出故障信号。该故障信号经 11D07 驱动后，使 11V43 发光，进行故障显示；同时送到 11D06 – 12 脚。

上述三种检测信号经或门 11D06 相或后，分为三路：第一路送到数字脉宽调制器 11D03 – 19脚，封锁 11D04 输出 PWM 控制信号，禁止 H 桥工作；第二路送到开关电源控制器 11N03 – 10 脚，封锁 11N04 输出 PWM 控制信号，禁止 DC/AC 推挽变换电路工作；第三路送到与非门 11D05 – 1、2 脚，反相后经 11D07 驱动，控制三极管 11V38、11V37 工作，使得直流接触器 11K01 线圈断电，其常开触头断开，断开 27.5 V 输入电源，起保护作用。

（4）直流母线过流保护电路

直流母线过流保护电路主要由电阻 11R54、电容 11C71、光电隔离器 11V26 组成。当直流母线发生过流时，电阻 11R54 上的压降增大，经 11C71 滤波，驱动 11V26 工作，使得软启动电容 11C23 放电，封锁开关电源控制器 11N04 输出 PWM 控制信号，禁止 DC/AC 推挽变换电路工作。

4. 辅助电源电路工作原理

辅助电源电路主要为控制电路提供 +20 V、+12 V、+5 V 等电源。

辅助电源电路主要由三极管 11V01、11V02，辅助电源变压器 11T01，二极管 11V04 ~ 11V09、11V28、11V29，整流桥 11U01，电感 11L02 ~ 11L05，电容 11C11 ~ 11C18，集成稳压器 11N01、11N02，开关电源控制器 11N03（SG1525）等组成。从输入组合输入的 +27.5 V 电源经 11N01（78M12）稳压后，输出 +12 V 电源；同时加到辅助电源变压器 11T01 的初级绕组，作为推挽电路的电源电压。推挽电路由三极管 11V01 和 11V02、辅助电源变压器 11T01 及开关电源控制器 11N03 组成，11N03 根据给定信号与电压反馈信号的差值信号，经比例积分放大后，输出 PWM 控制信号，驱动三极管 11V01 和 11V02 工作，在辅助电源变压器 11T01 的次级绕组输出四路交流电压。这四路电压中的三路经二极管 11V04 ~ 11V09 组成全波整流电路整流后，再经滤波电感 11L03 ~ 11L05、电容 11C11 ~ 11C13 和 11C15 ~ 11C17 组成的滤波电路滤波后，输出三路 +20 V 直流电压，分别为驱动器 11N05 ~ 11N08 供电。第四路经整流器 11U01 整流、电感 11L02、电容 11C14 和 11C18 滤波后，为控制电路提供电源（12 V）；经集成稳压器 11N02（78M05）稳压后，为控制电路提供 +5 V 电源；同时作为电压反馈信号反馈到 11N03 - 1 脚。

习题与思考题

1. 电能变换设备一般有哪些种类，其作用是什么？

2. 27.5VDC 电源变换器输出电流变化时，如何保持输出电压的稳定？

3. 简述 3 kW 交流稳压电源的稳压原理。

4. 50 Hz 静止变流器是如何实现 IGBT 元件过流、直流母线过流及输出电压过压指示的？

第四章　化 学 电 源

本章在阐明化学电源基本理论和基本概念的基础上，叙述了铅酸蓄电池和锂离子电池的原理、结构和性能。

第一节　化学电源概述

化学电源通常称为电池，是一种直接把化学能转变成电能的装置。自 1859 年普兰特（R. G. Plante）试制成功铅酸电池、1868 年法国勒克朗谢（G. Leclance）试制成功锌锰干电池以来，化学电源经历了 100 多年的发展历史，现已形成独立完整的科技与工业体系。

化学电源具有能量转化效率高、能量密度大、无噪声污染、可任意组合、可随意移动等特点，已广泛应用于国民经济、日常生活以及卫星、载人飞船、军事武器装备等各个领域，已成为全球关注与致力发展的一个新热点。

一、化学电源的组成

化学电源由电极、电解质、隔膜和外壳四部分组成。

1. 电极

电极是电池的核心，由活性物质和导电骨架组成。活性物质是指放电时，能通过化学反应产生电能的电极材料，是决定化学电源基本特性的重要部分。电极活性物质的状态可分为固态、液态、气态三种。活性物质多为固体，因为固体具有体积比容量大、活性物质易保持、便于生产、两极之间只需一般隔膜隔离就可以防止两极活性物质短路等优点。液态与气态活性物质，一般用于燃料电池中，平时这种活性物质保持在电池外面，只要在电池工作时，由外部连续供给，就能够保持电极反应正常进行。对活性物质的基本要求是：

（1）组成电池的电动势高，即正极活性物质的标准电极电位越正，负极活性物质标准电极电位越负，这样组成的电池电动势越高。

（2）电化学活性高，即自发进行反应的能力强。

（3）质量比容量和体积比容量大。

（4）在电解液中的化学稳定性要高（且其自溶速度应尽可能小），以减少电池储存过程中的自放电，从而提高电池的储存性能。

（5）有高的电子导电性，以降低电池内阻。

（6）资源丰富，价格低，环境友好。

目前，广泛使用的正极活性物质大多是金属的氧化物，例如二氧化铅、二氧化锰、氧化镍等，也可以用空气中的氧气作正极。而负极活性物质多数是一些较活泼的金属，例如锌、铅、镉、铁、锂、钠等。

导电骨架常称为导电集流体，起着传导、汇集电流并使电流分布均匀的作用，有的集流体还对活性物质起支撑作用，是活性物质的载体。导电骨架要求机械强度好、化学稳定性好、电阻率低、易于加工。

2. 电解质

电解质在电池内部正负极之间担负传递电荷的作用，有时电解质也参与成流反应（如铅酸电池中的硫酸水溶液）。为了使用方便，电解质多用水溶液，故称为电解质溶液。要求电导率高，溶液欧姆电压降小。对固体电解质，要求具有离子导电性，而不具有电子导电性。电解质必须化学性质稳定，使储存期间电解质与活性物质界面间的电化学反应速率低。

3. 隔膜

隔膜也可称为隔离物，置于电池两极之间，其作用是防止正负极活性物质直接接触，防止电池内部短路。隔膜有薄膜、板材、棒材等的形状，对隔膜的要求是化学性能稳定，有一定的机械强度，对电解质离子运动的阻力小，是电的良好绝缘体，并能阻挡从电极上脱落的活性物质微粒和枝晶的生长。

现用的隔膜材料种类繁多，较常用的有棉纸、浆层纸、微孔橡胶、微孔塑料、玻璃纤维、尼龙、石棉、水化膜、聚丙烯膜等，可根据不同电池系列的要求选取。

4. 外壳

外壳是电池的容器，起着保护电池内物质的作用。化学电源中，只有锌锰干电池是锌电极兼作外壳的。外壳要求机械强度高、耐振动、耐冲击、耐腐蚀、耐温差变化等。

电池的这四部分组成中，对电池性能起决定性作用的是正负极活性物质，但并非绝对，在一定条件下，每一组成部分都可能成为影响电池性能的决定性因素，如电池正负极活性物质及工艺确定后，隔膜或电解液将成为影响电池性能的关键。锌银电池由于负极枝晶生长并穿透隔膜，使电池两极短路，那么隔膜就成了决定电池寿命的因素。

二、化学电源的分类

电池大体上有四种分类方法。

1. 按电解质种类划分

(1)碱性电池。即电解质主要以氢氧化钾溶液为主的电池，如碱性锌－锰电池（俗称碱锰电池或碱性电池）、镉－镍电池、氢－镍电池等。

(2)酸性电池。即主要以硫酸水溶液为介质的电池，如铅酸蓄电池。

(3)中性电池。即以盐溶液为介质的电池，如锌－锰干电池（也称为酸性电池）、海水电池等。

(4)有机电解质电池。即主要以有机溶液为介质的电池，如锂电池、锂离子电池等。

2. 按工作性质和储存方式划分

(1)原电池。又称为一次电池，即不能再充电的电池，如锌－锰干电池、锂电池等。

(2)蓄电池。又称为二次电池，即可充电电池，如铅酸电池、氢－镍电池、锂离子电池、镉－镍电池等。

(3)燃料电池。即活性材料在电池工作时才连续不断地从外部加入的电池,如氢-氧燃料电池等。

(4)储存电池。又称“激活电池”,这类电池在储存期不能放电,使用前临时注入电解液或用其他方法使电池激活。如镁氯化银电池,又称海水激活电池。

3. 按电池所用正负极材料划分

(1)锌系列电池。如锌-锰电池、锌-银电池等。

(2)镍系列电池。如镉-镍电池、氢-镍电池等。

(3)铅系列电池。如铅酸电池等。

(4)锂系列电池。如锂离子电池、锂-锰电池等。

(5)二氧化锰系列电池,如锌-锰电池、碱锰电池等。

(6)空气(氧气)系列电池,如锌-空气电池等。

4. 按蓄电池用途划分

(1)起动型蓄电池。主要用于汽车、摩托车、拖拉机、柴油机等起动和照明系统。

(2)固定型蓄电池。主要用于通信、发电厂、计算机系统作为保护、自动控制的备用电源。

(3)牵引型蓄电池。主要作为各种蓄电池车、叉车、铲车等动力电源。

(4)铁路用蓄电池。主要用作铁路内燃机车、电力机车、客车的起动、照明的动力。

(5)储能用蓄电池。主要用于风力、太阳能等发电用电能储存。

还有航空用蓄电池、船舶用蓄电池、潜艇用蓄电池等。

三、化学电源工作原理

化学电源是一种能量储存与转换装置。放电时,将化学能直接转变为电能;充电时,则将电能直接转化成化学能储存起来。一次电池的反应是不可逆的,二次电池(或蓄电池)的反应是可逆的。

电池放电时负极活性物质发生氧化反应放出电子,并沿着外电路向正极迁移,正极活性物质发生还原反应,接收由外电路传导过来的电子。在电池内部,电解质溶液中的阴阳离子在电场作用下,分别向两极移动,构成了闭合的放电回路。如果某种电器置于这种外电路中,则电子流将驱动该电器工作而做功。所以,在一个电池中,正极、负极在空间上是分开的,在电池内部则是通过一种离子导体来传递电荷的。

图4-1是锌-锰电池工作示意图。正极活性物质二氧化锰与负极活性物质锌在空间上是分隔开的,二者都与氯化铵和氯化锌的水溶液相接触,电解液含有带正电荷的阳离子和带负电荷的阴离子,是一种离子导体,但并不具有电子导电性。

当锌电极与电解质 $NH_4Cl+ZnCl_2$ 接触时,金属锌将自发地转入溶液中,发生锌的氧化反应。锌电极上的 Zn^{2+} 转入溶液后,将电子留在金属上,使锌电极带负电荷,它将吸引溶液中的正电荷,在两相间产生电位差,这个电位差阻滞 Zn^{2+} 继续转入溶液,同时促使 Zn^{2+} 返回锌电极,结果形成了锌电极带负电荷、溶液一侧带正电荷的离子双电层。

二氧化锰电极存在类似情况,只是电极带正电荷、溶液一侧带负电荷。

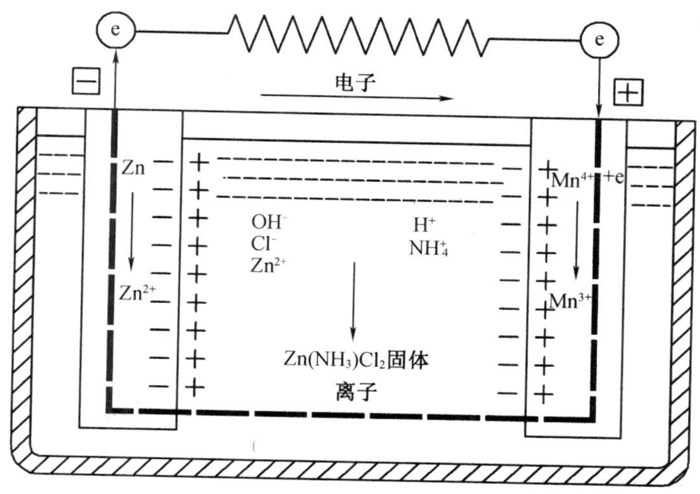

图 4-1 锌-锰电池工作原理示意图

在外电路接通之前，电极上都存在上述的动态平衡，一旦接通外电路，锌电极上的过剩电子流向二氧化锰电极，在 MnO_2 电极上使 Mn^{4+} 还原为 Mn^{3+}。只要外电路接通，在活性物质耗尽之前，电极上电化学反应就将继续进行。

电池充电时，情况与放电时相反，正极上进行氧化反应，负极上进行还原反应，溶液中离子的迁移方向与放电时相反。

可见，化学电源在实现将化学能直接转换成电能的过程中，必须具备两个必要的条件，即：

（1）化学反应中失去电子的过程（即氧化过程）和得到电子的过程（即还原过程）必须分隔在两个区域中进行。这说明电池中进行的氧化还原反应和一般氧化还原反应不同。

（2）物质在进行转变的过程中，电子必须通过外电路。这说明化学电源与电化学腐蚀过程的微电池是不同的。

四、化学电源的性能

1. 原电池电动势

在外电路开路时，即没有电流流过电池时，正负电极之间的平衡电极电位之差称为电池的电动势。电动势的大小是标志电池体系可输出电能多少的指标之一。根据热力学原理，在等温等压条件下，当电池以无限小的电流放电时，即可做最大的有用电功（电池电动势与放电电量的乘积），所做的最大有用电功等于电池吉布斯自由能的减少，则

$$\Delta G_{T,P} = -nFE \tag{4-1}$$

式中 $\Delta G_{T,P}$——吉布斯自由能的变化；

n——电极在氧化或还原反应中，产生电子的物质的量；

F——法拉第常数，约为 26.8 A·h/mol；

E——可逆电池的电动势。

在实际电池放电时，各种不可逆因素的存在使得两极之间的电位差 E' 小于电动势 E。

当电池中的化学能以不可逆方式转变为电能时，两极间的电位差 E' 一定小于可逆电动势 E。

$$\Delta G_{T \cdot P} < -nFE' \tag{4-2}$$

式(4－1)揭示了化学能转变为电能的最高限度，为改善电池性能提供了理论根据。

2. 开路电压

开路电压是外电路处于断路状态时电极之间的电位差(U_{co})，正、负极在电解液中不一定处于热力学平衡状态，因此电池的开路电压总是小于电动势。

电池的电动势由热力学函数计算得出，而开路电压是实际测量出来的，两者数值接近。测开路电压时，测量仪表内不应有电流通过，一般使用高阻电压表和万用表测量。

标称电压是表示或识别一种电池的电压近似值，也称为额定电压，可用来鉴别电池类型。例如铅酸蓄电池开路电压接近 2.1 V，标称电压定为 2.0 V；锌锰电池标称电压为 1.5 V；镉镍电池、镍氢电池标称电压为 1.2 V。

3. 电池内阻

电池内阻包括欧姆电阻(R_{Ω})和电极在电化学反应时所表现的极化电阻(R_f)。欧姆电阻、极化电阻之和为电池的内阻(R_i)。

欧姆电阻由电极材料、电解液、隔膜电阻及各部分零件的接触电阻组成。

电解液的欧姆电阻与电解液的组成、浓度、温度有关。一般说来，电池用的电解液浓度值大都选在电导率最大的区间，另外还必须考虑电解液浓度对电池其他性能的影响，如对极化电阻、自放电、电池容量和使用寿命的影响。

隔膜电阻是当电流流过电解液时，隔膜微孔阻碍离子迁移所表现出的电阻。隔膜的欧姆电阻与电解质种类、隔膜的材料、膜厚、孔率、孔径和孔的弯曲程度等因素有关。

电极上的固相电阻包括活性物质粉粒本身的电阻、粉粒之间的接触电阻、活性物质与导电骨架间的接触电阻及骨架、导电排、端子的电阻总和。放电时，活性物质的成分及形态均可能变化，从而造成电阻阻值发生较大的变化。为了降低固相电阻，常常在活性物质中添加导电组分，例如乙炔黑、石墨等，以增加活性物质粉粒间的导电能力。

电池的欧姆电阻还与电池的尺寸、装配、结构等因素有关，欧姆电阻遵从欧姆定律。装配越紧凑，电极间距就越小，欧姆电阻就越小。一只中等容量起动型铅酸蓄电池的欧姆电阻只有 $10^{-4} \sim 10^{-2}$ Ω，而一只 R20 型糊式锌锰干电池的欧姆电阻可达到 0.2～0.3 Ω。

极化电阻 R_f 是指化学电源的正极与负极在进行电化学反应时因极化所引起的电阻，包括电化学极化和浓差极化所引起的电阻。极化电阻与活性物质的本性、电极的结构、电池的制造工艺有关，特别是与电池的工作条件密切相关，所以极化电阻随放电制度和放电时间的改变而变化。放电电流和温度对其影响很大。在大电流密度时候，电化学极化和浓差极化均增加，甚至可能引起负极的钝化；温度降低对电化学极化、离子的扩散均有不利影响，故在低温条件下电池的内阻增加，极化电阻随电流密度的增加而增加，但不是直线关系。

为比较相同系列不同型号化学电源的内阻，引入比电阻(R_f')，即单位容量下的电池内阻。

$$R_f' = \frac{R_i}{C} \tag{4-3}$$

式中 C——电池容量,A·h;

R_i——电池内阻,Ω。

4. 工作电压

工作电压(U_{cc})又称放电电压或负荷电压,是指有电流流过外电路时,电池两极间的电位差。当电流流过电池内部时,必须克服极化电阻和欧姆电阻所造成的阻力,因此工作电压总是低于开路电压,当然必定低于电动势。

工作电压:

$$U_{cc} = E - IR_i = E - I(R_\Omega + R_f)$$

或

$$U_{cc} = E - \eta_+ - \eta_- - IR_\Omega = \varphi_+ - \varphi_- - IR_\Omega \tag{4-4}$$

式中 η_+——正极极化过电位;

η_-——负极极化过电位;

φ_+——正极电位;

φ_-——负极电位;

I——工作电流。

图4-2表示式(4-4)中的关系,曲线a表示电池电压随放电电流变化的关系曲线,曲线b、c分别表示正、负极的极化曲线,直线d为欧姆电阻造成的欧姆压降随放电电流的变化。图4-2表明,放电电流增大,电极极化增加,欧姆压降增大,使电池工作电压下降。

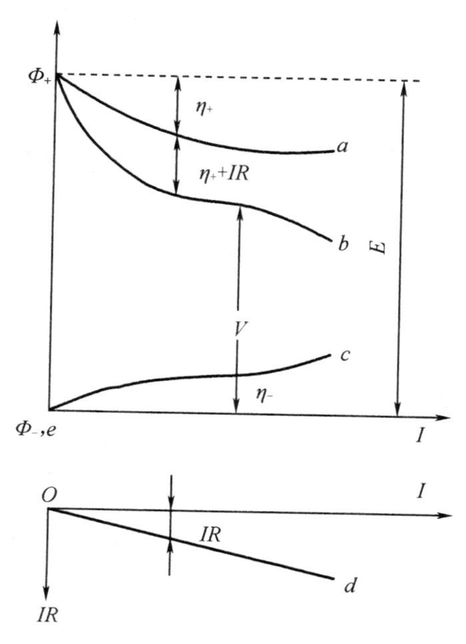

图4-2 原电池的电压-电流特性和电极化曲线、欧姆电压降曲线

电池的工作电压受放电制度的影响很大。所谓放电制度是指电池放电时所规定的各种放电条件,即放电方法、终止电压、放电时间、放电电流、环境温度、终止电压等。

(1)放电方法

有两种典型的放电方法,分别是恒流放电和恒阻放电两种。图4-3(a)表示恒流放电曲线,图4-3(b)表示恒阻放电曲线。

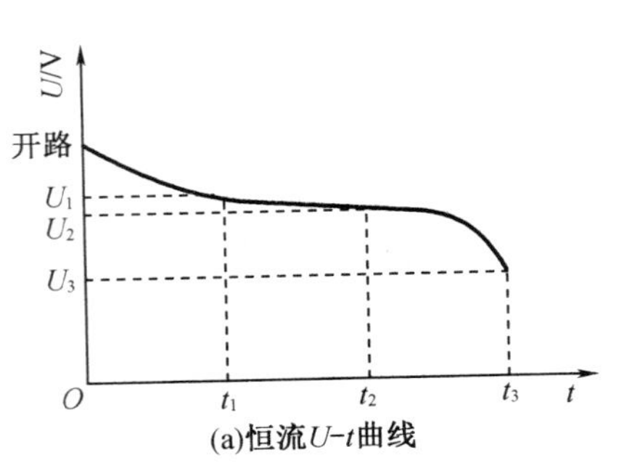

(a)恒流U-t曲线

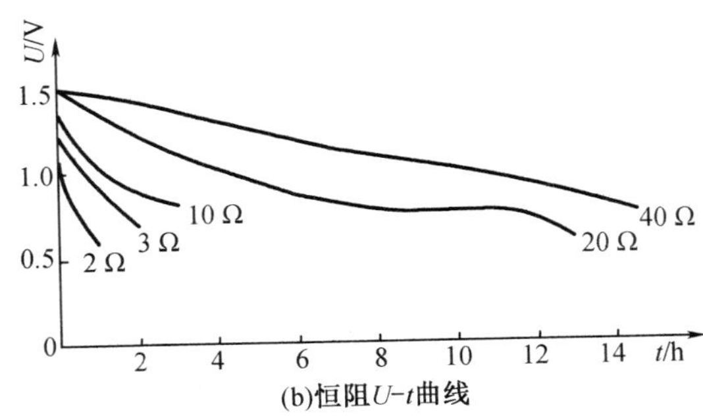

(b)恒阻U-t曲线

图4-3　电池的放电曲线

此外,还有连续放电与间隙放电。连续放电是在规定放电条件下,连续放电至终止电压。间隙放电是电池在规定的放电条件下,放电间断进行,直到所规定的终止电压为止。

(2)终止电压

电池放电时,电压下降到不宜再继续放电的最低工作电压称为终止电压。一般在低温或大电流放电时,终止电压低些。因为这种情况下,电极极化大,活性物质不能得到充分利用,电池电压下降较快。小电流放电时,终止电压规定高些。因小电流放电,电极极化小,活性物质能得到充分利用。例如镉-镍蓄电池,1小时率放电终止电压为1.0 V,10小时率放电终止电压为1.10 V。表4-1列出几种电池放电终止电压。

表4-1　常用电池放电终止电压(常温)

电池种类	放电率			
	10小时率 $\left(\frac{C}{10}\right)$	5小时率 $\left(\frac{C}{5}\right)$	3小时率 $\left(\frac{C}{3}\right)$	1小时率 (1C)
镉-镍	1.10	1.10	1.00	1.00
铅酸蓄电池	1.75	1.75	1.70	1.70
碱性锌-锰	1.20	—	—	—
锌-银	1.20~1.30	1.20~1.30	0.90~1.00	0.90~1.00

(3)放电电流

放电电流是电池工作时的输出电流,也称为放电率,即放电时的速率,通常用时率和倍率表示。在谈到电池容量或能量时,必须指出放电电流大小或放电条件。

时率是指以放电时间(h)表示的放电速率,或是以一定的放电电流放完额定容量所需的小时数。例如,电池的额定容量为 10 A·h,以 2 A 电流放电,则时率为 10 A·h/2 A = 5 h,称电池以 5 小时率放电。

倍率是指电池在规定时间内放出其额定容量时所输出的电流值,数值上等于额定容量的倍数。例如,2 倍率放电,表示放电电流是电池容量数值的 2 倍,若电池容量为 3 A·h,那么放电电流应为 2×3=6 A,也就是 2 倍率放电。换算成小时率则是 3 A·h/6 A=0.5 小时率。一般规定,放电率在 0.5C(C 为电池容量)以下称为低倍率;0.5~3.5C 称为中倍率;3.5~7C则称为高倍率,大于 7C 则为超高倍率。

电池放电电流、电池容量、放电时间的关系为

$$I = C/t \tag{4-5}$$

放电温度对放电曲线的影响如图 4-4 所示。低温时,反应速度降低,电解液黏度增大,离子扩散速度降低,欧姆内阻和内阻压降增大;同时,温度降低浓差极化和电化学极化增大,放电曲线下降较快。温度过低电解液结冰,不能放电。

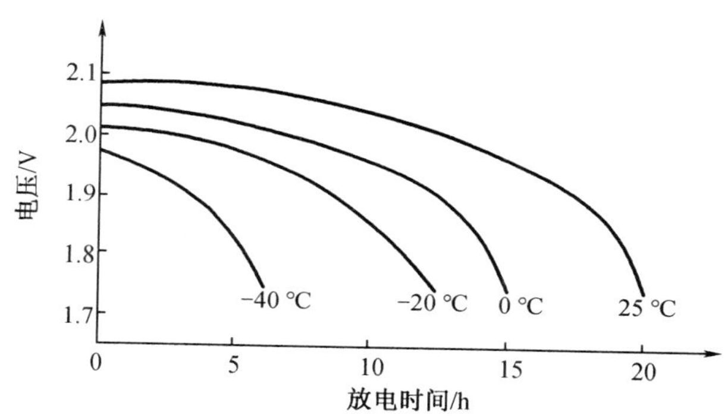

图 4-4 铅酸蓄电池不同温度下的放电曲线

5. 电池的容量与比容量

电池容量是指在一定的放电条件下可以从电池获得的电量,分理论容量、实际容量和额定容量三种。

(1)理论容量(C_0)

理论容量是假设活性物质全部参加电池的成流反应时所给出的电量,是根据活性物质的质量按照法拉第定律计算求得的。

$$C_0 = 26.8n\frac{m_0}{M} = \frac{1}{q}m_0 \quad (\mathrm{A \cdot h}) \tag{4-6}$$

式中 m_0——活性物质完全反应的质量;

M——活性物质的摩尔质量;

n——成流反应得失电子数;

q——活性物质的电化当量(产生单位电量所需的活性物质质量)。

由式(4-5)可以看出,电极的理论容量与活性物质质量和电化当量有关。在活性物质质量相同的情况下,电化当量越小的物质,理论容量就越大。表 4-2 列出了部分常用电极材料的密度和电化当量。从表 4-2 可以看出,同是输出 1A·h 的电量,消耗锂为 0.259 g,

而铅则是 3.87 g，后者约是前者的 15 倍。

表 4-2　部分电极材料的电化当量

负极材料			正极材料		
物质	密度 /($g\cdot cm^{-3}$)	电化当量 /[$g\cdot(A\cdot h)^{-1}$]	物质	密度 /($g\cdot cm^{-3}$)	电化当量 /[$g\cdot(A\cdot h)^{-1}$]
H_2	—	0.037	O_2	—	0.30
Li	0.534	0.259	$SOCl_2$	1.63	2.22
Mg	0.74	0.454	AgO	7.4	2.31
Al	2.699	0.335	SO_2	1.37	2.38
Fe	7.85	1.04	MnO_2	5.0	3.24
Zn	7.1	1.22	NiOOH	7.4	3.42
Cd	8.65	2.10	Ag_2O	7.1	4.33
(Li)C_6	2.25	2.68	PbO_2	9.3	4.45
Pb	11.34	3.87	I_2	4.94	4.73

(2)实际容量(C)

在一定的放电条件下，电池实际放出的电量。恒电流放电时为

$$C = I\cdot t \tag{4-7}$$

恒电阻放电时为

$$C = \int_0^t I\mathrm{d}t = \frac{1}{R}\int_0^t U\mathrm{d}t \tag{4-8}$$

近似计算为

$$C = \frac{1}{R}U_{av}t \tag{4-9}$$

式中　R——放电电阻；

t——放电至终止电压时的时间；

U_{av}——电池平均放电电压。

(3)额定容量(C_r)

在设计和制造电池时，规定电池在一定放电条件下应该放出的最低限度的电量，实际容量总是低于理论容量，所以活性物质的利用率为

$$\eta = \frac{m_1}{m}\times 100\% \quad 或 \quad \eta = \frac{C}{C_0}\times 100\% \tag{4-10}$$

式中　m——活性物质的实际质量；

m_1——给出实际容量时应消耗的活性物质的质量。

为了对不同的电池进行比较，引入比容量概念。比容量是指单位质量或单位体积电池给出的容量，称质量比容量 C'_m 或体积比容量 C'_V。

$$C'_m = \frac{C}{m} \quad (\mathrm{A \cdot h/kg}) \tag{4-11}$$

$$C'_V = \frac{C}{V} \quad (\mathrm{A \cdot h/L}) \tag{4-12}$$

式中　m——电池质量；

V——电池体积。

电池容量是指其中正极（或负极）的容量，因为电池工作时，通过正极和负极的电量总是相等的。实际工作中常用正极容量控制整个电池的容量，而负极容量过剩。

6. 电池的能量和比能量

电池在一定条件下对外做功所能输出的电能叫作电池的能量，单位一般用 W · h 表示。

（1）理论能量

电池的放电过程处于平衡状态，放电电压保持电动势（E）数值，且活性物质利用率为 100%，在此条件下电池的输出能量为理论能量（W），即可逆电池在恒温恒压下所做的最大功：

$$W_0 = C_0 E$$

（2）实际能量

实际能量指电池放电时实际输出的能量。

$$W = C \cdot U_{\mathrm{av}} \tag{4-13}$$

式中　W——实际能量；

U_{av}——电池平均工作电压。

（3）比能量

单位质量或单位体积的电池所给出的能量，称为质量比能量或体积比能量，也称能量密度。比能量也分为理论比能量 W'_0 和实际比能量 W'。

理论比能量根据正、负两极活性物质的理论质量比容量和电池的电动势计算。

$$W'_0 = \frac{1\,000}{\sum q_i} \times E \quad (\mathrm{Wh/kg}) \tag{4-14}$$

式中　$\sum q_i$——正、负极及参加电池成流反应电解质的电化当量之和。

表 4-3 列出了常见电池的比能量。

实际比能量是电池实际输出的能量与电池质量（或体积）之比，即

$$W = \frac{C \cdot U_{\mathrm{av}}}{m} \quad 或 \quad W = \frac{C \cdot U_{\mathrm{av}}}{V} \tag{4-15}$$

式中　m——电池质量，kg；

V——电池体积，L。

7. 电池的功率和比功率

电池的功率是在一定放电制度下，单位时间内电池输出的能量（W 或 kW）。比功率是单位质量或单位体积电池输出的功率（W/kg 或 W/L）。

比功率的大小，表示电池承受工作电流的大小。

表 4-3　电池的比能量

电池体系	理论比能量 $W_0'/(\mathrm{W \cdot h \cdot kg^{-1}})$	实际比能量 $W'/(\mathrm{W \cdot h \cdot kg^{-1}})$	$\frac{W_0'}{W'}$
铅酸	170.5	10~50	3.4~17.0
镉-镍	214.3	15~40	5.4~14.3
铁-镍	272.5	10~25	10.9~27.3
锌-银	487.5	60~160	3.1~8.2
镉-银	270.2	40~100	2.7~6.8
锌-汞	255.4	30~100	2.6~8.5
锌-锰(碱性)	274.0	30~100	2.7~9.1
锌-锰(干电池)	251.3	10~50	5.0~25.1
锌-空气	1350	100~250	5.4~13.5
锂-二氧化硫	1114	330	3.38
锂-亚硫酰氯	1460	550	2.66
锂-二氧化锰	1005	400	2.51
锂-氟化碳	3280	320~480	10~7
锂-硫化铜	1100	250~300	4.4~3.7
锂-氯	2200	300~400	7.3~5.5
钠-硫	7300	150	49
锂-硫	2680	—	—

电池理论功率 P_0 为

$$P_0 = \frac{W_0}{t} = \frac{C_0 E}{t} = \frac{ItE}{t} = IE \tag{4-16}$$

实际功率 P 为

$$P = IU = I(E - IR_i) = IE - I^2 R_i \tag{4-17}$$

将式(4-16)对 I 微分,并令 $\mathrm{d}P/\mathrm{d}I = 0$

$$\mathrm{d}P/\mathrm{d}I = E - 2IR_i = 0 \tag{4-18}$$

因为

$$E = I(R_i + R_e)$$

所以

$$IR_i + IR_e - 2IR_i = 0$$

$R_i = R_e$(R_e为外电阻),而且,$\mathrm{d}^2P/\mathrm{d}I^2 < 0$,所以,当 $R_i = R_e$时,电池输出的功率最大。

各种电池系列的比功率与比能量如图 4-5 所示。

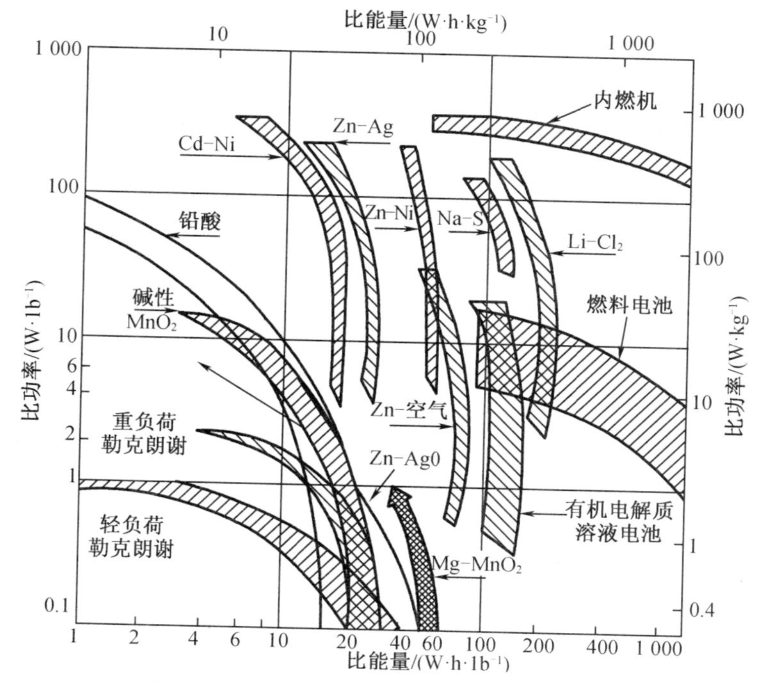

图 4-5　各种电池系列的比功率与比能量(1 1b＝0.453 592 37 kg)

8. 储存性能和自放电

电池的储存性能，可用电池开路时，在一定条件下(温度、湿度等)储存，容量下降率的大小来表示。容量下降的主要原因是负极腐蚀和正极自放电。

负极腐蚀：由于负极多为活泼金属，其标准电极电位比氢电极负，特别是有正电性金属杂质存在时，杂质与负极形成腐蚀微电池。

正极自放电：正极上发生副反应时，消耗正极活性物质，使电池容量下降。同时，正极物质如果从电极上溶解，就会在负极还原引起自放电，还有杂质的氧化还原反应也消耗正、负极活性物质，引起自放电。

降低电池自放电的措施：一般是采用纯度高的原材料，在负极中加入氢过电位较高的金属，如 Cd、Hg、Pb 等；也可以在电极或电解液中加入缓蚀剂，抑制氢的析出，减少自放电反应发生。汞、镉、铅对环境有较大的污染，目前已逐步被其他缓蚀剂所代替。

另外，在储存过程中，由于活性物质的钝化、电池内部材料的分解变质等，都会引起电池性能的衰退，因此，储存性能与自放电并不是两个等同的概念。

自放电速率用单位时间内容量降低的百分数来表示：

$$X=\frac{C_1-C_2}{C_1 t}\times 100\% \tag{4-19}$$

式中　C_1、C_2——储存前后电池的容量；

t——储存时间，常用天、月或年计算。

9. 电池寿命

一次电池的寿命表征给出额定容量的工作时间(与放电倍率大小有关)。二次电池的寿命分蓄电池循环使用寿命和电池搁置使用寿命。

(1)蓄电池循环使用寿命

蓄电池经历一次充、放电,称为一个周期。在一定的放电制度下,电池容量降至规定值之前,电池所经受的循环次数,称为使用周期。

影响蓄电池循环使用寿命的主要因素有:在充、放电过程中,电极活性表面积减小,使工作电流密度上升,极化增大;电极上活性物质脱落或转移;电极材料发生腐蚀;电池内部短路;隔膜损坏和活性物质晶型改变,活性降低。

(2)电池搁置寿命

电池搁置至容量降低到规定值时的时间,称为搁置寿命。有干搁置寿命和湿搁置寿命之分。如储备电池,在使用前不加入电解液,电池可以储存很长时间,这种电池干搁置寿命可以很长。电池带电解液储存时称湿储存,湿储存时自放电较大,湿搁置寿命相对较短。例如,锌银电池的干搁置寿命可达 5 ~8 年,而湿搁置寿命通常只有几个月。

第二节　铅酸蓄电池

铅酸蓄电池采用二氧化铅作正极、海绵状铅作负极,用稀硫酸作电解液。由于具有原料易得、价格低廉、使用可靠、可大电流放电等优点,因此一直是全球产量最大、应用最广泛的二次电池。

随着蓄电池设计、研发和生产工艺的不断改进和发展,蓄电池性能得以不断提高,其技术已相当成熟。但是由于人们对蓄电池的特性、使用维护及故障处理等知识的缺乏,使得蓄电池寿命缩短,甚至发生事故。因此,正确使用和维护蓄电池尤为重要。

一、铅酸蓄电池的分类及结构

(一)铅酸蓄电池分类及型号

铅酸蓄电池习惯上有三种分类法。

1. 按用途分类

表 4 –4 列出了我国常用铅酸蓄电池型号及用途。

表 4 –4　我国常用铅酸蓄电池型号及用途

产品系列	型号	特性及用途
起动用	6 – Q – 60,6 – Q – 180	供汽车、拖拉机、柴油机、船舶起动和照明。要求大电流放电,低温起动,电池内阻小,用涂膏式极板
蓄电池车用	DG – 200,DG – 400 6 – DG – 50	供蓄电池车作为牵引及照明电源。极板厚,容量较大
轿车用 摩托车用	6 – QA – 60 6M4 – 12Ah	同起动用蓄电池,供摩托车起动和照明,要坚固耐磨,不漏电解液

表 4-4(续)

产品系列	型号	特性及用途
航空用 潜艇用	12-HK-28	供飞机起动和照明、通信,用作潜艇水下航行动力源、照明,容量大,大电流放电,充电快

2. 按极板结构分类

(1)涂膏式。将铅氧化物用硫酸溶液调成糊状铅膏,涂在用铅合金铸成的板栅上,经干燥、化成形成活性物质,称涂膏式极板。

(2)管式。用铅合金制成形式不同于涂膏式板栅的骨架,在骨架外套以编制的纤维管,管中装入活性物质。这种结构称为铠甲式极板。这种管式极板都作正极,负极配普通涂膏式极板。

(3)化成式。极板由纯铅铸成,活性物质是铅本身在化成液中经反复充、放电形成一薄层。这种极板用作正极,配涂膏式或箱式负极板。

3. 按电解液和充电维护情况分类

(1)干放电蓄电池。极板是干燥的,处于放电状态,无电解液储存,用户开始使用时灌入电解液,并进行长时间的初充电后使用。

(2)干荷电蓄电池。极板处于干燥的已充电状态,无电解液储存,用户使用时灌注电解液即可使用。

(3)带液充电蓄电池。电池已充足电,用户购回即可使用。缺点是运输不便,储存期短。

(4)免维护蓄电池(阀控式或密封式蓄电池)。在规定的寿命期内、正常使用条件下不需要加液维护。这种电池在长期搁置期间,自放电量极少。

(5)少维护蓄电池。在规定的寿命期内、正常使用条件下只需要少量维护,即较长时间才需加一次水或电解液。

(6)湿荷电蓄电池。电池充足电后,倒出电解液出厂,允许部分电解液吸储在极板和隔板内,极板处于充电状态,在规定的储存期内启用,灌入电解液即可使用,不需要充电。

我国国家标准规定铅酸蓄电池型号命名规则,一般由四部分组成,如图 4-6 所示,当电池数为 1 时,称为单体电池,串联电池数可以省略。其中汉语拼音的意义见表 4-5。

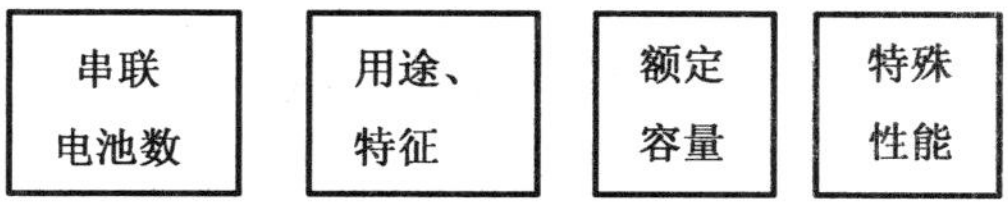

串联 电池数	用途、 特征	额定 容量	特殊 性能

图 4-6 铅酸蓄电池命名规则

例 1 6-QA-75。6 表示串联单体电池数,Q 表示起动用,A 表示干荷电涂膏式极板,75 表示额定容量为 75A·h。

例 2 TG-450。D 表示铁路用,G 表示管式正极板,450 表示容量为 450 A·h 的单体铅酸蓄电池。

表 4－5　铅酸蓄电池产品汉语拼音字母的意义

汉语拼音字母	表示电池用途							表示电池特征							
	Q	G	D	N	T	TK	HK	G	T	A	H	FM	F	W	J
含义	起动	固定	蓄电池车	内燃机车	铁路客车	坦克	航空	管式	涂膏	干荷电	湿荷电	阀控式	防酸式	无须维护	胶体电解液

(二) 铅酸蓄电池的结构

铅酸蓄电池主要由正极板、负极板、电解液(硫酸水溶液)、隔板、电池槽、盖等组成,如图 4－7 所示。正负极板都浸在一定浓度的硫酸溶液中,隔板将正、负极隔开。根据需要,通常把单体电池串联组成电池组。

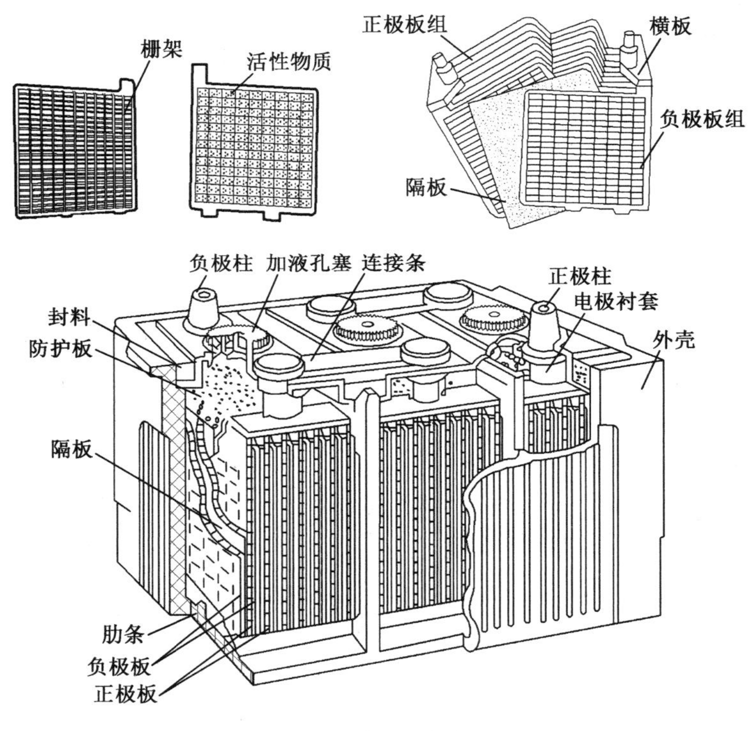

图 4－7　蓄电池的结构

1. 正负极板

铅酸蓄电池极板多采用涂膏式,涂膏式极板由板栅和活性物质构成。板栅的作用是支撑活性物质和传导电流,使电流分布均匀。板栅的材料一般采用铅锑合金,免维护电池采用铅钙合金。正极活性物质主要成分为棕红色二氧化铅,负极活性物质主要成分为青灰色海绵状铅。

2. 隔板

隔板由微孔橡胶、塑料、玻璃纤维等材料制成，其主要作用是防止正负极板短路。要求隔板绝缘性好，孔率高（60%），孔径小，耐酸，耐氧化，有一定强度，在电解液中电阻小，具有化学稳定性。超细玻璃纤维隔板（AGM）的出现，极大地改善了铅酸蓄电池的性能，被广泛用于密封阀控电池。

3. 电解液

电解液是蓄电池的重要组成部分，它的作用是传导电流和参加电化学反应。电解液是由化学纯硫酸加蒸馏水配制。电解液的纯度和密度对电池容量和寿命有重要影响。

（1）电解液密度

铅酸蓄电池电解液密度直接反映了电池的放电程度或是否处于良好的工作状态，通常用 15 ℃时的密度表示，不同用途铅酸蓄电池的电解液密度见表 4－6。电解液在放电时因参与电化学反应密度降低，充电时密度增加。实验证明，密度每降低 0.01 g/mL，相当于蓄电池放电 6%。电解液的密度随温度而变化，当温度升高时，密度下降；反之，则密度升高。温度对电解液密度的影响，可用下式表示：

$$\rho_t = \rho_{15} - \alpha(t - 15) \tag{4-20}$$

式中　ρ_t——温度为 t 时的密度；

ρ_{15}——温度为 15 ℃时的密度；

α——温度系数，通常起动型 $\alpha = 0.000\,74$，固定型 $\alpha = 0.000\,68$。

表 4－6　各类铅酸蓄电池用硫酸电解液密度

铅蓄电池类型	汽车起动型（热带）	汽车起动型（寒带）	固定型	火车用	牵引用	携带
电解液密度 g/mL	1.220～1.240	1.280～1.300	1.200～1.225	1.210～1.250	1.230～1.280	1.235～1.245

（2）电解液黏度

电解液黏度与温度和密度有关，温度越低，密度越高，黏度越大。黏度的增大，会影响离子的扩散。当温度低于 0 ℃时，黏度增大很快，因此低温时，铅酸蓄电池容量降低很快。

4. 电池槽及盖

电池槽为整体式，多采用耐酸、耐热、耐震动的 ABS 工程塑料制成。内部由隔壁分成互不相通的单体，各单体底部有肋条，肋条上用以搁置极板组，肋条之间形成的沉淀容积用以沉积极板上脱离下来的活性物质，以防止极板间短路。装有极板组的单体内注入电解液，即成为一个标称电压为 2 V 的单体电池。

极板组装入电池槽后，各单体上端分别用与电池槽材料相同的电池盖封闭，电池盖与电池槽接口用封口剂密封。电池盖上开有正、负极桩孔和注液孔。注液孔口旋装有带通气孔的液孔塞，并加垫耐酸密封垫，蓄电池内部产生的气体从通气孔排出。新品蓄电池通气孔用薄膜或蜡封闭，初次使用前应将封口打开。

将同一电池槽内单体电池的正、负极桩用连接条串联,6 个单体电池即串联成一个标称电压为 12 V 的蓄电池。串联后留下的正、负极桩作为蓄电池接线柱,供连接外电路用。

二、铅酸蓄电池的化学原理

铅酸蓄电池的电化学表达式为

$$(-)Pb|H_2SO_4|PbO_2(+)$$

(一)电池反应

铅酸蓄电池正极活性物质是 PbO_2,负极活性物质是海绵状金属铅,电解液是稀硫酸。

负极反应:

$$Pb+HSO_4^- -2e \underset{充电}{\overset{放电}{\rightleftharpoons}} PbSO_4+H^+$$

正极反应:

$$PbO_2+3H^+ +HSO_4^- +2e \underset{充电}{\overset{放电}{\rightleftharpoons}} PbSO_4+2H_2O$$

电池反应:

$$Pb+PbO_2+2H^+ +2HSO_4^- \underset{充电}{\overset{放电}{\rightleftharpoons}} 2PbSO_4+2H_2O$$

电池放电后两极活性物质都转化为硫酸铅,称“双硫酸盐化”理论。硫酸起传导电流作用,并参加电池反应。但参加反应的是 HSO_4^- 而不是 $SO_4{}^{2-}$,因为 H_2SO_4的二级离解常数相差很大。

$$H_2SO_4 \overset{K_1}{\rightleftharpoons} H^+ +HSO_4^-, K_1=10^3$$

$$H_2SO_4 \overset{K_2}{\rightleftharpoons} H^+ +SO_4^{2-}, K_2=1.02\times10^{-2}$$

随着放电的不断进行,H_2SO_4逐渐被消耗,同时生成水,使电解液的密度逐渐降低。因此,可以用电解液密度的高低来判断蓄电池的放电程度。

铅酸蓄电池充电时的反应是放电时的逆反应。蓄电池充电后,两极板上原来被消耗的活性物质得到恢复,同时电解液中硫酸成分增加,水分减少,密度升高。

铅酸蓄电池在充电过程中还伴随有电解水的副反应。这种反应在充电初期是很微弱的,但当单体电池的端电压超过水的理论分解电压 2.3 V,达到 2.4 V 左右时,水的电解开始逐渐成为主要反应,此时可观察到大量的气泡从电解液中析出。由于正负极板上的活性物质逐渐恢复,$PbSO_4$减少,充电电流用于活性物质恢复的部分越来越少,用于电解水的部分越来越多,因而冒气现象逐渐剧烈。分解水的电化学方程式如下:

正极反应:

$$2H_2O \longrightarrow 4H^+ +O_2\uparrow +4e$$

负极反应:

$$4H^+ +4e \longrightarrow 2H_2\uparrow$$

总反应:

$$2H_2O \longrightarrow 2H_2\uparrow +O_2\uparrow$$

充电过程中水的分解对铅酸蓄电池的影响很大。首先是消耗水，浪费电能；其次是气体析出时对极板上的活性物质产生冲击作用，加速了活性物质的脱落，使电池寿命缩短；再次是增加了使用者的维护工作量，因为分解水使液面降低，造成极板外露而损坏，所以必须经常加纯水以使电解液保持规定的高度。为了减少水的分解，可在充电后期减小充电电流，或者控制单体电池的端电压小于2.3 V，以延长电池的寿命。

（二）密封铅酸蓄电池的负极吸收原理

普通的铅酸蓄电池在充电后期或搁置期间，由于正极析氧、负极析氢导致电解液中水分损失，需经常对电池补充蒸馏水维护。

密封铅酸蓄电池是一种有气体复合功能的阀控式蓄电池。它利用负极吸收原理，实现"氧复合循环"来达到密封的目的。实际上它不能达到完全密封，必须有特殊的排气阀，使电池内部气体达到一定压力后逸出。

密封铅酸蓄电池负极栅板采用析氢过电位较高的无锑 Pb－Ca－Sn－Al 合金，正极栅板采用无锑 Pb－Ca－Sn－Al 合金或低锑 Pb－Sb（质量分数1.85%）－Al 合金、Pb－Sb（质量分数2.5%）－Se 合金、Pb－Sb（质量分数2.5%）－Ca－S 合金等制造；隔板采用通透性良好的袋式超细玻璃纤维毡，将正极板装在毡袋中，不仅吸酸性能力强，可压缩，有利于氧气扩散，同时避免了正极板活性物质的脱落；限制正极容量，而使负极活性物质容量过剩，以保证充电时正极上优先析出氧气，而负极上不产生氢气。

$$2H_2O \longrightarrow O_2 + 4H^+ + 4e$$

析出的氧气穿过隔膜扩散到负极，与海绵状铅或 H^+ 发生"氧复合循环"反应：

$$Pb + 1/2O_2 + H_2SO_4 \longrightarrow PbSO_4 + H_2O$$

$$O_2 + 4H^+ + 4e \longrightarrow 2H_2O$$

这样，不会在电池内积累氧气，负极一直处于充电不足状态，不会析出氢气，没有水的损失。

密封铅酸蓄电池采用特制的安全阀保持一定的内压，有利于氧气向负极扩散，同时提高离子扩散速度，使极化内阻减小。

三、铅酸蓄电池的性能

（一）电性能

电性能包括电池内阻、充放电特性、容量等。

1. 电池内阻

内阻包括电池的欧姆电阻和极化电阻。它们与电解液浓度、温度以及极板孔隙率等有关。铅酸蓄电池由于活性物质为粉状，表面积大，极化小，因此极化电阻（R_f）较小，所以铅酸蓄电池的内阻，通常指欧姆电阻。

2. 充放电特性

通常采用充放电过程的端电压－时间曲线表示电池的工作特性。

（1）充放电过程中端电压的变化

图4－8是铅酸蓄电池恒流充电和恒流放电时的端电压－时间曲线。从图中可见，充电

时端电压的变化主要分为三个阶段。

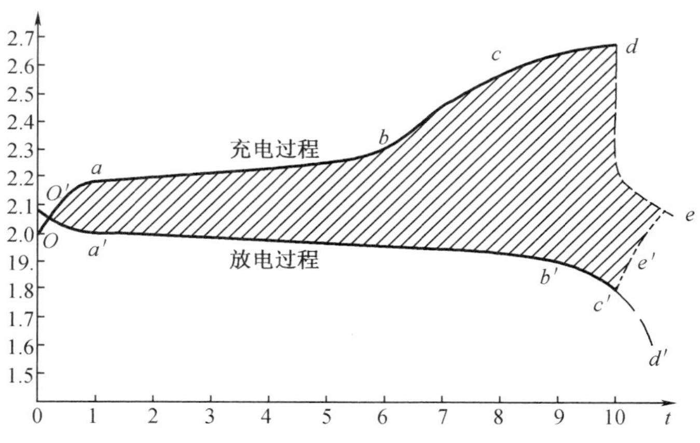

图 4-8　铅酸蓄电池充、放电过程电压-时间曲线

在充电初期对应曲线 *oa* 段。电池端电压升高很快,这是由于充电反应使极板微孔内形成的硫酸密度骤增,电动势也随之迅速增加。此时微孔中的硫酸向外扩散的速度低于充电反应生成的速度,使得电池电势继续增高。另外电池的内阻压降的存在也使端电压增加。

充电中期对应曲线中 *ab* 段。随着极板微孔中硫酸的密度与电解液本体的密度之差增大,极板微孔中硫酸向外扩散的速度增加,最终使向外扩散的速度与生成硫酸的速度逐趋平衡,微孔内外的浓度差稳定下来,电动势的增高渐慢。

充电后期对应曲线的 *bcd* 段。当端电压上升到 2.3 V 以上时,极板表面上的硫酸铅已大部分还原为二氧化铅和海绵状铅,充电电流将部分被用于分解水,而且随着极板上的硫酸铅越来越少,充电电流越来越多地用于分解水,在两极上析出的气体越来越多。气体的析出使极板被气泡所包围,气体为不良导体,微孔中的硫酸也不易向外扩散,因而电池的内阻增加很快。所以在曲线 *b* 点(2.3 V)之后,端电压又继续上升,一直升到 2.5 ~2.6 V。

当到达曲线的 *cd* 段时,如继续充电,因极板上的活性物质已全部还原为铅和二氧化铅,充电电流全部用于分解水,使两极上气体的析出达到饱和,端电压稳定在 2.7 V 左右,此后若继续充电,电池的电压不再增加,只是消电、耗水,必须立即停止充电。停止充电后,蓄电池的端电压骤降至 2.3 V(因内电压降为 0)。但由于刚停止充电,极板微孔中硫酸密度仍然高于电解液本体的密度,电池的电动势较高(2.3 V)。随着极板微孔中硫酸的逐渐扩散,微孔中电解液密度逐渐降低,一直到极板内外浓度相等,最后端电压将慢慢地降低到2.1 V 左右稳定下来(曲线的 *de* 段)。

铅酸蓄电池放电时端电压的变化也分为三个阶段。

放电初期对应曲线时 *o′a′*段。在放电初始的很短时间内,端电压急剧下降,这是由于放电反应使极板微孔中硫酸首先被消耗,浓差极化加剧。因此,这一阶段电池的电动势急剧下降,另外,电池的内阻压降的存在,也必然引起端电压的下降。

放电中期对应曲线中 *a′b′*段。随着极板微孔中硫酸与电解液本体的浓差扩散速度逐趋平衡,微孔内外的浓度差稳定下来,电动势的下降渐慢。

放电末期对应曲线中 $b'c'd'$ 段。由于活性物质逐渐转变为硫酸铅，且向极板深处发展，使极板活性物质微孔被体积较大的硫酸铅阻塞，电解液本体中的硫酸向微孔内的扩散变得越来越困难，浓差极化变大，电动势也随之急剧下降。另外，放电后期极板上硫酸铅含量增多和电解液密度的下降，使电池内阻增大，内阻压降上升较快，所以端电压迅速下降。

当端电压下降到 c' 点以后，如果再继续放电，端电压下降的速度更快（曲线 $c'd'$ 段），这是因为微孔中硫酸得不到补充，浓差极化很严重。所以，c' 点的端电压为放电终止电压。此时，应停止放电，再继续放电即称之为过放电，过放电对蓄电池十分有害，因为微孔深处生成的硫酸铅在充电时不易还原，而使极板损坏，容量下降。

当停止放电后，由于放电反应不再发生，极板微孔中的电解液与电解液本体相互扩散，密度逐渐增大，电动势也随之逐渐增大。当微孔内外的电解液密度相等时，电动势也升至1.95 V左右稳定下来（曲线的 $c'e'$ 段）。但是不要为表面现象所迷惑，以为电动势回升就可以继续放电，而忽视了极板孔隙已被基本堵塞这样一个事实。很明显，如果在这时接通用电电路继续放电，电压又会急剧下降。

充电曲线与放电曲线之间的面积（见图4－8阴影部分），即为能量损失。蓄电池在充电与放电时的端电压之差在充放电的初期和中期为0.2～0.3 V，但在充、放电末期端电压之差是很大的，该部分阴影相当于克服蓄电池内阻增大的电能损失。这是由极板微孔中电解液及水电解后产生的气体扩散较慢所致。

（2）充电率对端电压的影响

充电率对端电压的影响很大。如图4－9所示，充电率大即充电电流大时，端电压上升速度很快，而且在较高电压稳定下来，使充电终止电压提高。这是因为极板上活性物质的电化学反应速度很快，微孔中电解液的浓度迅速增大，浓差极化较大，因而电池的电动势较大。另外，端电压很快上升至2.3 V，使两极较早析出气体且析出量多，使内阻压降增大（气体析出时极化严重）。反之，充电率低即充电电流小时，上述各方面的作用都较小，端电压上升的速度较慢，而且较低，相应地充电终止电压也低。

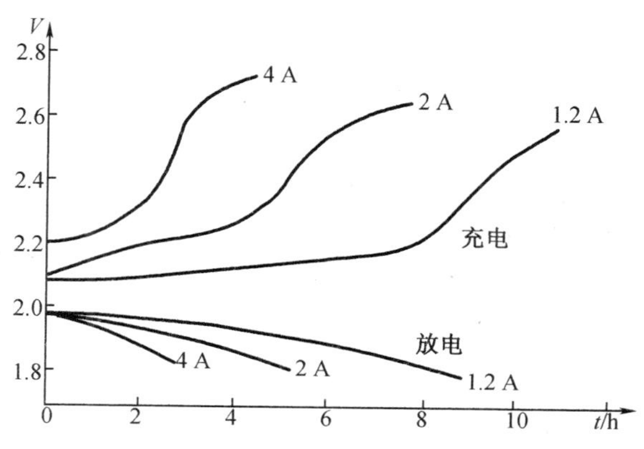

图4－9　铅酸蓄电池不同充、放电率电压－时间曲线

值得注意的是，虽然大电流充电可使充电时间缩短，但端电压很快达到水的分解电压（2.3 V），使气体析出过早，不利于活性物质的充分恢复，并使活性物质受到冲击而脱落。

实际上，由于大电流充电时，电能被大量浪费在水的分解上，所以在一般情况下，都用正常充电率进行充电，以利于电池容量的恢复和减少水的分解。

(3)放电率对端电压的影响

蓄电池放电时的电压与放电电流的大小有关。放电电流越大，则蓄电池的端电压下降越快。这是因为放电电流大时，极板上活性物质发生电化学反应的速度快，微孔内硫酸消耗量大，密度下降快，浓差极化加剧。由于生成的硫酸铅体积较大，造成微孔缩小或堵塞，电解液向极板微孔内扩散的速度受到阻碍，致使极板孔隙内电解液的密度下降得更低和更快。同时内阻压降也大，所以电池的端电压下降得更快。在整个放电过程中的电压都要比用较小电流放电时的相应电压低。随着放电电流的降低，电池的电压降趋向平缓，放电时间也大大延长，如图4－9所示。

正常情况下，蓄电池在使用过程中不断地放电，到蓄电池的端电压降至终止电压时，即应立即停止使用，进行充电。放电终止电压是指电池放电应当停止的电压。根据电池类型和放电条件的不同，对电池容量、寿命要求不同，对电池终止电压的规定也不同。图4－10是铅酸蓄电池不同小时率的放电曲线及相应的终止电压。小电流放电终止电压也不可过低，因为放电时间长，放电的电量较多，生成的硫酸铅也多，使体积膨胀引起内应力，造成活性物质脱落。

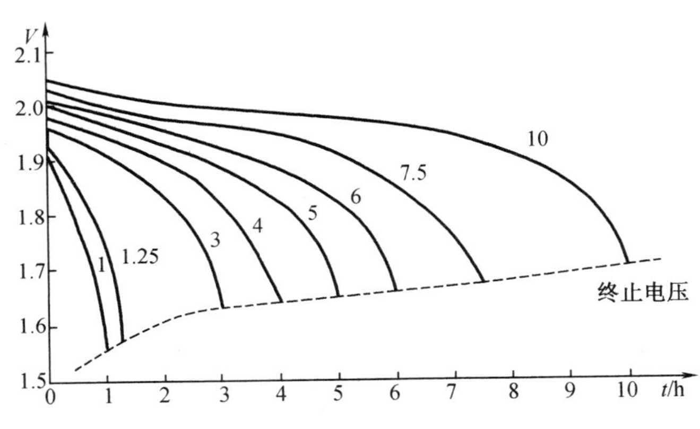

图4－10　铅酸蓄电池不同小时率的放电曲线

3. 电池容量

我国起动用铅酸蓄电池标准(GB/T 5008.2)是以20 h放电率容量为额定容量的。以放电时间为20 h，电解液温度为25±5 ℃、密度为1.28±0.01 g/mL(25 ℃)，放电终止电压为1.75±0.05 V条件下的放电容量作为蓄电池的额定容量，称之为20小时率额定容量，用C_{20}表示。

电池的实际容量与放电制度(放电率、温度、终止电压)和电池结构有关。放电率低，放电电压下降缓慢，放出的实际容量高。放电率与容量的关系如表4－7所示。

表 4-7 起动型电池放电率与容量关系

放电率/小时率	20	10	5	1	$\frac{1}{2}$
实际放电容量为额定容量的百分数(%)	100	92	81	55	47
12 V 电池工作电压 U/V	11.85	11.75	11.55	11.40	10.85
单体电池平均电压 U/V	1.98	1.96	1.93	1.90	1.87

(二)电池储存性能

电池储存性能是指电池开路,在一定条件下储存后容量下降的特性,可用容量下降率表示。容量下降主要是由于电极活性物质在电解液中不稳定,造成正、负极自放电。

1. 铅负极自放电

铅负极自放电是由铅溶解、氢析出造成的,电池反应为

$$Pb + H_2SO_4 \longrightarrow PbSO_4 + H_2$$

此外,电解液中溶解的氧也可氧化铅,其反应为

$$Pb + 1/2O_2 + H_2SO_4 \longrightarrow PbSO_4 + H_2O$$

但电解液中氧的溶解量少,铅溶解析氢是引起自放电的主要原因。

2. 二氧化铅自放电

二氧化铅正极自放电反应为

$$PbO_2 + 2H^+ + SO_4^{2-} \longrightarrow PbSO_4 + H_2O + 1/2O_2$$

析氧过电位大小直接影响 PbO_2 的溶解速率。由于 $\alpha-PbO_2$ 的析氧过电位比 $\beta-PbO_2$ 小,因此,$\alpha-PbO_2$ 的自放电速率高于 $\beta-PbO_2$。PbO_2 自放电速率取决于电极用板栅合金的组成,板栅中的锑和银都有降低析氧过电位的作用,从而加速 PbO_2 的自放电速率。

此外,还有可能引起 PbO_2 自放电的局部反应为

$$5PbO_2 + 2Sb + 6H_2SO_4 = (SbO_2)_2SO_4 + 5PbSO_4 + 6H_2O$$

$$PbO_2 + 2Ag + 2H_2SO_4 = PbSO_4 + Ag_2SO_4 + 2H_2O$$

$$PbO_2 + Pb(\text{板栅}) + 2H_2SO_4 = 2PbSO_4 + 2H_2O$$

3. 电解液中含有可变价盐引起的自放电

如铁、铬、锰盐等,它们的低价在正极被氧化,高价在负极被还原,与此相应的是正极 PbO_2 被还原,负极铅被氧化,造成正负极连续自放电。以铁盐为例:

正极反应:

$$PbO_2 + 3H^+ + HSO_4^- + 2Fe^{2+} \longrightarrow PbSO_4 + 2H_2O + 2Fe^{3+}$$

负极反应:

$$Pb + HSO_4^- + 2Fe^{3+} \longrightarrow PbSO_4 + H^+ + 2Fe^{2+}$$

4. 电解液中其他杂质引起的自放电

自来水中的 Cl^-:

$$PbO_2 + HCl = PbCl_2 + 2H_2O + Cl_2$$

$$PbCl_2 + 2H_2SO_4 = PbSO_4 + 2HCl$$

Cl_2对隔板具有腐蚀作用。为减少自放电，应采用纯度高的材料，在负极中加入析氢过电位高的金属，在电解液中加入缓蚀剂，以抑制氢析出。

四、铅酸蓄电池的充电方法

根据铅酸蓄电池使用与维护的不同需要，其充电可分为恒流充电、恒压充电、浮充电和快速充电等多种情况。

蓄电池的充电应使用直流电源。充电电流 I_c 与充电电压 U 的关系为

$$I_c = (U - E)/R_i \tag{4-21}$$

式中 I_c——充电电流；

U——充电电压；

E——蓄电池电动势；

R_i——蓄电池内阻。

1. 恒流充电法

在充电过程中，充电电流始终保持恒定的充电方法，称为恒流充电。

当端电压上升到 2.4 V 时，电池内有大量的水发生分解，因而将恒流充电变为“分阶段恒流充电”，以适应蓄电池的特性。所谓分级恒流充电法，即在充电刚开始的时候用较大的电流，经过一定时间改用较小的电流，至充电终期再改用更小的电流充电。使用较多的是两阶段恒流充电法：第一阶段以 10 小时率电流充电，充至蓄电池单格电压为 2.4 V。这一阶段需 6 ~ 8 h。第二阶段充电电流比第一阶段减小 1/2，一直继续到充足电为止。这一阶段充电时间延续 3 ~ 5 h。

2. 恒压充电法

在充电过程中，保持电源电压恒定的充电方法，称为恒压充电法。

根据式(4-4)，充电初期蓄电池电动势 E 较低，充电电压 U 与 E 的差值较大，因此充电电流 I_c 较大，E 上升较快；随着充电时间增长，U 与 E 的差值逐渐减小，I_c 也随之减小；当 E 上升到 U 时，I_c 等于零，充电自动停止。

恒压充电法的优点是充电初期 I_c 大，充电速度快，4 ~ 5 h 内蓄电池就可获得本身容量的 90% ~ 95%，因而充电时间可大大缩短，但充电电压较低，蓄电池充电不完全。

采用恒压充电时，应选择好充电电压 U，若 U 过高，不但充电初期 I_c 过大，还会发生过充电现象；若 U 过低，则会使蓄电池充电不足。一般控制每个单体电池约需 2.4 V，因此，根据内燃机直流电系统电压规格的不同，充电发电机调节器的调节电压分别为 14.4 V 和 28.8 V左右。

3. 全浮充法

对于备用蓄电池或使用频度较低的蓄电池，为保持其经常处于充足电状态，长期以微小电流充电的方法，称为全浮充法。

浮充电用以补偿蓄电池的局部放电以及由于负载在短时间内突然增大所引起的少量放电。浮充电流由下式计算：

$$I_f = \frac{2\% C_r}{24} \tag{4-22}$$

式中 I_f——浮充电时,给蓄电池补充充电的电流;

C_r——蓄电池组的额定容量;

2%——每昼夜蓄电池组自放电或瞬间大负载放电所损失的额定容量的百分数;

24——昼夜小时数。

上述公式的计算值仅作参考。在实际运行中,应考虑电池的新旧程度、自放电大小、浮充时负载的变化和浮充前电池所处的状态等因素。

浮充时,各单体蓄电池两端的电压称为浮充电压,是浮充运行时最重要的一个指标。它决定了蓄电池的使用寿命和电能损耗。

实际经验证明,最佳浮充电压(平均值)为2.17 ±0.01 V。每个单体蓄电池的浮充电压应保持在2.10 ~2.20 V范围内。

4. 快速充电法

蓄电池传统的恒压充电或恒流充电法,充电时间过长,或不能完全充足。若单纯加大充电电流来缩短充电时间,则极化现象严重,尤其是化学极化,导致蓄电池温升加快,产生大量气泡,造成活性物质脱落,损伤电极和浪费电能,影响电池的使用寿命。

为实现蓄电池高效、迅速、无损充电,在大电流充电中,实行短暂的停充电,在停充电中加入放电脉冲来消除化学极化,这就是脉冲快速充电的基本方法。快速脉冲充电的电流曲线如图4 –11 所示。

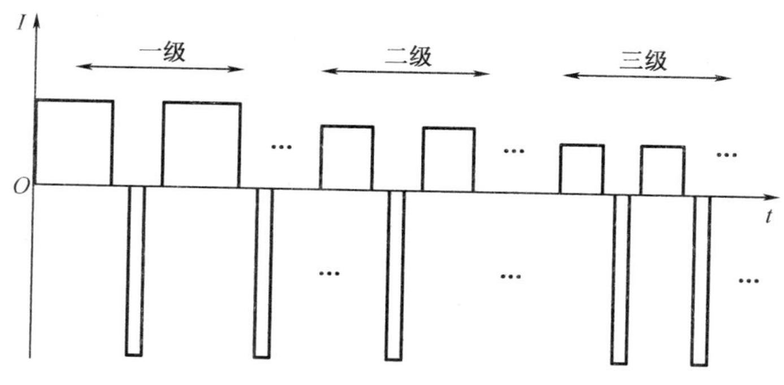

图4 –11 快速脉冲充电电流曲线

该曲线主要有三个特点:一是整个充电过程中,放电脉冲的幅值和宽度基本上保持不变;二是脉冲充电电流采用分级定电流制度,以降低蓄电池充电时的极化,减少气体的析出,即充电电流的脉冲幅度和宽度随蓄电池端电压的升高分级逐渐降低;三是在每一级的快速脉冲充电过程中,按照正脉冲充电—停充—负脉冲放电—再正脉冲充电的过程循环。脉冲快速充电一般应在专门的快速充电机上进行。

实际充电设备中仅使用脉冲充电法的不是很多,大多数是采用脉冲充电和其他充电相结合的方法,如快速脉冲充电与恒流充电结合的方法。典型的蓄电池快速脉冲充电策略如图4 –12 所示。

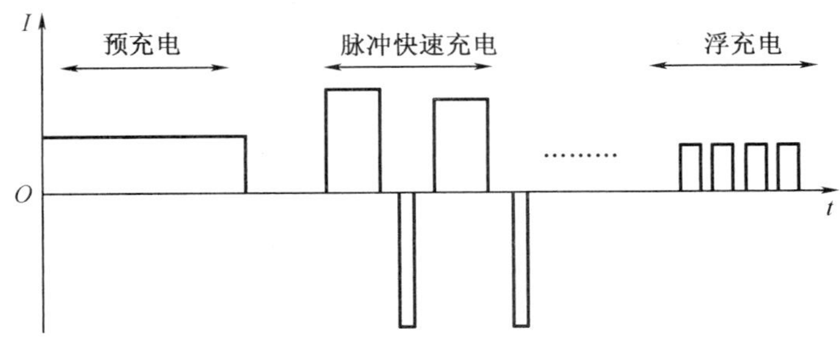

图 4-12 快速脉冲充电策略

由于充电初期蓄电池极化现象不明显，可以采用较大的恒流进行预充电，蓄电容量和电池电压达到一定程度后，再进行大电流快速脉冲充电。为了保证蓄电池充入 100% 的电量，快速脉冲充电后还要对蓄电池进行浮充电。

五、铅酸蓄电池常见故障和循环寿命的影响因素

1. 铅酸蓄电池的常见故障

铅酸蓄电池的常见故障主要有负极板硫化、自行放电、活性物质脱落等。

（1）负极板硫化

铅酸蓄电池长期充电不足、过放电或放电状态下长期储存时，其负极上会形成一种粗大、坚硬的硫酸铅结晶，造成再充电还原困难，这种现象称为不可逆硫酸盐化，简称硫化。

极板硫酸盐化的电池有以下特征：充电时电压上升快，放电时电压下降迅速；充电时气泡产生过早；极板表面生成白色粒状斑点；电池容量明显下降。

负极板硫化的主要原因是温差引起 $PbSO_4$ 的再结晶，形成粗大结晶，降低 $PbSO_4$ 的溶解度。另外，粗 $PbSO_4$ 晶体会覆盖部分反应面积，增大电池内阻，导致电池容量急剧下降，甚至使电池失效。防止极板硫化最简单的方法是及时充电，减少极板上的 $PbSO_4$。如果极板硫化不太严重，采小电流充电及时处理尚能挽救。

（2）自行放电

未使用的蓄电池容量逐渐降低的现象称为自行放电。极板栅架中的锑与活性物质间存在电位差，产生局部放电；蓄电池长期放置不用，硫酸下沉，下部密度大于上部，同一极板上、下产生电位差也引起自行放电。这些均为正常的自行放电，每昼夜自行放电量不超过额定容量的 2%。阀控式蓄电池采用铅－钙合金栅架，自行放电量明显减少。

如果每昼夜自行放电量超过额定容量的 2%，则为故障性自行放电。电解液不纯，混有金属盐类杂质，杂质与极板之间形成闭合的局部电池，从而使蓄电池容量快速下降，是故障性自行放电的主要原因；蓄电池隔板破损、沉淀池脱落的活性物质过多、电池槽上沾染的电解液使正、负极桩构成导电的通路，也是引起自行放电的原因。

（3）活性物质脱落

蓄电池使用过程中，极板随充放电而反复膨胀和收缩，活性物质会自行脱落，正极板更甚。正常情况下，这种脱落是缓慢的，危害不大。放电电流过大导致极板拱曲变形、冬季电解液结冰、过充电、蓄电池剧烈震动或受外力打击等，都会加速活性物质的脱落。

脱落的活性物质沉积在沉淀池，会造成充电时电解液浑浊，放电时，蓄电池容量下降。

（4）正极板栅腐蚀

由于板栅铅合金与活性二氧化铅在硫酸溶液中直接接触产生电位差，无论是在充放电状态，还是开路状态，板栅都存在被腐蚀的现象。特别是在过充电状态下，一方面正极板板栅中的铅被氧化为氧化铅，形成正极板栅腐蚀；另一方面，充电过程中，电池正极由于析氧反应，水被消耗，H^+增加，正极附近酸度增高，板栅腐蚀加速。如果电池长期处于过充电状态，电池的栅板就会因腐蚀严重，致使板栅不能支撑活性物质；或者由于腐蚀层的形成，使板栅合金产生应力，致使板栅线性长大变形，使极板整体遭到破坏，引起活性物质与板栅接触不良而脱落，最终导致电池失效。

正极板栅腐蚀严重时，板栅电阻增大，放电时会出现电压和容量急剧下降。

（5）失水干涸

对于阀控式铅酸（VRLA）蓄电池，当蓄电池内氧复合效率低于100%，或因水分逸出、正极板栅腐蚀等引起电解液量减少时，就会使 VRLA 蓄电池失水，进而造成电池性能的大幅下降。一般当电解液中的水分损失达到15%时，电池的容量也将损失15%以上。电池容量低于80%，就标志着电池寿命的终止。

（6）热失控

VRLA 蓄电池热失控是其主要失效模式。热失控是指恒压充电时，充电电流和电池温度累积性的相互增强，并逐步损坏电池的现象。原因是充电时其内部氧复合反应是放热反应，使电池温度升高，充电电流增大，析气量增大，促使电池温度升得更高，电池本身“贫液”，装配紧密，内部散热困难，如不及时将热量排出，就会逐步发展为热失控。热失控会使蓄电池的外壳鼓胀变形、漏气漏酸、电池容量下降，最终导致电池失效。极端的情况下由于电流过大、温度过高而使电池极柱、外壳和内部毁坏甚至发生电池爆炸。充电电压太高，电池周围环境温度升高，都会使电池热失控加剧。

2. 铅酸电池循环寿命的影响因素

影响铅酸电池循环寿命的因素除活性物质的组成、晶型、孔隙率、极板结构及尺寸、板栅材料和结构、电解液密度与数量等内在因素外，还取决于外部因素，如放电电流密度、放电深度、温度、维护状况和储存时间等。下面主要讨论与使用方式有关的影响因素。

（1）放电程度

铅酸电池寿命受放电程度影响很大。在铅酸电池的充、放电中，不断发生 PbO_2 与 $PbSO_4$ 的转化，由于 $PbSO_4$ 的摩尔体积比 PbO_2 大95%。于是，在电池的循环过程中，活性物质反复收缩和膨胀，就使 PbO_2 粒子之间的相互结合逐渐松弛，易于脱落。放电深度越大，循环寿命越短。

（2）过充电程度

过充电时有大量气体析出，这时正、负极活性物质要遭受气体的冲击，这种冲击会促进活性物质脱落。此外，正极板栅合金也遭受严重腐蚀，所以电池过充电时间越长、次数越多电池使用期限越短。

（3）电解液的密度及温度

电解液密度增加有利于提高正极板的容量。但是，密度的提高加速了正极板栅的腐蚀速度及电池自放电速度。同样电池工作温度提高后硫酸扩散速率也加快，有利于提高容量；但过高的温度（超过 50 ℃）使负极容易硫酸盐化、二氧化铅在硫酸中的溶解度提高，这些都会降低电池的循环寿命。

第三节　锂离子电池

锂离子电池是指以 Li^+ 嵌入化合物为正、负极的二次电池，是由日本索尼公司于 1990 年研制成功的，之所以被称为锂离子电池，是因为这种电池无论在正、负极还是在电池隔膜中，锂都是以离子形式存在的。负极是碳素材料，如石墨等；正极则是含锂的过渡金属氧化物，如 Li_xCoO_2、Li_xNiO_2 或 $LiMn_2O_4$ 等。电解质是含锂盐的有机溶液。聚合物锂离子电池（采用凝胶聚合物电解质为隔膜和电解质）1994 年被发明，1999 年开始商品化。

与其他蓄电池相比，锂离子电池的优点在于开路电压高、比容量大、自放电率低、循环寿命长。没有记忆效应也是锂离子电池突出的优点，因此锂离子电池充电前不必顾及其中的电量是否已被用完。锂离子电池与其他二次电池的性能比较见表 4－8。

表 4－8　锂离子电池与其他二次电池的性能比较

电池类别	工作电压/V	质量比能量 /($W \cdot h \cdot kg^{-1}$)	体积比能量 /($W \cdot h \cdot dm^{-3}$)	循环寿命 (100% DOD)/周	自放电 (室温，月)/%
铅酸电池	2.00	35	80	300	5
镉镍电池	1.20	40	120	500	20
低压氢镍电池	1.25	50～80	100～200	500	30
高压氢镍电池	1.25	60	70	1 000	50
锂离子电池	3.70	110～150	300	500～1 000	10
聚合物锂离子电池	3.70	120～160	250～320	500～1 000	<10

一、锂离子电池的分类和结构

锂离子电池按所用电解质，一般可以分为液态锂离子电池（LIB）、聚合物锂离子电池（LIP、PLIB）和全固态锂离子电池三类。目前商品化的锂离子电池是聚合物锂离子电池和液态锂离子电池。

锂离子电池从外形上一般分为圆柱形和方形两种。聚合物锂离子电池可以根据需要制成任意形状和尺寸(1 mm 以下厚度）。

常见的锂离子电池主要由正极、负极、隔膜、电解液、外壳以及各种绝缘、安全装置组成，其典型结构如图 4－13 所示。

液态锂离子电池和聚合物锂离子电池所用的正负极材料是相同的，电池的工作原理也基本一致。它们的主要区别在于电解质的不同。锂离子电池使用的是液体电解质，而聚合物锂离子电池则以固体聚合物电解质来代替，这种聚合物可以是“干态”的纯聚合物电解质，也可以是“胶态”的聚合物电解质。纯聚合物电解质室温电导率较低，而胶体聚合物电解质是利用固定在具有微孔结构的聚合物网络中的液体电解质实现离子传导，既具有固体聚合物的稳定性，又具有液态电解质的离子传导率，目前大部分采用胶体聚合物电解质。

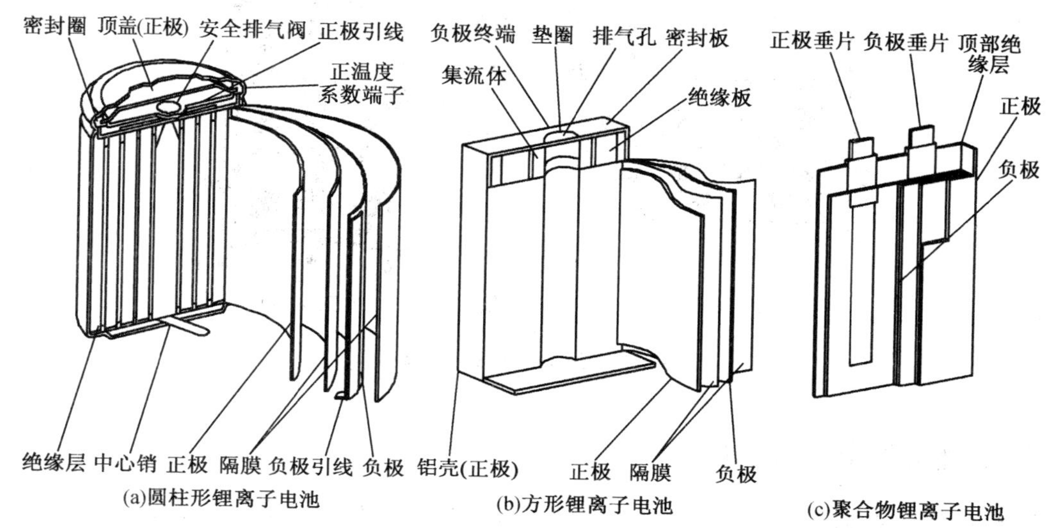

图 4－13　锂离子电池的典型结构

聚合物锂离子电池还可以采用高分子材料作正极，其质量比能量将会比目前的液态锂离子电池提高 50% 以上。此外，聚合物锂离子电池在工作电压、充放电循环寿命等方面都比液态锂离子电池有所提高。基于以上优点，聚合物锂离子电池被誉为下一代锂离子电池。

二、锂离子电池工作原理

锂离子电池的工作原理如图 4－14 所示。锂离子电池实际上是一种锂离子浓差电池；充电时，锂离子从正极活性物质中脱嵌，在外电压的驱使下经由电解质嵌入负极活性物质中，负极处于富锂态，正极处于贫锂态；放电时则相反，Li＋从负极脱嵌，经过电解质嵌入正极活性物质的晶格中，外电路电子流动形成电流，实现化学能向电能的转换。在正常充放电情况下锂离子在层状结构的碳材料和层状结构氧化物的层间嵌入或脱嵌，一般不破坏晶体结构，因此从充放电反应的可逆性看，锂离子电池的充放电反应是一种理想的可逆反应。

锂离子电池的正负极充放电反应如下：

负极反应：

$$6C + xLi^+ + xe \underset{\text{放电}}{\overset{\text{充电}}{\rightleftharpoons}} Li_xC_6$$

正极反应：

$$Li_xMO_2 - xe \underset{\text{放电}}{\overset{\text{充电}}{\rightleftharpoons}} xLi^+ + Li_{1-x}MO_2\ (M = Co、Ni\ 等)$$

反应：

$$Li_xMO_2 + 6C \underset{放电}{\overset{充电}{\rightleftharpoons}} Li_{1-x}MO_2 + Li_xC_6 \ (M = Co、Ni 等)$$

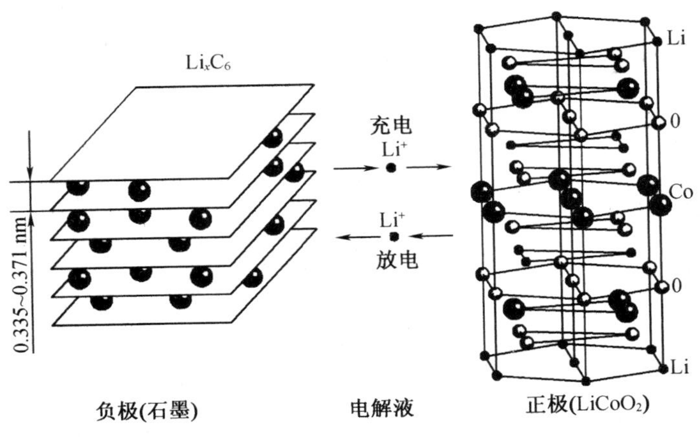

图 4-14　锂离子电池的工作原理

三、锂离子电池的性能

锂离子电池的性能包括充电、放电、自放电、热特性、安全性以及储存等特性。

(一)充放电特性

1. 充电特性

锂离子电池采用恒流－恒压(CC/CV)充电方式,即充电器先对锂离子电池进行恒流充电,当电池电压达到设定值(如 4.2 V)时转入恒压充电。恒压充电时充电电流渐渐自动下降,最终当该电流达到某一预定的很小值(如 0.05C)时,可以停止充电。锂离子电池严格限制过充电,深度过充会导致电池内部有机电解液分解,产生气体,蓄电池发热,蓄 F10 电池壳体压力增加,严重时会发生壳体变形,甚至爆裂。通常采用电子线路来防止锂离子电池过充电的发生。图 4-15 为 10 A · h 方形锂离子电池的典型充电曲线。

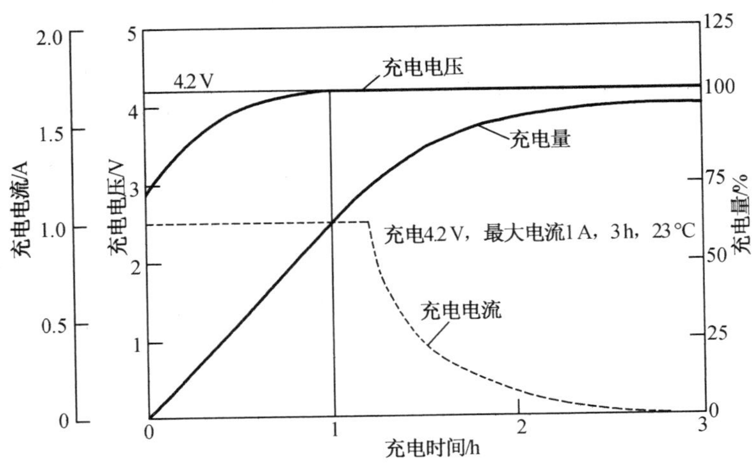

图 4-15　锂离子电池的典型充电曲线

2. 放电特性

在正常的放电倍率(0.1～1.0C)下,锂离子电池的平均放电电压一般为3.4～3.8 V,放电终止电压一般为3.0 V。锂离子电池也严格限制过放电,锂离子电池在深度过放电时,不但会改变电池正极材料的晶格结构,还会使负极铜集流体氧化,导电性能下降,性能衰减,严重时会使电池失效。通常采用电子线路来防止锂离子电池过放电的发生,放电电压不能低于2 V。锂离子电池不同倍率的放电曲线如图4－16所示。

锂离子电池的充放电性能与充放电所处的环境有关。与常温相比,电池低温放电电压平台低,放电容量小。

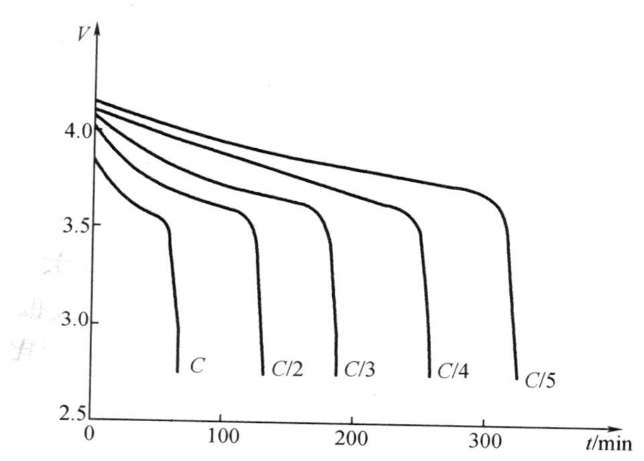

图4－16　锂离子电池不同倍率的放电曲线

(二)安全性

锂离子电池在充放电过程中,一直伴随着温度的变化。通常情况下,锂离子电池在充电初期为吸热过程,在充电末期转为放热过程;在放电时为放热过程。当锂离子电池大电流充放电时,不可避免地产生热量,该热量不能完全通过表面散去,必须通过强制散热才能保证锂离子电池的安全性和较长的使用寿命。影响锂离子电池安全性的因素如下:

1. 热分解

电池在过热、短路等状态下,有机溶剂热分解,会引起燃烧甚至爆炸;温度升高,负极钝化膜会发生分解,导致电解液与负极直接接触发生反应,加速电解液的分解;正极材料在温度升高时会发生分解,正极物质热稳定性:$Li-MnO_2 > Li-CoO_2 > Li-NiO_2$。

2. 过充电

过充时,电池电压高,会引起电极和电解液分解,产生大量气体和热量,使电池温度和内压急剧增加,导致电池起火、爆炸。应采用专用充电电路或正温系数电阻器(PTC),限制过充电电流;也可采用专用隔膜,当电池发生异常使隔膜温度过高时,隔膜孔收缩闭合,阻止锂离子的迁移,从而降低充电电流。在电解液中添加氧化还原保护剂,这些添加剂在正常充电时不参加氧化还原反应,充电电压超过一定值时,开始在正极氧化,负极还原,直至充电结束。还可以在电解液中添加电聚合保护剂,当充电电压超过一定值时,发生电聚合反应，在负极表面产生导电聚合物膜，造成电池内部微短路，使电池自放电至安全状态。

3. 内部短路

锂离子电池的内部短路是其安全性的一大隐患。所以应研究隔膜和正负极材料的特性，避免故障的发生。

隔膜的作用主要是防止电池内部短路。隔膜的厚度、孔率、孔径及分布影响电池内阻和锂离子在电极表面嵌脱的均匀性。孔率40%、孔径10 nm时，能阻止正负极小颗粒运动，提高安全性；绝缘电压高、热闭合温度和熔融温度差较大的复合隔膜，可防止电池热失控，如利用低熔点的PE（125 ℃）在较低温度下使膜孔闭合，PP（155 ℃）能保持隔膜的形状和机械强度，防止正负极短路，保证电池的安全性。

负极形成枝晶是锂离子电池的内部短路的原因之一。控制正负极材料的比例，调高正负极涂布的均匀性是防止锂枝晶形成的关键。低温时，锂离子沉积速度大于嵌入速度，会导致锂沉积在电极表面，引起短路。

黏结剂晶体化、铜枝晶的形成，也会造成电池内部短路。涂布工艺加热温度过高，黏结剂晶体化，使活性物质剥落，造成内部短路。电池过放电低于2 V时，负极集电体铜箔开始熔解，在正极上析出，低于1 V时，正极表面出现铜枝晶，可造成内部短路。

（三）自放电和储存性能

锂离子电池自放电小，储存性能好，月自放电率只有6%～8%。镍氢电池的月自放电率达50%，镉镍电池的月自放电率达20%。

锂离子电池自放电受正极材料、制作工艺、电解质性质、温度和时间等因素影响。自放电产物堵塞电极微孔，会导致不可逆容量损失。

锂离子电池长期储存时，不同的荷电状态会影响电池的储存性能。电池在半电态（40%～60% C）、开路电压3.8～3.9 V下储存时，对电池性能的影响最小。建议只储存新电池，不储存旧电池。

习题与思考题

1. 化学电源按工作性质和储存方式一般分为哪几类？各有何特点？

2. 什么是电池的理论容量、实际容量和额定容量？它们之间的关系怎样？

3. 什么是电池的比能量？高能电池应具备哪些条件？试分析影响电池比能量的因素？

4. 什么是放电率？请将下表中的放电率用另一种形式表示出来：

小时率 h	5		20		0.5	
倍率 α		2		0.1		5

5. 铅酸蓄电池的充电终了标志和放电终了标志各是什么？为什么不同的放电率要规定不同的放电终了电压？

6. 举出五种以上引起铅酸蓄电池容量下降的原因？怎样处理？

7. 密封铅酸蓄电池的“氧复合循环”原理是什么？写出有关反应。

8. 怎样用两阶段恒流充电法充电？（以 6－Q－120 型电池为例进行说明）

9. 如何进行起动型铅酸蓄电池电解液密度的测量与调整？什么情况下才能用稀硫酸进行电解液密度的调整？铅酸蓄电池的密度与放电程度有什么关系？铅酸蓄电池的密度与温度有什么关系？

10. 为什么大电流放电时，铅酸蓄电池放出的容量要减小？

11. 试述锂离子电池的工作原理。

12. 电池的储存性能指的是什么？它与电池的自放电有什么区别？

第五章　初级供电系统

本章首先介绍初级供电系统概念的形成、供电形式和发展趋势，之后介绍典型的初级供电系统组成和工作情况。

第一节　概　　述

一、初级供电系统的形成

地面压制武器和防空武器的诞生、进步是推动装备初级供电系统形成和发展的动力。早期生产的地面火炮采用牵引移动方式，作战时布成火炮阵地向敌目标进行密集火力打击，消灭敌指挥所、掩体、装备、给养和有生力量等；高炮、雷达等武器装备也采用牵引移动方式，作战时布置成防空阵地，打击敌低空飞行的飞机、直升机和巡航导弹，保护我方阵地和重要设施等。随着侦测手段和信息化技术的迅猛发展，原来的固定阵地在实施火力打击后很快被敌方发现，并迅速受到敌方的反击。因此，装备的快速机动和快速隐蔽随之成为发展的方向，出现了一批像自行火炮、自行高炮、远程火箭炮、机动发射导弹车等机械化、信息化武器系统。当这些武器装备移至运载工具上时，就面临能源的形式、供给和分配问题，如自行火炮驱动其行进需要动力，移动炮塔跟踪目标、装填弹药需要动力等。初期的产品是在通用车辆底盘的基础上利用发动机动力驱动发电机产生电力供给武器系统中的雷达、炮塔等(上装部分)，由于传统的上装部分有的采用直流电、有的采用交流电，有的采用工频交流电、有的采用中频交流电，所以为满足这些要求，出现了各种各样的供电模式，包括直流稳定电源、交流稳定电源等。这样我们把移动式武器装备中，由主发动机的机械能转换为电能并按一定要求进行管理的供电系统称为初级供电系统。

二、初级供电系统的形式

车辆在行进中发动机的转速往往是不稳定的，所以由它带动的发电机输出的电压和频率是变化的，因此为了最大限度地满足负载用电特性的要求，装备初级供电系统采用以下几种传动和发电形式。

1. 增速器 + 离合器 + 直流发电机 + 电能变换装置

这种形式是从车辆变速箱提取部分动力并升高转速后，通过联轴器驱动直流发电机进行发电的。提高转速的目的是减小电机的体积和质量。加装离合器是为了控制发电机工作的时机，即仅行军时离合器分离、初级供电系统不发电；行军作战时离合器结合，初级供电系统发电，并向武器系统供电。直流发电机输出电压一般应稳定，因此常采用励磁绕组和电压调压器进行控制；也有的直流发电机采用永磁式励磁方式，目的是进一步减小发电机的体积和质量，由于其输出电压因转速而变化，必须采用开关电源进行稳压；发电机输出电压通常稳定在 28 V 左右，以便与底盘电气电压制式相统一。此外，为满足其他用电制式要求，一般采用静止电能变换器。

2. 增速器 + 离合器 + 交流发电机 + 电能变换装置

这种形式的发电系统主要是为了满足重要负载的供电特性要求。交流发电机采用混磁励磁方式，以减小体积和质量，同时适应宽转速范围工作的环境。其他用电要求由电能变换装置来满足。

3. 增速器 + 液压泵 + 液压马达 + 交流发电机 + 电能变换装置

这种形式的发电系统主要是为了更好地满足同步发电机的工作要求和主要负载的用电特性要求。该系统中的液压泵为变量泵，由发动机经过增速器驱动，将发动机的机械能转换为流体能量；液压马达接收流体的能量转换为旋转运动，驱动同步发电机；液压调速系统根据发电机转速的变化，调节液压泵的输出流量，实现发电机转速的稳定。

4. 增速器 + 交流发电机 + 电能变换装置

这种形式的发电系统主要是为了满足行车和武器装备用电的特性要求。发动机经过增速器驱动交流发电机，行车时发电机输出的交流电压经整流后，通向轮边驱动电机，且满足驱动特性的要求；驻车发射时，控制发动机转速稳定，达到交流发电机稳频、稳压的目的，满足目标跟踪雷达、光电跟踪器以及炮塔驱动器的用电要求。

5. 内燃机 + 交流励磁发电机 + 电能变换装置

这种形式的发电系统是利用交流励磁发电机工作于亚同步和超同步状态，实现变速恒频发电功能的。所谓交流励磁发电机，是在电机转子上绕制三相绕组，通入三相交流电形成相对于转子旋转的正弦波分布磁场，转子旋转的频率和相对于转子旋转的励磁磁场频率之和应保持不变（如 50 Hz 或 400 Hz），从而实现了变速恒频发电功能。当电机转子工作转速低于同步转速时，励磁磁场的旋向与转子同向，这时电机的工作状态称为亚同步状态；当电机转子工作转速高于同步转速时，励磁磁场的旋向与转子反向，电机的工作状态称为超同步状态。

三、初级供电系统的发展趋势

我们暂且定义移动装备为坦克、自行高炮、自行火炮、步兵侦察车、移动式导弹发射系统等，它们共同的特点是：(1) 采用发动机作为动力，实现快速机动；(2) 车辆搭载多种信息化武器装备。早期的装备是选用车辆底盘搭载武器系统，形成作战装备，这个过程中遇到了很多问题，如内燃机动力不足、搭载装备由于空间有限难于布置等，因此装备整体水平落后。后来武器装备的研制将车辆、武器、通信、导航、指挥等设备和人员统一考虑进行设计，使装备功能和性能得到优化，整体水平不断提高。随着电力电子技术、微电子技术、计算机技术、网络技术和电池技术的大力发展和普及应用，从能源与驱动来看，移动车辆正悄然发生着改变，表现在以下几个方面：

1. 混合电驱动车辆

利用内燃机动力，通过电机转换为电力和蓄电池并联后，用轮边电动机驱动车辆行进。

取消了机械传动中的变速器、分动器、差速器、车桥和转动轴等,增大了离地间隙,提高了越野能力;腾出了有效空间,使武器装备更容易布置;降低了重心,减小了受攻击面积。此外,车辆还可关闭发动机仅使用蓄电池电力驱动,静音、低红外辐射前进,提高了隐蔽性。

2. 全电化武器平台

将来的战争可能是网络化武器装备体系之间的对抗,所以移动武器装备必须集多种武器和信息化设备于一体。为满足各类用电设备的要求,在移动车辆中形成以主要用电设备供电特性为主的初级供电平台,以各种静止电源为辅的二次供电模式。为提高装备通用化、标准化和模块化水平,将来的供电模式应统一在一种或几种电压制式上。

3. 大功率脉冲供电平台

随着大功率激光武器、大功率微波武器和高动能电磁发射武器的相继研制成功,其机动化、相应配套电源的小型化和各类设备的集成化等问题也将摆在我们面前,未来必将形成以大功率脉冲电源为供电平台的武器系统。

第二节　典型初级供电系统的组成及结构

一、初级供电系统的组成及功用

在某型车辆车内有两套供电系统,如图 5－1 所示。其中由变速箱、车体发电机及电压调节器组成的供电系统属于柴油机和车辆底盘部分,其功用是向车辆底盘中的负载和蓄电池组Ⅱ提供 27.5 V 的直流电能;由增速箱、ZFB－180 直流发电机及稳压保护器、电站配电箱、故障自诊断显示盒、母线分线盒组成的供电系统,称为初级供电系统,其功用是向 4 台 400 Hz 静止变流器、蓄电池组Ⅰ、车顶中的负载提供 27.5 V 的直流电能。

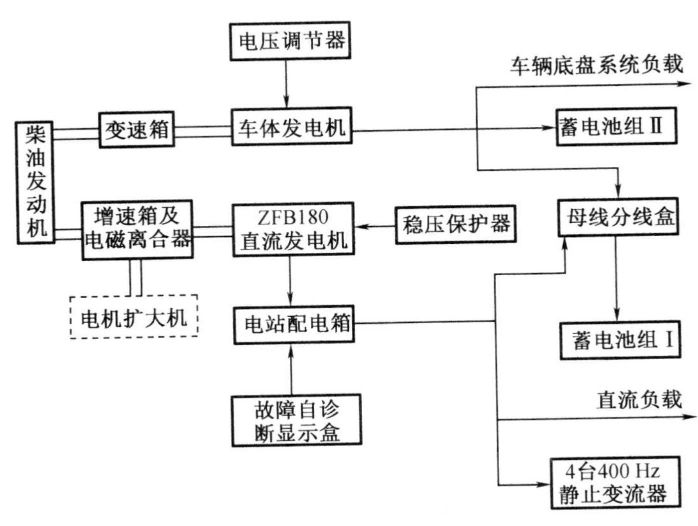

图 5－1　初级供电系统组成

柴油机起动后，分别通过变速箱和增速箱及电磁离合器驱动车体发电机 G2 和主发电机（ZFB180 直流发电机）G1 旋转发电，向负载提供低压直流电能。由于各自的稳压调节器特性不一致，为防止相互干扰，造成电流振荡，这时差动低限保护器 3KM9 闭合、2KM10－1 触头断开，G2 与 G1 为两个独立的供电系统，如图 5－2 所示。当 G2 投入运行，G1 未投入运行时，3KM9 断开，2KM10－1 闭合，G2 同时向两组蓄电池（蓄电池组Ⅰ XD1、XD2，蓄电池组Ⅱ XD3、XD4）进行充电和向车顶系统供电。

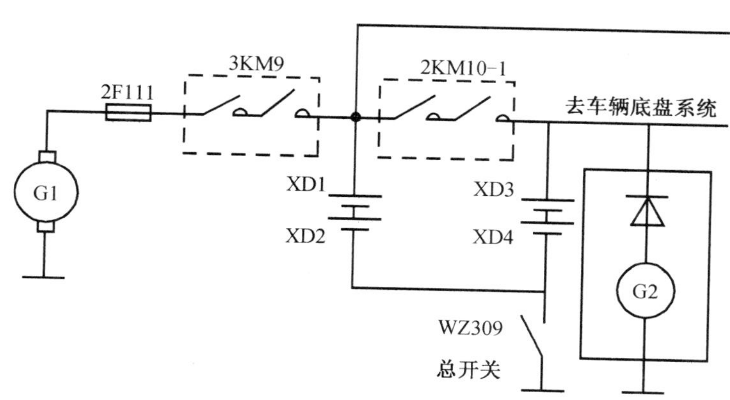

图 5－2 两台发电机运行关系

二、初级供电系统的结构

初级供电系统各部件在高炮底盘中的位置如图 5－3 所示。虚线框内的电机扩大机不属于初级供电系统，但由增速箱驱动，为了使读者了解其传动关系，所以将其画出。

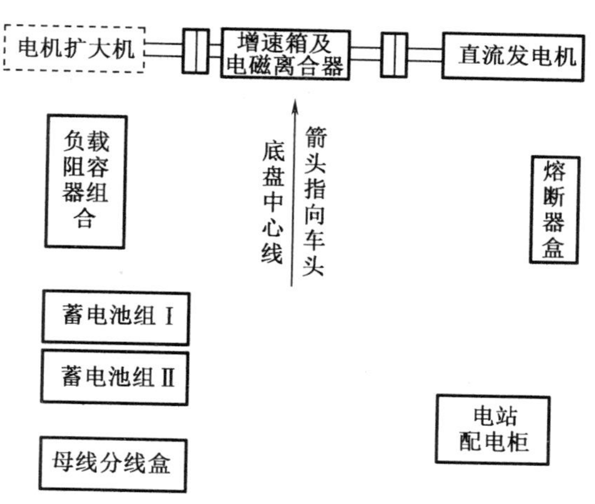

图 5－3 初级供电系统部件安置图

（一）直流发电机

直流发电机位于底盘动力舱后面偏右位置，通过安装底脚与底盘甲板支架连接，发电机通过联轴器与增速箱的输出轴连接。

(二)电站控制柜(WT449-04)

电站控制柜位于底盘后部右侧,与底盘甲板连接。控制柜内部分层安装有稳压保护器、电站配电箱和故障自诊断显示盒。

1. 稳压保护器(WT449-01)

稳压保护器箱内部安装有5个盒体、2只大功率晶体管(1V59、1V60)和2只续流电阻(1R075、1R078),如图5-4所示。为了提高供电系统的可靠性,按冗余设计安置了两套稳压调节板和故障检测板,其中稳压调节板1AP1和故障检测板1AP2组成1个盒体,稳压调节板1AP3和故障检测板1AP4组成1个盒体。此外,阻容保护板1AP5和二极管板1AP6组成1个盒体,2只直流接触器1KM1、1KM2组成1个盒体,两只直流继电器1KT1、1KT2组成1个盒体。为了保证大功率晶体管不致过热,大功率晶体管散热器安装在箱体的外侧。这些盒体的印制电路板和直流接触器、直流继电器从它们各自的焊盘或焊片上通过导线与六柱接线板连接,位于箱体内侧面的六柱接线板把箱体内部的组件连接成一个整体电路。

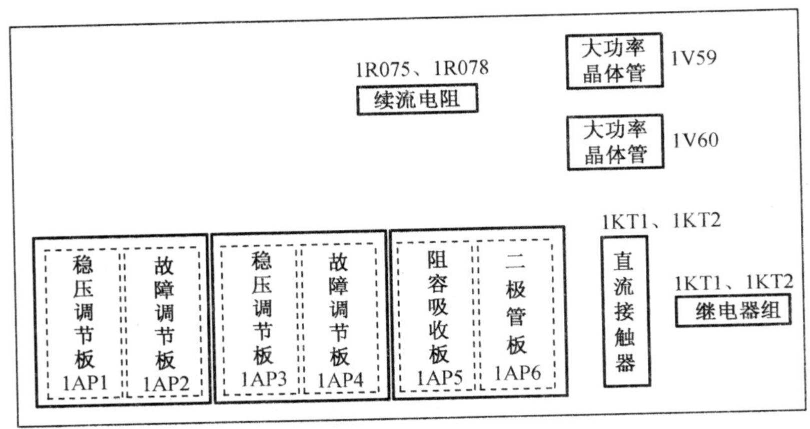

图5-4 稳压保护器内部结构图

2. 电站配电箱(WT449-03)

电站配电箱内安装有CJ-600A型差动低限保护器3KM9、继电器盒(Ⅰ、Ⅱ)和电压检测板3AP1、转速检测板3AP2、继电器检测板3AP3,如图5-5所示。其中继电器盒Ⅰ由3KT20和2KT16组成,为接通主令信号继电器;继电器盒Ⅱ由3KT119组成,为蓄电池组并联-分离检测继电器和电磁离合器工作电源控制继电器;转速检测板3AP2为柴油机转速检测Ⅰ电路;继电器检测板3AP3为柴油机转速检测Ⅱ、主发电机励磁控制电路和蓄电池欠压检测电路;电压检测板3AP1为发电机输出电压过压检测电路。电站配电箱中的各元部件、印制电路板通过安放在箱体侧壁及箱内的六柱接线板和线束连接成整体电路。

3. 故障自诊断显示盒(WT449-06)

故障自诊断显示盒由1块故障检测板、1块电源板和CL002型数码管显示板组成,如图5-6所示。其中电源板6AP1的作用是产生+5 V的直流电压,供检测板使用;检测板

6AP2 的作用是对初级供电系统的故障特征电位点进行检测、判断;6AP3 为状态显示板。

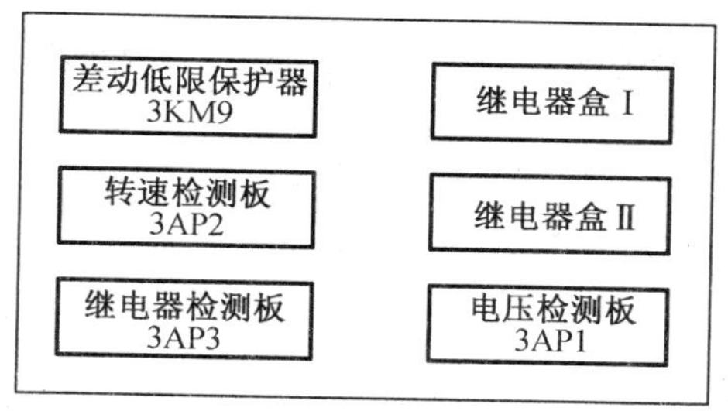

图 5 -5　电站配电箱内部结构

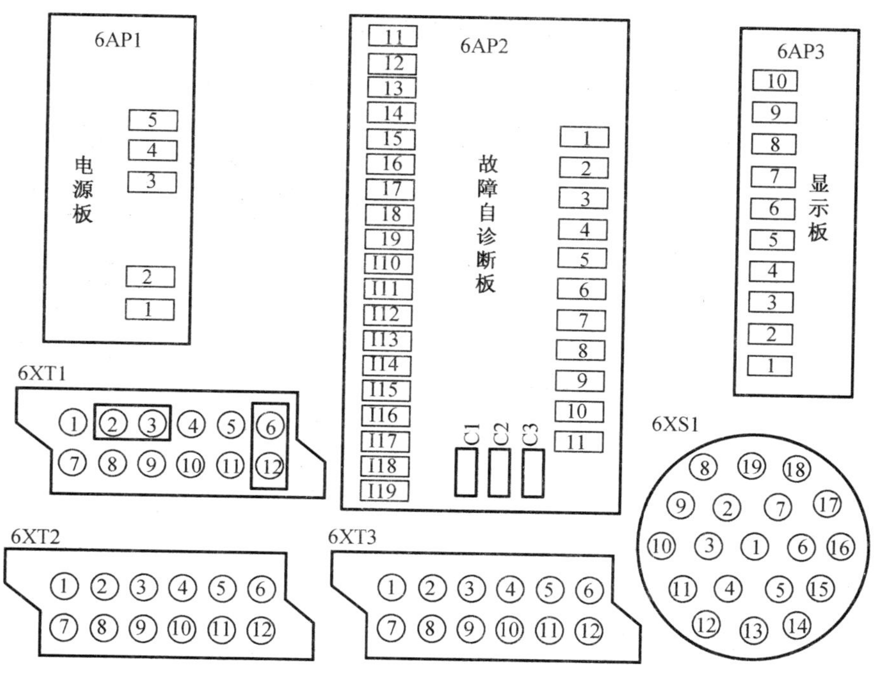

图 5 -6　故障自诊断显示盒内部结构

(三)母线分线盒(WT449 -02)

母线分线盒安装在蓄电池架靠近后甲板一侧,由熔断器组合和箱盖组合构成。其内安装有霍尔电流传感器 2CHG1、直流接触器 2KM10、直流继电器 2KT26、蓄电池使用状态检测控制板 AP1 和电源模块 PDC1(±5 V)、PDC2(±15 V)等,如图 5 -7、图 5 -8 所示。需要指出的是在 PGZ95 式 25 mm 自行高炮初级供电系统中,主发电机、稳压保护器和电站配电箱是基础环节,故障诊断显示盒是监视初级供电系统的工作状态,显示盒工作的好坏对初级供电系统毫无影响,因此如果拆去故障自诊断显示盒及连接电缆,供电系统仍能正常工作。

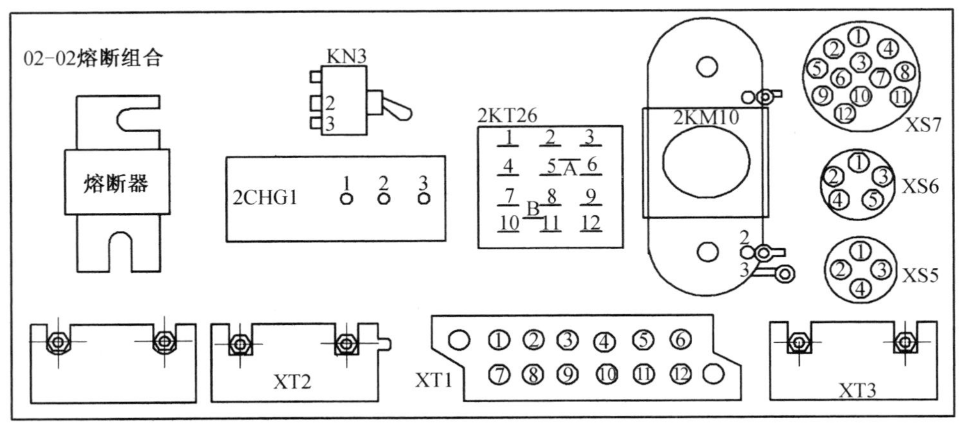

图 5-7　母线分线盒熔断器组合内部结构

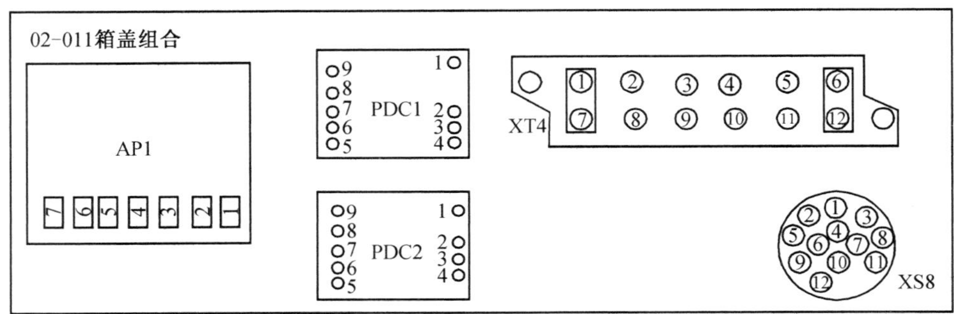

图 5-8　母线分线盒箱盖组合内部结构

习题与思考题

1. 分析初级供电系统的形成与发展过程。
2. 简述典型初级供电系统的组成及工作过程。

第六章　装备电力系统安全防护

装备电力系统的使用规定、操作规程和安全防护守则是保障装备电力系统正常工作、预防事故和故障、延长装备电力系统使用寿命的基本准则，装备电力系统保障人员必须熟悉其内容，严格遵照执行。

第一节　使用规定与安全防护工作

一、装备电力系统使用规定

1. 装备电力系统操作人员必须熟悉所使用的装备，严格遵守操作规程、安全防护守则和有关规定，严禁盲目蛮干。装备电力系统工作时应有人值守。

2. 装备电力系统工作场所必须设置消防设备，落实防火措施。

3. 加油和加水用具应保持清洁，不得混用，柴油一般要经 72 h 以上沉淀方可使用。润滑油必须根据季节，按规定选用和加注。冷却水应采用清洁的软水。

4. 气温低于 5 ℃时，装备电力系统应采取防冻措施。停机后如不连续使用，必须将各处冷却水放尽（加防冻液者例外）。

5. 装备电力系统必须采取接地保护措施，按规定安装接地装置。

6. 禁止不按规定进行超负荷使用。各相电流均不得超过发电机铭牌的额定值，三相电流不平衡度不得超过额定电流的 25%。

7. 不得任意改变装备电力系统的用途，不得以大功率装备电力系统供小负荷使用。

8. 装备电力系统必须保持结构完整，配套齐全，严禁任意拆卸挪用。电站因战备需要从汽车上卸下后，原车厢设备应保持完好，车辆应按规定封存，不得挪作他用。

9. 装备电力系统的备附件工具和随机文件，应有专人负责保管。

10. 装备电力系统的工作日志、维护保养和修理记录以及履历书应及时认真填写，妥善保管。

二、装备电力系统安全防护工作

（一）防火

1. 装备电力系统勤务人员必须熟悉消防用具和器材的存放位置和使用方法，经常检查和维护。

2. 严禁在装备电力系统车厢内吸烟，或明火照明。需生火预热或取暖时，应有专人看管,并备有防火措施。备用油料存放,应距装备电力系统 10 m 以上。

3. 禁止用汽油擦拭车厢和装备电力系统,漏油故障应及时排除。

4. 禁止用短路蓄电池电极的方法检查电量。

5. 禁止用不合格的保险丝或其他金属丝代替保险装置。

(二)防触电

1. 经常保持装备电力系统接地良好,接地电阻不得大于 50 Ω。

2. 电线电缆应防止人踩车压,并应经常检查,发现破损及时处理。

3. 检查电路数据必须带电作业时,应有人监护。

(三)防严寒

1. 按规定更换冬用机油和柴油,调整蓄电池电解液的密度。

2. 装备电力系统开机前应尽可能采取预热措施。停机后,应放尽冷却水,一般应挂无水牌。

3. 随时准备开机供电的水冷式装备电力系统,应使用防冻液,无防冻液而保温又有困难时,应定时开机防冻。

(四)防高温

1. 按规定更换夏用机油,并调整蓄电池电解液密度。

2. 因地制宜,利用就便器材,设置凉棚或遮盖,防止装备电力系统电缆曝晒。

(五)防潮湿

1. 经常擦拭装备电力系统表面、备附件和工具,及时涂油补漆。

2. 经常检查发电机的绝缘性能,并及时烘干受潮的绕组和电器。

3. 发电机、控制箱、电缆接头等淋雨进水,未干燥时,严禁使用。

(六)防风沙

1. 装备电力系统应尽量利用地形、地物避风停放使用,地面周围经常泼水,减少砂土飞扬。注意关闭门窗,盖好护衣护套。

2. 经常清除控制箱内尘土沙粒。

3. 勤清理空气滤清器,注意机油尺孔、加机油口和燃油箱口的防尘。

4. 严禁在无排烟的严闭室内长时间操作柴油装备电力系统,以防烟气中毒。

第二节　装备电力系统用电安全

一、用电安全技术特点

用电安全技术具有以下特点:

1. 周密性。装备电力系统用电安全技术的产生都有着严格的过程,不得有任何疏忽,任何一个细微的可能都得考虑到并做试验,以保证技术的可靠周密,否则将会给武器装备系统带来难以估量的损失。

2. 完整性。用电安全技术是一个非常完整的体系，不仅包括电气本身的各种安全技术，还包括用电气技术去保证其他方面安全的各项技术。同时，这两方面都完整无缺、滴水不漏、万无一失，从安全组织管理、技术手段到人员素质、产品质量以及设计安装等，形成了一个完整的安全体系。

3. 复杂性。正因为上述两点导致了电气安全技术的复杂性。用电安全技术的对象不仅是单一的用电场所，一些非用电场所也有用电安全问题。此外，利用电气及检测技术来解决安全问题以及有关安全技术的元件，不仅有电气技术，还有电子技术、微机技术、检测技术、传感技术及机械技术。这样使得用电安全技术变得很复杂。

4. 安全第一，预防为主。安全工作必须走在事故的前面，否则安全工作就没有意义。因此，要全员注意用电安全动态，及时反馈不安全因素，把事故消灭在萌芽之中，以维护装备安全用电环境。

5. 烦琐性。用电安全技术做起来很烦琐，只要从事电气作业或操作电器就得用安全技术，并且多数都是重复使用，因此要求操作人员必须有耐心，只有这样才能做到万无一失，并保证其完整性。

6. 坚持不懈性。作为安全管理工作的重要组成部分，装备用电安全技术的使用必须坚持不懈、持之以恒，时刻都有用电安全的警惕性，要事事用、时时用，做到天天讲、月月讲、年年讲。

二、电气事故及用电不安全原因分析

发生电气事故或用电不安全的原因有很多，具体地讲，下列违规行为或缺乏电气安全知识都可能会导致事故的发生。

1. 缺乏用电安全知识或用电安全意识淡薄，如不懂电气知识或安全用电技术而摆弄电器、乱拉电线、乱接电器、胡乱修理电器、玩弄带电电器、接线时误将火线接在外壳上、手触及设备元件的带电部位或用手拿断落在地面上的带电导线等行为。

2. 违反安全操作规程，如检修电器时没有将电源关掉，拉设临时线路时带电操作，搬运电气设备时没有切断电源，带电作业时没有安全措施等。

3. 电气设备或线路的安装或产品不合格，如低压绝缘导线的连接未包扎绝缘带，线路潮湿使其绝缘性能降低，开关或按钮严重漏电，接线混乱，误将相线接在保护线的端子上等。

4. 维修不当或维修人员电气操作技能低下，如胶盖刀闸闸盖破损或丢失、长期不更换，管内导线陈旧、绝缘电阻降低至最小允许值而不及时更换，电动机或电气设备绝缘损坏，使其外壳带电工作，接地线断开没有及时修复，手持电动工具或移动式电气设备带病使用未及时修复，维修时接线错误未进行检查等。

5. 电气工作人员或用电人员思想麻痹，习以为常，觉得自己有经验，不会出事；一般性操作不设安全措施或无防护，存有侥幸心理；作业中嫌麻烦、图省事，抄近路违章作业；对长期以来的错误操作或违规行为习以为常、不在乎，觉得无所谓，丝毫不怀疑习惯做法的危险性等。

6. 统筹能力低下，专注于一点，顾此失彼。电气工作人员在作业中要考虑的问题很多，因此既要作业，又要分散精力考虑其他问题，注意周围情况变化，顾全大局、统筹考虑。否则，精力过于集中，常顾此失彼，导致发生事故或遗留问题，造成事故隐患。因此，电气作业人员，特别是装备技术管理干部应有较高的心理素质和运筹帷幄的能力。

总体而言，低压事故高于高压事故，电气工作人员多于非电气人员，违章作业引起的事故多，临时用电发生的事故多。因此，我们要高度重视这方面的工作，找出电气事故发生的规律，保证装备安全用电和人身安全。

三、电气事故的种类及对策

电气事故的种类一般有电流伤害、电气设备事故、电磁场伤害、雷电伤害、静电伤害、意外电气伤害等。

（一）电流伤害事故

电流伤害事故就是触电事故，是人身触及带电体使电流流经人体而发生的伤亡事故。高压触电时，有时不是人体直接触及带电体，而是当离带电体的距离逐渐减小到一定程度时发生的击穿放电而造成的伤害。

电流流过人体内部的触电叫作电击，而由于电流的热效应、化学效应及机械效应对人体局部的伤害叫作电伤。一般条件下，电伤对人体造成的伤害要比电击轻一些。电流对人体的伤害程度与电流的大小、持续时间、流过人体的路径、电流的频率以及人体的状况等条件有关。电流越大或电压越高，持续时间越长，以及电流流过心脏、流过中枢神经、流过脊髓或流过上述路径的距离越短，人体的接触电阻越小，给人体造成的伤害就越大，甚至有可能导致死亡。表6－1、表6－2分别给出了工频电流对人体的不同作用和不同条件下的人体电阻。

表6－1　工频电流对人体的作用

等级范围	电流/mA	通电时间	人体生理反应
O	0～0.5	连续通电	没有感觉
A_1	0.5～5	连续通电	开始有感觉，手指、手腕等处有痛感，没有痉挛，可以摆脱带电体
A_2	5～30	数秒钟以内	痉挛，不能摆脱带电体，呼吸困难，血压升高，是可忍受的极限
A_3	30～50	数秒钟到数分钟	心脏跳动不规则，昏迷，血压升高，强烈痉挛，时间过长即引起心室颤动
B_1	50～数百	低于心脏搏动周期	受强烈冲击，但未发生心室颤动
		超过心脏搏动周期	昏迷，心室颤动，接触部位留有电流通过的痕迹
B_2	超过数百	低于心脏搏动周期	在心脏搏动周期特定的相位触电时，发生心室颤动、昏迷，接触部位留有电流通过的痕迹
		超过心脏搏动周期	心脏停止跳动，昏迷，可能致命，有电灼伤

注：O是没有感觉的范围；A_1、A_2、A_3是一段不引起心室颤动，不致产生严重后果的范围；B_1、B_2是容易产生严重后果的范围。

表6-2　不同条件下的人体电阻

接触电压/V	人体电阻/Ω			
	皮肤干燥①	皮肤潮湿②	皮肤润湿③	皮肤浸入水中④
10	7000	3500	1200	600
25	5000	2500	1000	500
50	4000	2000	875	440
100	3000	1500	770	375
250	1500	1000	650	325

注:①相当于干燥场所的皮肤,电流途径为单手至双足;

②相当于潮湿场所的皮肤,电流途径为单手至双足;

③相当于有水蒸气等特别潮湿场所的皮肤,电流途径为双手至双足;

④相当于游泳池或浴池中的情况,基本上为体内电阻。

防止电流伤害的对策可从以下几点着手:

1. 按电压等级做好电气设备、电气线路的绝缘和接地工作,搞好安装和维修工作并按周期进行试验和检查,不使电气设备及线路产生漏电。

2. 严格按操作规程作业或操作,并设置安全措施,时刻注意安全注意事项。

3. 设置准确、可靠、灵敏的保护装置和检测元件,及时切断电源,动作时间应小于人身承受电流的时间。

(二)电气设备事故

电气设备事故就是电气设备及线路发生的爆炸、着火、断路、短路以及伴随着发生的设备损坏、报废、人身伤亡等,带来极大负面影响、造成不可估计损失等事故。

断路就是线路或者设备本身导电回路的断开,造成断电或单相运行;短路就是电流没有流经用电设备而直接回到电源,造成电流无限大,使设备及线路烧坏、着火或爆炸。断路或短路都会给设备及线路造成极大危害,危害的大小与电流大小、持续时间、线路范围、流经途径、设备状况等条件有关。电流越大,持续时间越长,短路或断路越靠近电源,短路电流流过重要设备或流过供电区域的范围越大,造成的危害就越大,以致发生着火、爆炸等。

防止电气设备及线路事故的对策有以下几点:

1. 按标准要求搞好电气设备及线路的安装和维修,并按周期进行试验和巡视检查,及时发现隐患。

2. 做好设备及线路的运行工作,科学分析其运行状态并及时调整负荷,严格遵守操作规程和安全管理制度。

3. 设置准确、可靠、灵敏、多级的保护装置及检测元件,及时切断事故回路,缩小停电和事故影响范围,尽可能减少对重要武器装备的损害。

4. 采用智能先进技术和设备元件装备电气设备及线路,做好保护工作。

对于电磁场伤害、雷电伤害、静电伤害、意外电气伤害等其他电气事故及伤害,其对策重点要加强安全用电管理,严格执行安全操作规程,设置各种保护装置,做好运行维护检修,普及安全用电常识等。

四、装备安全用电措施

安全用电的措施主要有组织管理措施和技术措施两大类。组织管理措施和技术措施是密切相关、统一而不可分割的。装备电气事故的原因很多,有时也很复杂。经验说明虽然有完善、先进的技术措施,但没有或缺乏组织管理措施也将会发生事故;反之,只有组织管理措施而没有或缺少技术措施,事故也是会发生的。只有两者统一起来,装备电气安全才能得到保证。

(一)安全用电的组织管理措施

1. 有计划且经常组织装备电气作业人员(电工),特别是相关管理者学习国家、军队安全用电方面的方针、政策、法规以及装备部门有关法规、条例等,及时有力地贯彻执行。

2. 经常组织电气技术人员、管理人员、电工作业人员及针对用电人员、电器操作人员,进行装备电气安全技术管理和电气安全技术的学习培训,特别是要学习新型装备电力系统中的新技术、新工艺、新设备。

3. 有计划、有针对性地组织电气安全专业性检查,及时发现和消除安全隐患,同时对电气系统、电气管理、电气作业、电气操作人员的不安全行为、违章及误操作进行监督检查并及时纠正。

4. 建立完善的监督体系,对装备电气系统的使用、安装调试进行电气安全督察,及时纠正和消除不安全因素。自购的电气设备元件本身的安全可靠性能是安全督察的重点。

5. 制定和修订电气安全的规章制度及组织措施中的电气作业、值班、巡回检查等制度以及电气安全操作规程等,并组织实施。

6. 做好触电急救工作,并组织进行触电急救方法的培训,及时处理电气事故,同时做好电气安全资料档案管理工作。

7. 做好装备电气作业人员(电工)的管理工作,如上岗培训、专业技术培训考核、安全技术考核、档案管理等。

(二)安全用电的技术措施

安全用电的技术措施包括直接触电防护措施、间接触电防护措施以及与其配套的电气作业安全措施、电气安全装置、电气安全操作规程、电气作业安全用具、电气火灾消防技术等。装备安全用电的技术措施主要包括以下几个方面的内容:

1. 直接触电防护措施,是指防止人体各个部位直接触及带电体的技术措施,主要包括绝缘、屏护、安全间距、安全电压、限制触电电流、电气联锁、漏电保护器等,其中限制触电电流是指人体直接触电时通过专门设置的保护电路,或装置使流经人体的电流限制在安全电流值的范围以内,这样既保证人体的安全,同时又使通过人体的短路电流大大减小,有双层保护意义。

2. 间接触电防护措施,也称后备保护措施,是指防止人体各个部位触及正常情况下不带电而在故障情况下可能带电的电器金属部分的技术措施,主要包括保护接地或保护接零、绝缘监察、采用二类绝缘电气设备、电气隔离、等电位连接、不导电环境,其中前三项是最常用的方法。

3. 电气作业安全措施，是指相关技术人员在各类电气作业时保证安全的技术措施，主要有电气值班安全措施、电气设备及线路巡视安全措施、倒闸操作安全措施、停电作业安全措施、带电作业安全措施、电气检修安全措施、电气设备及线路安装安全措施等。

4. 电气安全操作规程，主要包括低压电气设备及线路的操作规程、电气作业安全操作规程、电工安全操作规程、特殊场所电气设备及线路操作规程、弱电系统电气设备及线路操作规程、电气装置安装及验收规范等。

5. 电气安全用具，主要包括起绝缘作用的绝缘安全用具，起验电或测量作用的验电器或电流表、电压表，保证检修安全的接地线、遮栏、标志牌和防止烧伤的护目镜等。

6. 电气火灾消防技术是指电气设备及线路着火后必须采用的正确灭火方法、器具、程序及要求等。

7. 电气系统的技术改造、技术创新、引进先进科学的保护装置和电气设备是保证电气安全的基本技术措施。装备电气系统的设计安装应采用先进技术和先进设备，并具有可靠的防护措施及安全保护装置，从源头解决装备电气安全问题。

习题与思考题

1. 装备电力系统使用规定一般有哪些要求？
2. 装备电力系统安全防护工作一般有哪些要求？
3. 用电安全技术具有哪些特点？
4. 简要列举电气事故及用电不安全的原因。
5. 简述电气事故的种类及对策。
6. 简述装备安全用电的技术措施。

参 考 文 献

[1]施钰川. 太阳能原理与技术[M]. 西安:西安交通大学出版社,2009.
[2]王力臻等. 化学电源设计[M]. 北京:化学工业出版社,2008.
[3]程新群. 化学电源[M]. 北京:化学工业出版社,2008.
[4]郭炳焜,李新海,杨松青. 化学电源:电池原理及制造技术[M]. 长沙:中南大学出版社,2009.
[5]胡信国,等. 动力电池技术与应用[M]. 北京:化学工业出版社,2009.
[6]王建伟,张素宁. 内燃机电站构造[M]. 北京:兵器工业出版社,2007.
[7]陆耀祖. 内燃机构造与原理[M]. 北京:中国建材工业出版社,2004.